수학에 대한 새로운 느낌의 시작

# 아하!
# 물리수학

Ken Kazuishi 지음 | 김제완 감역

BM 주식회사 성안당
도서출판

# 아하! 물리수학

# 머리말

수학 분야에 물리수학이라는 것이 따로 독립되어 있지는 않다. '모든 학문의 여왕'[주1]이라고 불리는 수학의 지식 가운데 공학이나 물리학에서 자주 이용하는 부분만을 관용적으로 물리수학이라고 한다. 이러한 물리수학은 공학 계열이나 물리 계열의 학생이라면 반드시 이수해야 한다. 그렇다면 수학의 어느 부분이 공학이나 물리학에서 자주 이용되는 것일까?

현대 물리학은 고도로 세분화되어 있기 때문에 그에 따라 물리수학도 여러 갈래에 걸쳐 있다. 각 분야의 지도 교수들은 자신들의 분야에서 특별히 필요로 하는 수학을 저마다 학생들에게 가르치고 싶어할 것이다. 하지만 배우는 학생의 입장에서는 그 많은 갈래의 수학을 다 공부할 수는 없는 노릇이다. 그렇게 되면 수학과 학생과 전혀 다를 바가 없어진다.

따라서 학생들은 자신의 전공이 정해지기 전까지 최소한의 기초적인 수학을 먼저 배우고, 나중에 전공이 확실하게 정해지면 그때 가서 자신의 전공이 필요로 하는 수학을 심도 있게 공부하는 것이 타당하리라 생각한다. 실제로 아인슈타인도 일반 상대성 이론을 확립할 때 리만 공간론을 열심히 공부했다고 전해진다.

아인슈타인 같은 세기적인 천재를 굳이 증거로 삼지 않아도, 공학이나 물리학을 연구하는 사람 중에는 진짜 수학 전공자들도 감탄할 만한 수학 실력을 지닌 연구자들이 꽤 많다.

---

주1) 이 책에서는 '과학의 여왕'이라고 했지만 '모든 학문의 여왕'이라고 해도 좋겠지요. 저로서는 말입니다. 그러면 '모든 학문의 왕'은 뭘까요? 라는 질문이 나오게 되는데, 물론 '철학'입니다. 사실은 '과학' 자체가 자연을 상대로 한 철학이라는 의미를 가지고 있습니다. 그래서 구미에서는 이학박사라도 ph.D. 즉, Doctor of Philosophy (철학박사)라고 합니다.

예를 들어 푸리에 급수, 디락의 델타 함수 등은 애초에 수학자들조차도 머리를 쥐어짤 정도로 매우 어려운 것들이었다. 또한 공학이나 물리학을 연구하는 사람들은 항상 도전할 만한 과제를 제공함으로써 수학자들의 지적 호기심을 부추긴다.

전후 사정이 이러하기 때문에 이 책에서는 수학적 증명 같은 어려운 과제는 '여왕의 시종'이신 수학자들에게 맡기고, 다소 뻔뻔스럽게 수학의 장점만을 취하여 공학이나 물리학 분야에서 수학이 어떻게 활용되는지를 중점적으로 살펴본다.

Ken Kazuishi

Ken Kazuishi

● 리츠메이칸대학 이공학부 수학물리학과 졸업
● 가네코시스템 연구소 대표
● 현재 번역과 각종 소프트웨어 개발 및
　사이언스 라이터로 활발하게 활동하고 있는 중

● 주요저서
　아하! 양자역학
　아하! 상대성이론
　터보 파스칼 프로그램 테크닉

물리는 모든 과학 기술의 바탕이 되는 학문이라 할 수 있다.

뇌신경과 심장의 작동 등 생명 현상의 근원은 전자기의 힘이 그 바탕이고, 우리들 소화 기능을 주관하는 이론인 화학 역시 전자의 교환에서 일어나는 제반 현상을 말한다. 물리는 이런 전자의 교환을 설명하는 양자역학 및 전기양자역학이란 학문 체계를 갖추고 있으므로 화학의 바탕은 물리라고 할 수 있다. 그러나 생명과학 및 화학이 물리학의 일부라고 주장하는 것도 아니고, 물리학이 생명과학이나 화학을 대치할 수 있다고 주장하는 것도 아니다.

좋은 소설을 쓰려면 국문학자가 되어야만 하는 것은 아니지만 국문에 능해야 문장력이 좋아지고, 문장력이 좋아야 좋은 소설을 쓸 수 있는 것처럼 물리학이 '과학 기술의 근본'이라는 주장은 이와 비슷하다.

수학은 이와 같은 물리학을 표현하는 언어라 할 수 있다.

물리를 이해하려면 수학의 일부를 편한 도구처럼 쓸 수 있어야 한다. 이런 수학의 지식을 잘 정리한 이 책은 과학 기술 시대를 살아가는 모든 이공계 학생들에게 꼭 필요한 책이기도 하지만 일반 대중이 알아도 영어 같은 외국어에 버금가는 좋은 수단이 될 것이다. 서울대학교 물리학부에서도 "물리수학"은 핵심 교과 과정으로 되어 있다. 그 이유는 방대한 수학의 분야 가운데서 물리학에 필수적인 수학 지식을 발췌하여 가르쳐야 할 필요성 때문이다.

과거 몇년 동안 "과학의 대중화" 사업을 이끈 "과학문화진흥회"를 통해서 수학이란 언어 장벽에 부닥쳐서 일반 대중과의 대화가 거의 불가능함을 느꼈다.

과학에 꼭 필요한 기본 단어를 잘 엮어 만든 이 "아하! 물리수학"은 모두가 한번쯤 읽어야 할 책이라 생각한다.

관악산 기슭 207동 119호실에서

김 제 완

---

김제완(金濟琬)

- 서울대학교 물리학과 졸업(이학박사)
- 미국 Columbia대 물리학과 졸업(이학박사)
- 현 서울대학교 물리학과 명예교수
- 현 과학문화진흥회 회장
- 현 한국과학문화재단 이사
- 현 아·태이론물리센터 이사

- 수상경력:대한민국 과학기술상 과학상 수상
  (1993년)
- 저서:『겨우 존재하는 것들』(민음사, 1993)
  『빛은 있어야 한다-물리학의 세계를 찾아서-』
  (서울대출판사,1981)

# contents

차례

| 독일문자 | | | |
|---|---|---|---|
| 대문자 | 소문자 | | 읽는 방법 |
| A | 𝔄 a | 𝔞 | 아 |
| B | 𝔅 b | 𝔟 | 베 |
| C | ℭ c | 𝔠 | 체 |
| D | 𝔇 d | 𝔡 | 데 |
| E | 𝔈 e | 𝔢 | 에 |
| F | 𝔉 f | 𝔣 | 에프 |
| G | 𝔊 g | 𝔤 | 게 |
| H | ℌ h | 𝔥 | 하 |
| I | ℑ i | 𝔦 | 이 |
| J | 𝔍 j | 𝔧 | 요트 |
| K | 𝔎 k | 𝔨 | 카 |
| L | 𝔏 l | 𝔩 | 엘 |
| M | 𝔐 m | 𝔪 | 엠 |
| N | 𝔑 n | 𝔫 | 엔 |
| O | 𝔒 o | 𝔬 | 오 |
| P | 𝔓 p | 𝔭 | 페 |
| Q | 𝔔 q | 𝔮 | 쿠 |
| R | ℜ r | 𝔯 | 에르 |
| S | 𝔖 s | 𝔰 | 에스 |
| T | 𝔗 t | 𝔱 | 테 |
| U | 𝔘 u | 𝔲 | 우 |
| V | 𝔙 v | 𝔳 | 파우 |
| W | 𝔚 w | 𝔴 | 베 |
| X | 𝔛 x | 𝔵 | 익스 |
| Y | 𝔜 y | 𝔶 | 웁실론 |
| Z | ℨ z | 𝔷 | 제트 |

웅거 프락투어(Unger Fraktur)체

| 그리스문자 | | |
|---|---|---|
| 대문자 | 소문자 | 읽는 방법 |
| A | α | 알파 |
| B | β | 베타 |
| Γ | γ | 감마 |
| Δ | δ | 델타 |
| E | ε | 엡실론 |
| Z | ζ | 지타 |
| H | η | 이타 |
| Θ | θ | 시타 |
| I | ι | 요타 |
| K | κ | 카파 |
| Λ | λ | 람다 |
| M | μ | 뮤 |
| N | ν | 뉴 |
| Ξ | ξ | 크사이 |
| O | o | 오미크론 |
| Π | π | 파이 |
| P | ρ | 로 |
| Σ | σ,ς | 시그마 |
| T | τ | 타우 |
| Υ | υ | 입실론 |
| Φ | φ,ϕ | 파이 |
| X | χ | 카이 |
| Ψ | ψ | 프사이 |
| Ω | ω | 오메가 |

# 물리수학을
# 쓸모있는 도구로 만들자 !

대학에서 물리학이나 공학을 공부하려는 학생들은 수학에 어느 정도 자신감을 가지고 있을 것이라고 생각하는 것이 세상 사람들의 일반적인 시각이다. 아마 학생 스스로도 그렇게 생각할 것이다. 물론 자신감이 있는 것이 없는 것보다는 훨씬 좋다. 필자도 처음에 「대학이라고 뭐 별다를 게 있겠어?」하면서 대학 수학을 얕잡아 보았다.

그런데 필자가 실제로 대학에 진학하여 수학 수업을 받기 시작했을 때 상황은 180도로 바뀌었다. 우쭐했던 자신감은 어디론가 흔적도 없이 사라지고 시간이 지날수록 얼굴이 창백해지고 식은땀마저 흐르면서 도저히 정신을 차릴 수 없었다.

공포의 발단은 「해석학」이었다. $\varepsilon-\delta$법(엡실론-델타법)에서 시작하여 데데킨트의 절단이나 폐포, 하이네-보렐의 피복정리(Heine-Borel theorem) 등에 이르기까지 고등학교에서는 본 적도 들은 적도 없는 것들이 봇물처럼 마구 쏟아져 나왔다.

「이거 정말 큰일났군.」하면서 나는 내 자신을 책망하였다. 쉴새없이 새로운 개념이 등장하고, 앞에서 배운 개념을 소화하기도 전에 진도는 계속 앞으로 나갔다. 교수가 수업을 진행하는 방식도 장난이 아니었다. 전혀 정신을 못차리고 허둥지둥하는 사이에 벌써 중간고사를 맞게 되었다. 나는 그저 눈앞이 캄캄했다. 그럼에도 불구하고 내가 학점을 딸 수 있었던 것은 담당 교수가 어지간히 관대한 사람이었거나 그 수업을 들은 학생들 모두가 한심한 수준이었거나 분명 둘 중에 하나였을 것이다. 어쨌든 요행이라 하지 않을 수 없다.

하지만, 지금 와서 곰곰이 생각하니 - 우선 나 자신이 열심히 공부하지 않은 점은 인정하지만 - 교수님의 교수법에도 문제가 있었다고 생각한다.

## ● 교수법에 대한 의문

수학에서 어떤 중요한 정리(명제)를 증명하고자 할 때에는, 우선 그 주변에 있는 세세한 명제들을 풀고, 그것을 이용하여 목적하는 정리에 도달하는 방법을 많이 이용한다. 가르치는 사람의 입장에서는 논리 정연하게 제대로 설명했는데 "알아듣지 못한 학생이 잘못이다!"라고 항변하고 싶을지도 모른다. 그러나 어느 누구라도 그렇게 딱 잘라 말하기는 어렵다고 생각한다.

교수 자신은 가르치는 내용을 충분히 숙지하고 있고, 수업에 등장하는 명제의 뜻이나 역할을 잘 이해하고 있으므로 그렇게 주장하고 싶겠지만, 배우는 사람의 입장에서는 그 주변 명제를 도대체 왜 풀어야 하는지 도무지 이해하지 못한다. 사실은 그것이 주변 명제인지 핵심 명제인지조차도 분별하지 못한다. 장님 코끼리 만지기라고나 할까? 한마디로 말해서, 처음부터 눈앞에 조감도를 펼쳐서 보여 주는 것처럼 앞으로 학습해야 할 대상을 학생들에게 미리 알려 주어야 한다고 생각한다.

한 가지 쉬운 예를 들면, 고등학교 수학을 배운 다음에 중학교 수학을 들여다보면 아마 대부분의 독자가 "아하, 이게 이런 의미였구나!" 하면서 나이 어린 중학생들에게 그 개념을 쉽게 가르쳐 줄 수 있을 것이다. 그 이유는 중학교 수학을 이제 전부 이해할 수 있게 되었기 때문이다.

주1) 이것을 영어로 하면 Aha!가 되지요.

수학을 학습하는 도중에 "아하~"체험[주1]을 하지 못하고 그냥 다음 단계로 넘어가면, 학습하는 동안 내내 안개 속을 헤매는 것처럼 뭔가 몽롱한 상태가 지속된다. 이것은 정신 건강에 좋지 않다. 좋지 않은 정도가 아니라 아주 곤란하다.

다음과 같은 상황을 한번 가정해 보자. 학교 행사의 일환으로 소풍을 갈 때 인솔하는 선생이 목적지가 어디라고 말해 주지 않고 학생들을 그냥 이리저리 끌고 다닌다면 학생들은 육체적으로나 정신적으로 금방 지칠 것이다. 아무리 참을성이 있는 학생이라도 이제 제발 그만 가자고 조르다가 결국에는 화를 낼지도 모른다. 학생들은 그 인솔 선생에게 불평을 토로할 것이다.

하지만 목적지가 어디라고 분명하게 말해 주면, 비록 그 장소가 아직 멀리 떨어져 있다 하더라도 학생들의 피로감은 크게 줄어들 것이다. 그 이유는 도전할 목표가 분명해졌기 때문이다.

세상에서 가장 무서운 형벌은(사형을 제외하고), 죄수에게 땅에 구멍을 파게 하고 그 구멍을 다시 메우는 일을 온종일 반복시키는 일이라고 한다. 의미 없는 작업만큼 사람의 마음을 병들게 하는 것은 없다. 목적을 말해 주지 않은 채 무작정 학습을 시킨다는 것은 학생들에게 이런 고통을 맛보게 하는 것과 다름없다.

이것은 심리학적으로도 충분히 증명할 수 있을 것이다. 굳이 그렇게 거창하게 심리학을 동원하지 않더라도 분명 많은 사람들이 이에 동의할 것이다.

학습 목적을 분명히 하는 교육 방식은 상당히 효과가 있다고 많은 교육학자들이 너나없이 지적하고 있기도 하다.

그러나 어찌된 영문인지 아직도 학습 목적을 말해 주지 않고 무작정 가르치는 것이 현실이라고 생각한다. 극단적으로 말한다면, 옛날부터 현재까지 전혀 변함이 없다고 생각한다. 이것은 학생들이 응석을 부린다거나 이해력이 부족하다는 것 그 이전의 문제가 아닐까? 물론 대학 수업은 고등학교 때와는 달라서 학생 스스로 공부하는 것이 원칙이다. '학생'[주2]이니까 당연히 그것이 옳다. 그렇기 때문에 학생들도 좀 더 능동적으로 교수들에게 질문을 던져서, 교수의 지식을 철저히 흡수할 필요가 있다. 학생은 지식을 흡수하는 일에 탐욕을 가져야 한다.[주3] 이제 여담은 그만하고, 본론으로 다시 돌아가서 지금까지 한 말을 표어로 정리하면,

> 1. 전체를 조망하여 학습하려는 정리나 명제의 목적을 파악한다.
> 2. 가능하면 많은 아하! 체험을 하도록 한다.

'1'을 만족시키는 것은 기본 조건이다. 보다 중요한 것은 '2'의 Aha! 체험이다. 이 체험에 의해서 두뇌는 '쾌락'을 기억하고[주4], 지식을 더욱 탐구하고자 하는 동기(motivation)를 낳는다. 한마디로 말해

알면 재미있고, 재미있으면 더욱 공부하기를 원한다.

이로써 지식 탐구의 상승 곡선이 완성된다. 이대로만 된다면 대부분의 학생들에게 상당한 효과가 있을 것이다. 역사에 이름을 남긴 많은 학자들의 동기가 바로 이것이 아니었을까? 그 많은 학자들이 단지 명성과 권위욕에 사로잡혀 있었다고 생각하기는 어렵다. 역시 근원적으로 그들은 두뇌의 '지적 쾌락'을 즐겼음에 틀림없다.

따라서 수학 학습의 성패는 학생들이 'Aha!'를 얼마나 많이 체험하는가에 달려 있다고 감히 말할 수 있다. 그렇다면 아하! 체험은 어떻게 해서 얻어지는가? 필자는 우선 알고 싶은 교과목의 "정통" 학습서를 한번 통독해 볼 것을 권하고 싶다. 정통 학습서라는 것은 내용에 치우침이 없고, 알고자 하는 교과목의 본질을 제대로 다루고 있는 책이라고 할 수 있다. 그러나 처음에는 어떤 책이 정통 학습서인지 알 수 없으므로 교수나 전문가에게 소개받는 것이 가장 좋다. 교수가 학생이었을 때 이미 명저였던 책을 소개해 줄지도 모른다.[주5]

이런 정통적인 학습서를 읽어 나가다 보면 반드시 모르는 부분이나 궁금한 부분이 나온다. 그렇게 되면 그것을 좋은 계기로 삼아 그 부분을 다양한 각도

주2) '학생'이란 자기 주도적으로 배우는 학습자라는 뜻입니다. 초등학생을 말하는 '아동'은 손을 잡아 친절하게 이끌면서 가르쳐야 하는 존재를 의미하고, 그에 대응하는 선생은 '훈도(訓導)'(약간 옛날식 표현이지만)라고 합니다. 손이 조금 덜 가는 학습자는 '생도'이고, 이에 대응하는 선생은 '교유(敎諭)'입니다. 교유는 문자 그대로 '가르치고 타이르는 역할을 하는 사람'입니다. 물론 '학생'에 대응하는 말은 '교수'입니다. (역자 주 : 훈도 및 교유는 일본에서 또는 일제 강점기에 초등학교 및 중등학교 교원을 가리키는 말입니다.

주3) 필자인 당신은 어땠느냐고? 유감스럽게도 요즘에 와서야 그것을 깨달았습니다. 그래서 '조금 더 일찍 깨달았더라면 참 좋았을 걸' 하면서 지금 독자 여러분들에게 충고하고 있는 것이지요. 하지만 후회하지는 않습니다.

주4) 두뇌생리학의 관점에서 본다면 그것은 도파민이 분비되는 것이겠지요.

주5) 그리고 그 명저는 그 교수가 학생이었을 때 그에게 좌절을 안겨 주었던 책일지도 모릅니다. 틀림없이 분명 그럴 것입니다.
－ 筒井康隆風

에서 조사한다. 이 과정에서는 수단 방법을 가릴 필요가 없다. 일반 독자를 대상으로 하는 입문서를 봐도 좋고, 특별한 분야의 책이라도 좋다. 인터넷으로 조사해 봐도 상관없다.

도서관에서 조사해 보는 방법도 있지만, 한창 학습을 하는 도중에 바로 찾아 읽을 수 있는 준비가 되어 있지 않으면 귀찮아서 조사를 자꾸 미루게 된다. 그러므로 필요한 서적은 가급적이면 빌리지 말고 직접 구입하는 것이 가장 좋다. 내가 출판사의 영업 사원은 아니지만 이 점은 정말 중요하다. 공부를 위해서는 어느 정도의 투자는 꼭 필요하다.

이런 방법으로 공부하다 보면 자신이 이해할 수 있는 표현 방법으로 저술된 책이나 인터넷 정보를 반드시 찾아낼 수 있고, Aha! 체험을 할 수 있다. 그 이후에는 그 책(정보)을 중심으로 읽어 나가도 좋고, 원래 학습하던 책으로 되돌아가 이해되지 않았던 부분을 다시 읽어 봐도 좋다. 학습이란 이런 과정의 반복이다.

막상 이렇게 써 놓고 보니 훌륭하신 선생님들이 예전부터 다 지적하던 내용이 아닌가? 학문에 왕도는 없다! 이것은 생각해 보면 당연한 것이다. 아무리 우수한 학습서라도 저자의 사고 방식에 따라 어떤 항목에 대해서는 상세하게 설명하지만, 다른 부분은 '독자가 이 정도는 알겠지' 하면서 간단히 언급하고 넘어가는 곳이 반드시 있게 마련이다. 이것은 그 학습서가 잘못된 것이 아니라 그 저자가 어떤 항목에 중점을 두었느냐의 문제이다. 그러나 학습자는 수준이 매우 다양하기 때문에 '이 정도는 알겠지' 하면서 간단하게 넘어간 부분을 이해하지 못해 학습을 포기하는 경우가 비일비재하다. 'A는 B이다. 따라서 C가 된다.'라고 분명하게 써 있어도 그 C에 도달하기 위해서는 한

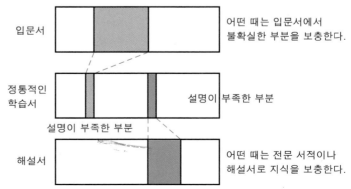

'정통적인 학습서'의 부족한 부분은 다른 책으로 보충하자!

입문서 — 어떤 때는 입문서에서 불확실한 부분을 보충한다.

정통적인 학습서 — 설명이 부족한 부분

설명이 부족한 부분

해설서 — 어떤 때는 전문 서적이나 해설서로 지식을 보충한다.

단계를 더 이해해야 하는 경우도 있고, 논리의 비약(이건 좀 곤란하지만)도 있다. 그렇기 때문에 항상 다른 서적이 필요한 것이다. 이것을 알기 쉽게 설명하면 다음과 같다.

한 가지 좋은 예가 벡터의 rot(로트, rotation)이다. 여기에서는 rot에 대해 자세히 설명하지는 않지만(벡터 해석의 장에서 설명한다), 대부분의 학습서에 다음과 같이 쓰여 있다.

「~ 이 연산을 rot(회전)라 한다」

설명을 제대로 하지 않았기 때문에 이게 무슨 말인지 이해가 안 되는 것은 당연하다. 약간의 설명이 있다고 해도, "~" 부분에 rot의 연산 방법이 간략하게 쓰여 있을 뿐이다. 로트라는 것의 의미를 알 수 없으므로 연산 방법이 나와 있어도 그것이 무엇을 하는 연산인지 도무지 이해할 수 없다.

문제는 이 연산을 왜 '회전'이라고 하는지 한마디도 언급하지 않고 있다는 점이다. "이런 연산을 '회전'이라고 정의한 것이므로 그것으로 충분하지 않은가?"라고 항변할지 모르지만, 그것으로 학생들이 정말 납득할 수 있는가? 정의라고는 하지만 '회전'이라는 표현을 사용하고 있는 이상, 거기에는 반드시 회전과 관련된 '무엇인가'가 있어야 한다. 적어도 이 연산을 고안해 낸 사람은 이 연산에 '회전'이라는 명칭을 붙인 이유를 정확히 이해하고 있을 것이다.

rot 연산 자체는 그다지 어려운 것이 아니다. 제대로 설명만 해 주면 고등학생들도 충분히 이해할 수 있고, 문제를 내면 계산도 정확히 해낼 수 있다. 그러나 "rot의 본질적 의미는 무엇인가?"라고 물으면 답변이 군색해질 수밖에 없다.

필자는 이것을 '전문 서적의 미싱 링크, 즉 잃어버린 고리'라고 부른다. 학습을 진행하면서 느끼게 되는 이와 같은 미싱 링크는 아무리 애를 써도 메울 수 없는 갭과 같다. 그것은 살금살금 조심해서 걷더라도 설원에서 마주치게 되는 크레바스와 같은 것이다. 이것은 과장이 아니라 학생들은 정말 그렇게 느낀다.

이것은 큰 문제이다. 무슨 글자인지는 알 수 있어도 본질을 모르면 이 rot 연산을 어디에 어떻게 사용해야 할지 알 수 없다. 내 말을 오해할 수도 있겠는데, 수학과 학생이라면 그것을 '정의'로 이해하고, 그 정의 위에 더 어려운 개념을 구축하는 것이 가능할지도 모른다.

하지만 공학이나 물리학 분야에서는 수학을 도구로 사용하는 것이므로, 도

**아하!**

**물리수학**

구의 본질을 모르면 아무리 그것을 잘 사용하려고 애써도 마음대로 되지 않는다. 결과적으로 이 rot 연산을 사용하는 벡터 해석이나 전자기학의 맥스웰 방정식 등을 이해하지 못하게 된다.

대패를 단순히 '무엇인가를 깎는 도구'라고 인식한다면 극단적인 경우에는 철판까지도 깎으려 들 것이다. "쳇, 잘 안 드는 대패잖아." 하면서 투덜거리기 일쑤지만 그것은 사용자가 대패를 잘못 사용했기 때문이다.

좀 어설픈 비유이기는 하지만 본질은 바로 이런 것이다. 대패를 제대로 사용하기 위해서는 대패의 구조를 잘 알고, 깎는 나무의 재질과 방향에 맞춰 날의 낙도를 조절하거나 상황에 따라서는 대패 그 자체를 바꾸지 않으면 안 된다. 깎을 대상이 금속이라면 대패가 아니라 밀링 머신이나 선반으로 깎아야 한다.

좀 더 예를 들어 보자. 일본에서 자연과학 계열의 학생이라면 누구나 알고 있고, 덕을 보고 있는 「해석개론 개정 제3판」(高木貞治,岩波書店, 1961)에서 인용해 보자. 선생님에 따라서는 고등학교에서 이미 가르쳤을 수도 있는 「테일러[주6]의 공식 (Taylor's formula)」이다.

주6) 테일러(Taylor, Brook, 1685~1731) : 영국의 수학자

---

「 25. Taylor의 공식

정리28. 어떤 구간에 있어서, $f(x)$는 제 $n$ 단계까지 미분 가능하다고 하자. 그리고 그 구간에 있어서 $a$는 정점, $x$는 임의의 점이라고 할 때

$$f(x) = f(a) + (x-a)\frac{f'(a)}{1!} + (x-a)^2\frac{f''(a)}{2!} + \cdots$$
$$\cdots + (x-a)^{n-1}\frac{f^{(n-1)}(a)}{(n-1)!} + (x-a)^n\frac{f^{(n)}(\xi)}{n!}. \quad (1)$$

단,

$$\xi = a + \theta(x-a), \quad 0 < \theta < 1.$$

즉, $\xi$는 $a$와 $x$의 중간의 어떤 값이다.」

「해석개론」(61페이지)

---

이것을 처음 보는 독자들은 당연히 놀랄 것이다. 또한 명저인 「해석개론」을 처음부터 읽어 왔던 독자들도 $f(x)$와 같은 형식이 (1)과 같은 기묘한 형식으로 어떻게 변할 수 있는지 그 진의를 파악하기 어렵다.

확실히 이 정리는 정확하게 쓰여 있기 때문에 이 정리가 맞다는 것만은 알

수 있다. 그런데 왜 $f(x)$를 이런 형식으로 바꾸었는지 바로「그 점」을 이해할 수 없다는 것이다.

◈ **은밀한 소리** : 이봐, 넌 지금 여기에서 수학적인 센스가 있는지 없는지 시험받고 있는 거야. 이런 데서 막히면 실력자가 될 수 없어.

과연 그럴까? 하지만 앞 페이지에 있는 테일러 공식에 대한 정리는 너무 일방적인 표현이다. 이 표현을 자연스럽게 받아들일 수 있으면 수학적인 센스가 있는 것일까? 이 정리에 도달하기까지 사고의 중간 과정이 좀 더 필요하다고 생각하는데, 그게 아닌가? 권위자인 高木박사는 갑자기 이 식을 직관[주7]으로 도출해 낸 것일까? 이런 의문들이 차례로 떠오른다. 그렇다. 이「뭔가 막힌 듯한 느낌」(감성)이 사실은 중요하다. 아인슈타인도 에디슨도 뭔가에 막혔을 때, 문제가 해결되지 않으면 더 이상 앞으로 나가지 않았다고 한다. 그 덕분에 학생 시절에 열등생이라는 낙인이 찍히기도 했지만, 그 후에 그들의 활약상은 오늘날 사람들의 입에 오르내리고[주8] 있는 그대로이다. 아인슈타인이나 에디슨의 이름은 누구나 알고 있지만, 그와 같은 무리한 표현을 무리 없이 이해하고 있는(듯한?) 수재라고 불리던 많은 이름들은 아무도 기억하지 않는다.

여기서 한 가지 말해 두어야 할 것이 있다. 학습서는 이렇게 논리 정연하게 서술하는 것이 오히려 당연하며, 수학에서는 이런 정통적인 기술 방법을 사용한다. 다시 말해, 테일러가 이 공식에 도달하기까지의 고생담이나 실패담 같은 것들까지 학습서에 모두 담는다면 어수선해져서 진짜 내용이 가려질 가능성이 높다. 따라서 그런 책은 학습서로서 실패작이 될지도 모른다.

따라서 이제부터라도 연구자 단독으로 학습서를 저술할 것이 아니라, 교육학자와 공동으로 저술하는 것이 좋지 않을까 개인적으로 생각한다. 연구자는, 연구자로서는 우수할지 모르지만 가르치는 사람으로서도 똑같이 우수하다고 말할 수 없다. 오히려 그 우수함이 학습자를 혼란스럽게 만들 수 있기 때문이다.

사실이 그렇기는 하지만 현실적으로 그와 같은 공동 저술 방식으로 쓰여진 학습서는 매우 드물기 때문에, 막다른 골목에 막혔을 때 학습자가 어떻게 해야 할 것인지 스스로 해결할 수밖에 없다.

이럴 때 수고를 아끼지 않고 다른 책을 적극적으로 찾아보는 등 그 부분을

주7) 필자는 직관을 부정하지 않습니다. 오히려 아주 중요한 요소라고 생각합니다. 논리만으로 문제가 해결되지 않는 경우가 많기 때문입니다. 어떤 천재가 직관으로 얻어 낸 정리를 증명하면, 그것은 훌륭한 정리가 됩니다. "그 식을 어떻게 도출했는가?" 하면서 그에게 묻더라도 아무 소용없는 일입니다. "글쎄요. 그냥 저절로 알게 되더군요."라는 대답을 듣게 될 것입니다. 그보다는 도출된 정리를 이해하는 것이 훨씬 중요합니다. 게다가 대부분의 발명이나 발견이 직관에 의해 탄생하는 것도 사실입니다. 다른 자연과학 분야에서도, 예를 들어 케쿨레(Keule von stradonitz, 1829~1896)에게 "어떻게 벤젠 고리가 닫혀 있는지 알게 되었는가?"라고 물어 보면 "꿈속에서 뱀이 자기 꼬리를 물고 있었다."고 대답합니다. 그러나 그처럼 갑자기 생겨난 개념이라도 후학들이 제대로 이해하기 위해서는 역시 논리가 필요합니다. 그래서 논리적으로 이해해 두는 것이 중요하다는 것입니다.
주8) 사람들의 입에 널리 오르내린다는 것은 '사람들에게 널리 알려진다' 는 의미입니다.

확실하게 이해하고 넘어가는 것이 무엇보다 중요하다. 언뜻 보기에 이러한 학습 방식은 지지부진하게 멀리 돌아가는 것 같고, 잘 이해가 되지 않을 것처럼 보이지만 사실은 그 반대이다. 희미하게 기억하는 「희미한 이해」 따위는 학습에 아무런 도움도 되지 않는다.

지금까지 언급한 사실들을 염두에 두고, 이 책에서 독자 여러분이 가능하면 많은 Aha! 체험을 할 수 있도록 하고 싶다.

당장의 도전은 미적분이다. 이공계 학생이라면 미적분에 어느 정도 친숙해져 있을 것이다. 하지만, 앞에서도 말했듯이 대학에서의 미적분은 완전히 다르다고 생각될 정도로 내용이 갑자기 어려워진다. 그 이유는 다루는 범위가 현저히 넓어지는 동시에 수학적 엄밀성을 추구하기 때문이다. 그러나 그와 같은 수학적 엄밀성에 의존하기 때문에 수학을 도구로 사용하는 자연과학과 공학의 정당성이 유지되는 것이다.

# 제1장

# 미분·적분부터 시작!

고등학교 시절 왜 미분과 적분을 「미세하게 나누어진 것, 나누어진 합」이라는 식으로
표어처럼 이야기했는지 잘 몰랐었다. 미분과 적분은 고등학교에서 배운 수준에서는
계산이 귀찮기는 했지만 실제로 그렇게 어렵지 않았다. 내가 이 표어를
진정 이해할 수 있게 된 것은 틀림없이 대학에서 배운
해석학(물론 미적분학이 포함되어 있다!)에서였다. 이렇게 탄식하는 것도
이해가 간다. 「고등학교의 미적분과 해석학은 별개」라고 해도 좋을 정도로 달라서
약간은 문화적인 충격을 받았을 정도였다.
하지만 요령만 파악하면 어떻게든 할 수 있다는 것을 알게 되었다.
의문점이 나오면 그 자리에서 조사하고 넘어가도 늦지 않다는
마음가짐 정도면 충분하니 가벼운 마음으로 시작해 주기 바란다.

# 1-1 미분이란 무엇이던가?

고등학교에서 미분을 배우는 순서는 우선 극한이라는 개념에서 시작하여 미분이란 무엇인가? 평균변화율, 미분계수, 도함수 그리고 몇 가지 함수를 실제로 미분하여 공식으로 외우고, 그 응용을 생각해 보는 식이다.

$$f(x) = x^n \text{ 일 때,} \qquad f'(x) = nx^{n-1}$$

이라는 공식을 능숙하게 사용해 왔을 것이다.

수학을 좋아하는 학생은 이러한 순서로도 자연스럽게 이해할 수 있겠지만, 조금 더 생각해 보면 도대체 왜 미분이라는 것을 생각해 낸 것일까? 탁 터 놓고 말해 「미분이란 결국 무엇을 하고 싶은가.」이다. 너무 빙 돌아가는지도 모르지만, 우선 미분의 의미와 이미지를 파악하는 것이 중요하다.

미적분은 우선 뉴턴에 이어, 그 후 약 10년 후에 라이프니츠에 의해 발명되었는데, 라이프니츠가 어떻게 도출해 냈는가에 대해서는 제쳐 놓고, 뉴턴이 이 미적분을 발명한 동기를 생각해 보자.

주1) Philosophiae naturalis principia mathematica, 1687, 통칭 "프린키피아 (Principia)"

뉴턴은 "자연철학의 수학적 원리[주1]"에서 역학의 기초를 만든 것으로 유명한데, 뉴턴의 법칙을 아래에 들어 보면,

**1. 관성의 법칙**
**2. 힘은 가속도에 비례한다**
**3. 작용반작용의 법칙**

인데, 이 중 「2」를 살펴보자. 이것을 식으로 나타내면, 힘을 $F$로 하고, 가속도를 $\alpha$, 질량을 $m$이라고 하면

$$F = m\alpha$$

가 될 것이다. 힘, 가속도 모두 방향이 중요하기 때문에 원래 벡터로 써야 하는데 간략화하기 위해서 한 방향(예를 들어, $x$ 방향 등)만을 생각하기로 한다.

그런데, 가속도라는 것은 「속도의 변화」이다. 개념적으로는 「속도의 변화」라는 말로 충분하겠지만, 어느 정도의 시간에 얼마만큼 변화하는 양을 다루어야 하는 것일까? 분명히 일정한 가속도(가까운 예로 중력가속도는 9.8m/sec²으로 일정)에 의한 운동도 많지만 그렇게 한정해 버리면 일반화된 운동을 기술할 수 없다. 가속도는 순간순간 변화하는 것이라고 생각해야 한다.

자, 이제 「순간의 변화」가 나왔으니 미분이 등장할 여지가 있다. 고등학교에서 배운 미분은 $y=f(x)$를 생각해서, $x$가 $a$일 때 $y$의 순간변화율[주2]은

$$f'(a) = \lim_{h \to 0} \frac{f(a+h) - f(a)}{h}$$

로 표현된다.

주2) 이것을 미분계수라고 하는 것이었습니다.

극한[주3]을 사용하는 이상 이에 대한 고찰은 치밀하게 이루어져야 한다 해도, 정의로서는 지극히 당연한 이야기이다. 그래서 $f(x)$ 대신에 $v(t)$를 생각한다면 어떤 시간 $t$에 있어서 순간의 속도 변화, 즉 가속도는

$$\dot{v}(t) = \lim_{h \to 0} \frac{v(t+h) - v(t)}{h}$$

라는 것은 쉽게 이해할 수 있을 것이다.

주3) 보통 lim은 "리밋(limit)"이라고 읽는데, 대학생이라면 폼 나게 라틴어로 "리메스(limes)"라고 읽어 봅시다. 별로 폼 잡을 필요는 없지만, 저희들이 대학생일 때 수학 교수님이 이렇게 읽으셨지요. 하나의 문화일까요?

여기서 $x$ 등으로 미분하는 경우(위치)는 $f'(x)$처럼 「′」(프라임)[주4]을 사용하고 시간으로 미분하는 경우에는 $\dot{v}(t)$처럼 「·」(도트)를 사용하는 것이 관습이므로 기억해 두자. 이것은 고등학교에서 배우지 않았을 것이라 생각한다.

주4) 「′」은 대시가 아니라 프라임이라고 읽습니다. 이 읽는 방법 하나로 물리나 수학을 배운 사람인지 아닌지 알 수 있지요. 또한 대시는 「–」를 말하는 것으로 하이픈이라고 부르는 사람도 많은데, 영어권에서는 이것을 하이픈이라고 부르는 사람은 없습니다. 참고로만 알아두세요.

이제 이것으로 가속도를 표현할 수 있게 되었다. 그런데 아무 예고도 없이 등장한 속도 $v(t)$는 어떨까? 이 역시 매순간 변화하는 것이 당연하다. 응, 무엇이 변한다고? 물론 「위치」이다. 위치의 순간적 변화가 「속도」가 된다. 다시 말해, 위치가 시간 함수 $x(t)$라고 하면, 그 속도 $v(t)$는

$$v(t) = \dot{x}(t) = \lim_{h \to 0} \frac{x(t+h) - x(t)}{h}$$

이다.

예를 들어 서울에서 구미까지(250km)를 경부고속도로를 이용하여 3시간에 주파했을 때 평균시속은 약 83km(250÷3=83)이지만, 실제는 시속 120km(와! 나이스!)로 달린 구간도 있을 것이고, 시속 70km(뒤차에 방해가 될지도!)로 달린 구간도 있을 것이다. 그렇기 때문에 전체 운동이 어떻게 되어 있는지 알고 싶을 경우에는 평균속도만 가지고는 너무 부족하다. 역시 순간 순간의 속도 정보가 없으면 그 운동을 이해했다고는 할 수 없다.

순간 순간의 정보가 없으면 경찰 아저씨도 두손든다?

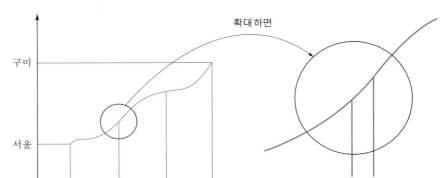

그림에서 알 수 있듯이 9:00부터 12:00까지의 평균속도와 10:00에서 11:00까지의 평균속도는 분명히 다르다. 그렇기 때문에 순간의 속도란 평균속도를 측정하는 시간을 좀 더 짧게 해서 극한까지 가져가면 되는 것이다.

일상생활에서라면 평균속도를 알면 일단 충분하다고 자기 중심적으로 생각하는 경향이 많은데 세상에는 그것만으로 충분하지 않은 사람도 있다. 예를 들면 운송 회사나 택시 회사의 운행 업무 관리자이다. 물론 그들이라고 해서 「순간의 위치 변화」까지 알고 싶어 하지는 않겠지만 그에 가까울 정도의 속도 정보는 알고 싶어 한다.

그 이유는 운전사가 어떻게 차량을 운전하고 있었는지 알아야 할 필요가 있기 때문이다. 그렇기 때문에 일부러 돈을 들여가며 태코미터를 트럭이나 택시에 붙인다. 이렇게 하면 상당히 상세하게 운전사가 어떻게 차량을 운전하고 있었는지 파악할 수 있다.

가령 A, B라는 운전사가 있고 둘 다 「평균 80km로 운전하고 있었습니다.」라고 보고하더라도 A는 도중에 주차장에서 시간을 때우다가 운전할 때는 시속 120km로 달리며 속도 위반 및 위험한 운전을 하고 있었을지도 모르고, B는 거의 전 구간을 80km에 가까운 속도로 안전운전을 하고 있었을지도 모른다.

실무적으로도 상당히 상세한 속도정보가 필요하다는 것이다. 더구나 역학에서야 말할 것도 없다. 상세한 정보를 파악할 수 있는 수단을 확립할 수 없다면 다양한 역학적 현상을 연구할 수 있을지 의심스럽다.

다시 본론을 돌아가자. 이제 위치의 미분이 속도를 나타낸다는 사실을 이용하여 가속도를 살펴보면

$$가속도 \ \alpha = \dot{v}(t) = \ddot{x}(t)$$

임을 알 수 있다. 즉, 가속도란 「속도를 한 번만 미분」한 것이고, '위치를 두 번 미분' 한 것이다. 그러므로 $F = m\alpha$라는 법칙은

$$F = m\alpha = m\dot{v} = m\ddot{x} = m\frac{d^2x}{dt^2}$$

이라고 다시 쓸 수 있다. 즉, 「미분방정식」임을 알 수 있다[주5]. 「미분방정식」이라고 하면 왠지 어려운 방정식처럼 생각되는데, 단지 「미분을 포함하는 방정식」이라는 의미에 지나지 않으며 기본적으로는 적분하는 식으로 풀면 된다. 물론 복잡한 것은 풀 수 없는 경우도 있다[주6].

그러나 깔끔하게 풀리면서 실제 유용한 미분방정식도 많다. 가령 해석적으로 풀 수 없더라도[주7], 해가 존재하는가 존재하지 않는가의 판정 방법은 여러 가지로 생각해 낼 수 있으며 해가 존재한다는 것을 알게 되면 근사치를 구하는 것도 가능하고, 경우에 따라서는 해의 거동이 어떻게 되는지 알기만 하면 되는 경우도 있다.

결국, 물리학에서 큰 일 가운데 하나는 정확한 물리 모델을 만들고 그 위에 이 미분방정식을 세워 그것을 푸는 것(혹은 해의 성질을 규명하는 것)에 있다고 해도 과언이 아니다.

지금 예를 들었던 식으로 말한다면 힘 $F$에 무엇을 가져오느냐에 따라 혹성의 운동이나 쏘아 올린 탄환이 어떤 움직임을 보이는지 정확히 이해할 수 있게 된다. 이와 같은 것을 가능하게 하기 위해서 뉴턴은 미적분을 발명했다(필요로 했

주5) 덧붙여 말해, 이 $dx/dt$라는 기술 방법은 라이프니츠, $\dot{x}$는 뉴턴, $f'(x)$는 라그랑주에 의한 기술방법이라고 합니다.

주6) 사실은 깔끔하게 풀리는 경우가 적겠지요. 그렇기 때문에, 먼저 문제가 되는 미분방정식의 해가 존재하는지를 검증할 필요가 있습니다. 검증하는 방법도 여러 가지입니다. 해가 존재하면 실용적으로는 근사치를 구하거나 혹은 단순히 해가 어떻게 움직이는지를 알면 되는 경우도 있겠지요.

주7) '해석적으로 푼다'는 말은 알고 있는 함수, 즉 삼각함수나 지수함수 $\Gamma$함수(감마함수) 또는 그 합성 함수 등으로 표현할 수 있다는 것입니다.

다)고 생각한다.

그런데, 찬물을 끼얹는 것 같아 미안하지만 아까 나왔던 $F = m\dfrac{d^2x}{dt^2}$ 이라는 식, 정말 이대로 좋은 걸까?

❖ **은밀한 소리** : 무슨 말이지? 질문의 의미를 모르겠군.

그것은 이런 것이다. 이 식의 우변은 지금까지 고찰해 왔기 때문에 좋다고 해도 문제는 좌변 $F$이다. 이대로 「$F$」만으로 좋은 것일까?

❖ **은밀한 소리** : 「힘 = 질량×가속도」니까, 뭐가 문제란 말이지?

이대로 표기하면 힘이 일정한 것처럼 보이지 않느냐는 말이다. 다시 말해, 힘 역시 시간의 함수라는 것이다. 즉,

$$F(t) = m\frac{d^2x}{dt^2}$$

이 아니면 안 된다는 것이다. 아마 아직도 잘 이해가 안 될 것 같아 간단한 문제를 함께 생각해 보도록 하자.

에어 호키(아래에서 공기를 불어내서 원반을 띄워 그것을 서로 공격하여 득점을 정하는 게임)에서 둥근 원반(질량 10kg, 조금 무겁지만 계산을 편하게 하기 위해)을 정지시켜 둔다(다시 말해 원반과 아래에 있는 받침과는 마찰이 0이라는 것). 이 점을 원점이라고 한다. $-x$ 방향에서 10N(뉴턴)의 힘으로 그 원반을 때렸을 때 5초 후의 위치를 구하시오.

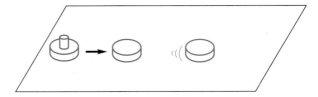

뭐야 이 문제 간단하잖아. 지금 했던 식을 사용하면 되겠지요.

$F = m \dfrac{d^2x}{dt^2}$ 이니까, $10 = 10 \dfrac{d^2x}{dt^2}$, 이것을 두 변을 시간으로 적분하여,

$$t = \dfrac{dx}{dt} + v_0 \quad (v_0\text{는 적분상수이지만, 물론 최초에는 정지하고 있기 때문에 } 0)$$

다시 적분하여

$$\dfrac{1}{2} t^2 = x + x_0 \quad (x_0\text{는 적분상수. 최초에는 원점에 있었기 때문에 } 0)$$

따라서,

$$x = \dfrac{1}{2} t^2$$

이 되므로 $t = 5$를 대입하고,

따라서, $x = \dfrac{1}{2} 5^2 = 12.5(\mathrm{m})$

원점에서 12.5m 지점이군. 다 풀었다! [주8]

주8) 이 항에서 이미 적분을 사용하고 있지만, 일단 고등학교에서 배운 범위를 넘지 않으므로 된 것으로 하지요.

음…… 이걸로 다 된 걸까? 이제부터 해 보면 10초 후에는 $x = \dfrac{1}{2} \times 10^2 = 50$이 되어, 50m나 앞으로 가버리는데. 5초 후에는 12.5m, 10초 후에는 50m ? 점점 빨라지고 있다. 이것은 관성의 법칙에 위배되지 않는가? 그러나 힘은 처음 순간에 걸렸을 뿐으로 이후 어디에서도 힘이 더해지지 않는데도 제멋대로 빨라지고 있다.

❖ 은밀한 소리 : 어라, 이상하네. 정말 멋대로 가속하고 있네!

그렇다. 다시 말해 식의 의미를 이해하지 않은 채 무턱대고 식에 끼워 넣어서는 안 된다는 말이다. 조금 더 문제의 본질을 생각해야만 한다.

이 문제는 독자 여러분이 곰곰이 생각해 보길 바란다.(정답은 부록 1)

## ● $\dfrac{df}{dx}$ 는 분수로 다룰 수 있을까?

그런데, 미적분 발명의 일단을 뉴턴의 제2법칙을 들어 설명해 보았는데, 미분 이야기를 조금 더 해 보자.

물리수학

우선 제일 먼저 고등학교 때 아마도 「$\dfrac{df}{dx}$ 는 어디까지나 미분을 나타내는 기호니까 말이지. '$dx$ 분의 $df$' 같이 분수로 생각하지 말아라.」라고 선생님께서 귀에 못이 박힐 정도로 이야기했을 것이다. 분명히 $\dfrac{f(x+h)-f(x)}{h}$ 에서, 이것의 $h{\to}0$ 이라는 극한을 생각한 것을 $\dfrac{df}{dx}$ 라고 한 것이므로 아무리 분수와 모양이 비슷하다고 해서 분수 취급할 수는 없으니 이렇게 말하는 것도 무리는 아니다. 무리는 아니지만 분수처럼 다루지 못한다면 아주 사용하기가 까다롭다.

❖ **은밀한 소리**: 이왕 분수로 표시하고 있으니[주9] 분수처럼 계산하면 좋지 않을까?

주9) 이것이 라이프니츠의 혜안이라고 할 수 있겠지요.

확실히 '미분은 분수가 아니다'라고 엄중히 경고를 받았기 때문에 분수처럼 취급하는 것에 처음에는 저항감이 있을지도 모르지만, 분수처럼 다룰 수 있다면 더욱 사용하기 쉬워질 것임에는 틀림없다.

그래서 미분에 대해서도 조금 더 생각해 보기로 하자.

우선, $\lim\dfrac{f(x+h)-f(x)}{h}$ 가 존재할 때, 이것은 점 $x$ 에 대해서 미분 가능하다고 해도 좋을 것이다. 이 $x$ 가 있는 구간에 있어서 방금 전 식이 성립한다면 이것은 그 구간에서 미분 가능하다고 하고, 그것을 $f'(x)$ 로 나타내며 **도함수**라고 한다[주10]. 이 이후의 이야기는 도함수가 반드시 존재한다는 것을 전제로 하자. 다시 말해, 미분 가능한 성격이 좋은 함수를 대상으로 하자는 것이다.

주10) 미분 가능하다느니 아니다라느니 번거로울지도 모르겠지만, 도처에서 미분 불가능한 함수를 생각할 수 있기 때문에 도리가 없습니다. 예를 들면,

$$f(x)=\begin{cases}1(유리수)\\0(무리수)\end{cases}$$

라는 함수를 보면 이건 미분할 수 없군요.

$x$ 를 약간 움직였을 때 $y$ 는 어느 정도 변화할까?

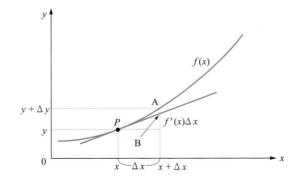

도함수 $f'(x)$는 점 $P(x, y)$에서의 접선의 기울기를 부여하고 있기 때문에 점 $x$에서 $\varDelta x$만큼 벗어난 점 $(x+\varDelta x)$에서는 $f'(x)\varDelta x$가 된다. 실제 함수값은 $\varDelta y = f(x+\varDelta x) - f(x)$가 되기 때문에 그림을 참조하면 $\varDelta y = f'(x)\varDelta x - \overline{AB}$ 인 것을 알 수 있다. 여기서 $\varDelta x$를 작게 해 가면 $\overline{AB}$도 작아져서 0에 가까워진다. 그래서 $f(x)$의 도함수 $f'(x)$가 존재한다면 $dy = f'(x)dx$라고 쓰고 점 $x$에 있어서 $y$의 **미분**이라고 한다. 미분을 $\frac{dy}{dx} = f'(x)$라고 경직되게 기술하는 것보다 이렇게 쓰는 편이 훨씬 사용하기 좋다는 것을 알 수 있다. 조금 더 풀어서 써 보면「$x$를 약간 움직인 $dx$일 때, $y$는 얼마만큼 변화($dy$)하는가」라고 생각해도 좋다.

상당히 까다롭다고 생각했던 미분도 이렇게 보면 사랑스럽게 느껴지기까지 하니 참 신기한 일이다.

❖ 은밀한 소리 : 그건 너만 그렇다니까.

그런 건가 ?

## ● 미분의 미분「고계미분」

자, 마음을 새롭게 하고 위 개념에서 고계미분[주11]을 표현해 보기로 하자.「고계미분」이란? – 그냥 미분을 반복하면 된다.

주11) 즉, 도함수의 미분을 생각한다는 것이다.

$$d^2 y \overset{\text{def}}{=} d(dy) = d(f'(x)dx)dx = f''(x)\left(dx\right)^2 = f''(x)dx^2$$

어렴풋이 이해가 될 것이다. 마지막에 있는 $dx^2$는 $(dx)^2$을 간소화한 형태이다. '왜?' 그렇게 하느냐는 불만스러운 얼굴이 떠오르는데, 애초부터 $dx$나 $dy$는 한 덩어리의 의미로 사용되기 때문에 결코 $d \times x$라든가 $d \times y$와 같이 분해할 수 없다. 때문에 일부러 $(dx)^2$과 같이 쓰는 것은 귀찮은 일이다. 다 알고 있을 경우에는 $dx^2$이라고 간략하게 해도 이해할 수 있을 것이다. 이 점이 수학의 좋은 점이기도 하면서 반대로 싫어하는 점이기도 하다.

자, 일반적으로 $n$계 미분은
$$d^n y = f^{(n)}(x)dx^n$$
이다.

●1–1 미분이란 무엇이던가? 27

# 1-2 편미분이란 무엇인가?

주12) $y=f(x)$가 그렇지요.

주13) 예를 들면, $z = f(x, y)$ 등.

물리학이나 공학에서는 변수가 하나인 함수[주12]보다는 많은 변수를 가진 함수[주13]를 다루는 경우가 일반적이므로 아무래도 이 '다변수 함수인 경우의 미분'을 생각하지 않을 수 없다.

❖ **은밀한 소리** : 변수가 하나만 있어도 큰일인데 여러 개라니 까다롭겠는걸.

그런데 그렇지 않다. 걱정하지 않아도 된다. 주목하고 있는 변수만을 일단 「변수」라고 생각하고 나머지는 「상수」라고 간주해 버리는 것이다. 예를 들면 두 개의 변수 $x, y$를 가지는 $z = \varphi(x, y)$라는 함수가 있다고 하고,

$$\lim_{\Delta x \to 0} \frac{\varphi(x + \Delta x, y) - \varphi(x, y)}{\Delta x} \qquad \text{(이 경우, } y \text{는 전혀 관계없다)}$$

라는 극한이 존재하면 이것을 $\dfrac{\partial \varphi}{\partial x}$ (읽는 법은 라운드 파이, 라운드 엑스)라고 쓰고 「$x$에 대한 $\varphi$의 편미분」이라고 한다. 물론 같은 것을 $y$에 대해서도 생각할 수 있으므로

$$\frac{\partial \varphi}{\partial y} = \lim_{\Delta y \to 0} \frac{\varphi(x, y + \Delta y) - \varphi(x, y)}{\Delta y} \quad \text{(이 경우, } x \text{는 전혀 관계없다)}$$

가 되는 것은 말할 것도 없을 것이다.

그렇다면 한 변수일 때처럼 2회 이상 미분(고계미분)할 경우에 두 개의 변수를 갖은 함수는 어떻게 미분하면 좋을까? 물론 앞의 순서와 같이 하면 된다. 그러나 변수는 이 경우 두 개가 있기 때문에 아래의 편미분을 생각해 볼 수 있다.

$$\frac{\partial^2 \varphi}{\partial x^2} = \frac{\partial}{\partial x}\left(\frac{\partial \varphi}{\partial x}\right)$$

$$\frac{\partial^2 \varphi}{\partial x \partial y} = \frac{\partial}{\partial y}\left(\frac{\partial \varphi}{\partial x}\right), \quad \frac{\partial^2 \varphi}{\partial y \partial x} = \frac{\partial}{\partial x}\left(\frac{\partial \varphi}{\partial y}\right)$$

$$\frac{\partial^2 \varphi}{\partial y^2} = \frac{\partial}{\partial y}\left(\frac{\partial \varphi}{\partial y}\right)$$

한 가운데의 두 식은 $\dfrac{\partial^2 \varphi}{\partial x \partial y}$, $\dfrac{\partial^2 \varphi}{\partial y \partial x}$ 가 연속하면 같아진다(다시 말해, $x$와 $y$ 중 어느 쪽을 먼저 미분해도 좋다). 그리고 물리에서는 그런 경우가 보통이다.

❖ **은밀한 소리** : 이봐, 그런 식으로 단언해도 되는 거야?

글쎄, 어쨌든 그런 경우는 그 때 가서 생각하면 되겠지.

자, 다시 정신을 가다듬고 하나의 변수만을 가진 미분에서는 나타나지 않았던 미분을 생각해 보자. 이번에는 변수가 두 개이므로 이것이 동시에 변화하는 양도 생각해야 한다. 다시 말해 $x$, $y$가 동시에 변화한 경우에 $\varphi$(파이)는 어떻게 변화할 것인가? 좀 더 말해 보면 $x$를 $dx$로, $y$를 $dy$로 동시에 이동시켰을 때 $\varphi$는 어떻게 표현되겠는가.

이것은 예상할 수 있는데 $d\varphi$라고 표현하며 다음과 같이 된다.

$$d\varphi = \underbrace{\frac{\partial \varphi}{\partial x} dx}_{\substack{x\text{방향으로}\\ \varphi\text{의 변화}}} + \underbrace{\frac{\partial \varphi}{\partial y} dy}_{\substack{y\text{방향으로}\\ \varphi\text{의 변화}}}$$

보기에는 엄청나 보이지만 $x$ 방향으로 살짝 비켜 놓았을 때의 $\varphi$ 변화가 $\dfrac{\partial \varphi}{\partial x} dx$ 이고, $y$방향으로 살짝 비켜 놓았을 때 $\varphi$의 변화가 $\dfrac{\partial \varphi}{\partial x} dy$ 이므로, $d\varphi$는 그 합이라는 것을 알 수 있다. 조금 이해하기 어렵지만 다음 페이지의 그림을 보면 일목요연하게 알 수 있을 것이다.

2계미분, 3계미분과 같은 고계미분도 변수가 하나인 경우와 같이 하면 된다.

$$d^2\varphi \overset{\text{def}}{=} d(d\varphi) = \frac{\partial}{\partial x}\left( \frac{\partial \varphi}{\partial x} dx + \frac{\partial \varphi}{\partial y} dy \right) dx + \frac{\partial}{\partial y}\left( \frac{\partial \varphi}{\partial x} dx + \frac{\partial \varphi}{\partial y} dy \right) dy \qquad \cdots ①^{(\text{주}14)}$$

$$= \frac{\partial^2 \varphi}{\partial x^2} dx^2 + \frac{\partial^2 \varphi}{\partial y \partial x} dy dx + \frac{\partial^2 \varphi}{\partial x \partial y} dx dy + \frac{\partial^2 \varphi}{\partial y^2} dy^2$$

$$= \frac{\partial^2 \varphi}{\partial x^2} dx^2 + 2\frac{\partial^2 \varphi}{\partial x \partial y} dx dy + \frac{\partial^2 \varphi}{\partial y^2} dy^2$$

▨▨▨은 단순 계산입니다.

주14) $d\psi = \dfrac{\partial \psi}{\partial x} dx + \dfrac{\partial \psi}{\partial y} dy$ 에서, $\psi$를 $d\varphi$에 두면

$d(d\varphi) = \dfrac{\partial (d\varphi)}{\partial x} dx + \dfrac{\partial (d\varphi)}{\partial y} dy$

이고, $d\varphi = \dfrac{\partial \varphi}{\partial x} dx + \dfrac{\partial \varphi}{\partial y} dy$

이므로 이것을 대입하면 됩니다.

편미분은 $x$방향, $y$방향으로 조금 변화시킨다

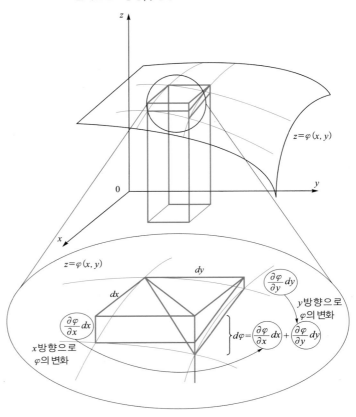

$z = \varphi(x, y)$

$z = \varphi(x, y)$

$\dfrac{\partial \varphi}{\partial x} dx$

$\dfrac{\partial \varphi}{\partial y} dy$

$x$방향으로 $\varphi$의 변화

$y$방향으로 $\varphi$의 변화

$d\varphi = \left(\dfrac{\partial \varphi}{\partial x}\right) dx + \left(\dfrac{\partial \varphi}{\partial y}\right) dy$

여기서 그다지 본 적 없는 형으로 여겨질지도 모르지만, 형식적으로 $\varphi$를 바깥으로 내보내면

$$= \left(\frac{\partial^2}{\partial x^2} dx^2 + 2\frac{\partial^2}{\partial x \partial y} dx dy + \frac{\partial^2}{\partial y^2} dy^2\right)\varphi$$

$$= \left(\frac{\partial}{\partial x} dx + \frac{\partial}{\partial y} dy\right)^{(2)} \varphi$$

$(a^2 + 2ab + b^2)$
$= (a + b)^2$
**과 같습니다!**

가 된다. 또한 마지막 식의 ( ) 오른쪽 위로 (2)라고 작게 쓰여 있는데 이것은 제곱과 구별하기 위해 ( )가 필요하다. $\partial^2$과 같은 2계 미분인지, '제곱'과 같은 거듭제곱인지를 구별하기 위해 ( )를 붙인다. 수학상의 약속이다. 마지막의 두 행은 형식적으로 $(a+b)^2 = a^2 + 2ab + b^2$을 생각해 보면 이해된다. 그런데 왜 이러한 형식으로 만들었는지 알겠는가?

$$d^{(n)}\varphi = \left(\frac{\partial}{\partial x}dx + \frac{\partial}{\partial y}dy\right)^{(n)}\varphi$$

$$= \frac{\partial^n\varphi}{\partial x^n}dx^n + \cdots + {}_nC_k\frac{\partial^n\varphi}{\partial x^k\partial y^{n-k}}dx^k dy^{n-k} + \cdots + \frac{\partial^n\varphi}{\partial y^n}dy^n$$

가 되기 때문이다. 조합(combination) ${}_nC_k$는 $\binom{n}{k}$라고 쓰는 경우도 있다. 파스칼의 삼각형을 써 보면 간단히 이해할 수 있다. 이것은 고등학교에서 다 배웠을 것이다.

---

**파스칼의 삼각형과 계수의 관계**

```
        1
      1   2   1          ······ (a+b)² = a² + 2ab + b²
    1   3   3   1        ······ (a+b)³ = a³ + 3a²b + 3ab² + b³
  1   4   6   4   1      ······ (a+b)⁴ = a⁴ + 4a³b + 6a²b² + 4ab³ + b⁴
1   5  10  10   5   1    ······ (a+b)⁵ = a⁵ + 5a⁴b + 10a³b² + 10a²b³ + 5ab⁴ + b⁵
```

$$\cdots (a+b)^2 = a^2 + 2ab + b^2$$
$$\cdots (a+b)^3 = a^3 + 3a^2b + 3ab^2 + b^3$$
$$\cdots (a+b)^4 = a^4 + 4a^3b + 6a^2b^2 + 4ab^3 + b^4$$
$$\cdots (a+b)^5 = a^5 + 5a^4b + 10a^3b^2 + 10a^2b^3 + 5ab^4 + b^5$$

---

## ● 라그랑주의 미정 승수법

라그랑주(Lagrange)의 미정 승수법은 몇 가지 조건에서 구속되는 변수에 의해 만들어져 있는 함수의 극값(즉, 조건부 극값 문제)을 구하는 방법이다. 물리적인 문제를 풀 때에는 여기 저기에 나오기 때문에 기억해 두어야 한다. 다시 말해 **조건부 극값 문제를 무조건 극값 문제로 변경할 수 있는 손쉬운 방법**이다.

간단히 말하면, 고등학교 때 극대 극소의 문제를 풀었지만 그 때는 변수가 하나뿐이었다($y=x^3$일 때 $x$만). 그것을 $z=x^2+3y$의 $x$, $y$와 같은 다변수 함수로 확장하고, 게다가 조건을 붙인 경우의 극대 극소 문제를 푸는 – 조금 복잡한 문제를 푼다는 – 것이 된다.

독립변수의 개수는 몇 개라도 상관없지만 다루기 쉽다는 점에서 3개로 한다. 그것들을 $x$, $y$, $z$로 하고, 함수 $f(x, y, z)$의 극값 문제를 생각해 본다. 독립변수가 $x$ 하나인 경우의 함수 $f(x)$에서의 극값 문제는 $\dfrac{df(x)}{dx}$를 생각하면 되기 때문에, 이러한 유추로부터 독립변수가 $x$, $y$, $z$ 3개인 경우는 $f$의 전미분 $df$가 0이 되면 된다는 것을 알 수 있다. 다시 말해, 전미분은

$$df = \frac{\partial f}{\partial x}dx + \frac{\partial f}{\partial y}dy + \frac{\partial f}{\partial z}dz \qquad \cdots\cdots \text{I}$$

이므로, 이것이 0이 된다는 것은 0이 되는 점에서 $x, y, z$가 다소 발버둥쳐 움직여도 $f$는 변화하지 않는다, 다시 말해 극값이 된다는 말이다. 발상 자체는 완전히 동일하다. 전미분의 식에서 $dx, dy, dz$는 독립적으로 움직일 수 있기 때문에 $df=0$이 되기 위해서는

$$\frac{\partial f}{\partial x} = 0, \quad \frac{\partial f}{\partial y} = 0, \quad \frac{\partial f}{\partial z} = 0 \qquad \cdots\cdots ①$$

라는 조건을 만족시키면 된다. 즉, 이것이 조건이 없는 경우의 극값을 구하는 식이 된다.

❖ **은밀한 소리** : 애개, 변수가 하나 있을 때와 똑같잖아.

그렇다. 하지만 예를 들어 $x, y, z$에 $g(x, y, z)=0$라는 조건이 붙어, $x, y, z$가 임의 값을 취할 수 없게 되면 이야기는 그리 간단해지지 않는다. $dx, dy, dz$가 임의의 값을 가질 수 없게 되어 ①이 성립하지 않기 때문이다. 그럼 어떻게 해야 할까?

그래서 가령 이 조건하에서 극값 점 $(x_0, y_0, z_0)$가 있다고 할 때, 이 점에 있어서도 조건 $g(x_0, y_0, z_0)=0$는 성립되어 있을 것이므로 그 근방을 생각하면

$$g(x_0 + dx, y_0 + dy, z_0 + dz) - g(x_0, y_0, z_0) = 0$$

이 성립할 것이다. 다시 말해 극값 점 $(x_0, y_0, z_0)$의 근방에서는

$dg = \frac{\partial g}{\partial x}dx + \frac{\partial g}{\partial y}dy + \frac{\partial g}{\partial z}dz = 0$ 이 성립한다고 생각할 수 있다. 그래서 $dz$에 대해서 풀어보면

$$dz = -\frac{\dfrac{\partial g}{\partial x}dx + \dfrac{\partial g}{\partial y}dy}{\dfrac{\partial g}{\partial z}}$$

> 단순히 이항하여 $\dfrac{\partial g}{\partial z}$로 나눈 것뿐입니다.

가 되기 때문에, 조금 전에 나왔던 I의 식, 즉

$$df = \frac{\partial f}{\partial x}dx + \frac{\partial f}{\partial y}dy + \frac{\partial f}{\partial z}dz = 0 \text{ 에 대입하고(물론 극값이므로)}$$

$$df = \frac{\partial f}{\partial x}dx + \frac{\partial f}{\partial y}dy - \frac{\partial f}{\partial z}\frac{\dfrac{\partial g}{\partial x}dx + \dfrac{\partial g}{\partial y}dy}{\dfrac{\partial g}{\partial z}} = 0$$

$$\frac{\partial f}{\partial x}dx + \frac{\partial f}{\partial y}dy - \frac{\partial f}{\partial z}\left(\frac{\dfrac{\partial g}{\partial x}}{\dfrac{\partial g}{\partial z}}dx + \frac{\dfrac{\partial g}{\partial y}}{\dfrac{\partial g}{\partial z}}dy\right) = 0$$

식을 정리해 본다.

$$\left(\frac{\partial f}{\partial x} - \frac{\partial f}{\partial z}\frac{\dfrac{\partial g}{\partial x}}{\dfrac{\partial g}{\partial z}}\right)dx + \left(\frac{\partial f}{\partial y} - \frac{\partial f}{\partial z}\frac{\dfrac{\partial g}{\partial y}}{\dfrac{\partial g}{\partial z}}\right)dy = 0$$

$$\left(\frac{\partial f}{\partial x} - \frac{\dfrac{\partial f}{\partial z}}{\dfrac{\partial g}{\partial z}}\frac{\partial g}{\partial x}\right)dx + \left(\frac{\partial f}{\partial y} - \frac{\dfrac{\partial f}{\partial z}}{\dfrac{\partial g}{\partial z}}\frac{\partial g}{\partial y}\right)dy = 0$$

$$\downarrow \qquad\qquad \downarrow$$

$$\left(\frac{\partial f}{\partial x} - \lambda\frac{\partial g}{\partial x}\right)dx + \left(\frac{\partial f}{\partial y} - \lambda\frac{\partial g}{\partial y}\right)dy = 0 \qquad\qquad \text{(여기에서 } \lambda = \frac{\dfrac{\partial f}{\partial z}}{\dfrac{\partial g}{\partial z}} \text{라고 해 둔다)}$$

가 된다. $dx, dy$는 자유로이 바꿀 수 있기 때문에 이 식이 0이 되기 위해서는

$$\begin{cases} \dfrac{\partial f}{\partial x} - \lambda\dfrac{\partial g}{\partial x} = 0 \\[2mm] \dfrac{\partial f}{\partial y} - \lambda\dfrac{\partial g}{\partial y} = 0 \end{cases}$$

가 성립해야 한다. 또한 바로 전의 $\lambda = \dfrac{\dfrac{\partial f}{\partial z}}{\dfrac{\partial g}{\partial z}}$ 는 변형하면

$\dfrac{\partial f}{\partial z} - \lambda\dfrac{\partial g}{\partial z} = 0$ 가 되는 것을 알 수 있다. 동일한 식이 만들어졌다. 다시 말해 극값
점의 근방에서는 $x, y, z$에 대해 각각

$$\frac{\partial f}{\partial x} - \lambda\frac{\partial g}{\partial x} = 0, \qquad \frac{\partial f}{\partial y} - \lambda\frac{\partial g}{\partial y} = 0, \qquad \frac{\partial f}{\partial z} - \lambda\frac{\partial g}{\partial z} = 0$$

이 성립할 것이다. 역으로 이 조건을 만족시키면 극값을 찾아낼 가능성이 있다는
것을 알 수 있다.

　이상에서 $f(x, y, z)$의 $g(x, y, z)$라는 조건부 극값 문제는 $\tilde{f} = f - \lambda g$ 라는 새로운
함수 $\tilde{f}$ ($\tilde{f}$는 에프 틸드라고 읽는다)의 단순한 극값 문제로 치환할 수 있다는 것
이다. 다시 말해

$$d\tilde{f} = \frac{\partial \tilde{f}}{\partial x}dx + \frac{\partial \tilde{f}}{\partial y}dy + \frac{\partial \tilde{f}}{\partial z}dz = 0$$

즉,

$$\frac{\partial \tilde{f}}{\partial x} = 0, \quad \frac{\partial \tilde{f}}{\partial y} = 0, \quad \frac{\partial \tilde{f}}{\partial z} = 0$$

을 생각하면 된다.

여기에서 독자 분은 이미 눈치챘겠지만 이상의 의논은 가령 극값을 취한다고 할 경우

$$\begin{cases} \dfrac{\partial f}{\partial x} - \lambda \dfrac{\partial g}{\partial x} = 0 \\[2mm] \dfrac{\partial f}{\partial y} - \lambda \dfrac{\partial g}{\partial y} = 0 \\[2mm] \dfrac{\partial f}{\partial z} - \lambda \dfrac{\partial g}{\partial z} = 0 \end{cases}$$

이라는 3개의 식을 만족시켜야만 한다는 것을 말한 것뿐이다.

즉, 필요조건밖에 보여 주고 있지 않다는 점에 주의해야 한다. 그러므로 극값이면 위의 식을 만족하지만 위의 식을 만족한다고 해서 극값이 된다고는 할 수 없다는 것이다.

마지막으로 일반적인 라그랑주의 미정 승수법을 언급해 둔다.

> **일반적인 라그랑주의 미정 승수법**
>
> 함수 $f(x_1, x_2, \cdots, x_n)$이, 조건 $g_i = 0$ $(1 \leq i \leq p)$으로 제약되는 상황에서 극값 문제를 생각하기 위해서는 상수 $\lambda_i (1 \leq i \leq p)$를 준비해서 $\tilde{f} = f - \sum_{i=1}^{p} \lambda_i g_i$를 생각하고 $f$의 극값 문제를 생각하면 된다.

이상 엄청나 보이는 편미분이었지만 편미분은 완전히 기계적으로 수행되는 「조작」에 지나지 않기 때문에 너무 고민하지 않아도 된다. 하지만 구체적으로 어떻게 되는 것인지는 체험해 두는 것이 좋으므로 조금은 연습해 두도록 하자.

$f(x,y,z) = \dfrac{1}{r}$ 이라고 한다. (단, $r = \sqrt{x^2 + y^2 + z^2}$ )

이 때, $\dfrac{\partial^2 f}{\partial x^2} + \dfrac{\partial^2 f}{\partial y^2} + \dfrac{\partial^2 f}{\partial z^2}$ 을 계산하시오.

우선 $\dfrac{\partial f}{\partial x} = \dfrac{\partial}{\partial x}\left(\dfrac{1}{r}\right) = -\dfrac{1}{r^2}\dfrac{\partial r}{\partial x} = -\dfrac{1}{r^2}\dfrac{\partial}{\partial x}\left(\sqrt{x^2 + y^2 + z^2}\right)$ 이 되는데 여기서 뒤쪽의

$\dfrac{\partial}{\partial x}\left(\sqrt{x^2 + y^2 + z^2}\right)$ 부분에서 $x, y$ 부분은 상수로 생각해 버리면 되기 때문에

$$\dfrac{\partial}{\partial x}\left(\sqrt{x^2 + y^2 + z^2}\right)$$
$$= \dfrac{\partial}{\partial x}\left(x^2 + y^2 + z^2\right)^{\frac{1}{2}}$$

이 된다.

이것은 합성함수이므로 이 미분은 우선 (●)$^{½}$을 계산하고, 다음으로 (●)를 $x$ 로 미분한 것을 곱하는 것이다. 따라서

$$= \dfrac{1}{2}\left(x^2 + y^2 + z^2\right)^{\frac{1}{2}-1} \cdot \dfrac{\partial}{\partial x}\left(x^2 + y^2 + z^2\right)$$
$$= \dfrac{1}{2}\left(x^2 + y^2 + z^2\right)^{\frac{1}{2}-1} \cdot 2x$$
$$= x\left(x^2 + y^2 + z^2\right)^{-\frac{1}{2}}$$
$$= -\dfrac{x}{r}$$

$r = \sqrt{x^2 + y^2 + z^2} = (x^2 + y^2 + z^2)^{\frac{1}{2}}$ 에서 이렇게 되겠지?

가 된다는 것을 알 수 있다. 결국,

$$\dfrac{\partial f}{\partial x} = \dfrac{\partial}{\partial x}\left(\dfrac{1}{r}\right) = -\dfrac{1}{r^2}\dfrac{\partial r}{\partial x} = -\dfrac{1}{r^2}\dfrac{\partial}{\partial x}\left(\sqrt{x^2 + y^2 + z^2}\right)$$
$$= -\dfrac{x}{r^3}$$

가 된다. 똑같이 하면, 아니 똑같이 한다기보다는 $x, y, z$의 입장은 식에서 보면 동일하게 되어 있기 때문에 각각을 표기하면

$$\dfrac{\partial f}{\partial x} = -\dfrac{x}{r^3}, \quad \dfrac{\partial f}{\partial y} = -\dfrac{y}{r^3}, \quad \dfrac{\partial f}{\partial z} = -\dfrac{z}{r^3}$$

가 된다.

다음으로

$$\frac{\partial^2 f}{\partial x^2} = \frac{\partial}{\partial x}\left(\frac{\partial f}{\partial x}\right) = \frac{\partial}{\partial x}\left(-\frac{x}{r^3}\right) = -\frac{1}{r^3} - x\frac{\partial}{\partial x}\left(\frac{1}{r^3}\right)$$

$$= -\frac{1}{r^3} - x\left\{-\frac{3}{2}\left(x^2 + y^2 + z^2\right)^{-\frac{3}{2}-1} \cdot 2x\right\}$$

$$= -\frac{1}{r^3} + 3x^2\left\{\left(x^2 + y^2 + z^2\right)^{-\frac{5}{2}}\right\}$$

$$= -\frac{1}{r^3} + 3\frac{x^2}{r^5}$$

이 된다.

마찬가지로

$$\frac{\partial^2 f}{\partial y^2} = -\frac{1}{r^3} + 3\frac{y^2}{r^5} \ , \quad \frac{\partial^2 f}{\partial z^2} = -\frac{1}{r^3} + 3\frac{z^2}{r^5}$$

이므로

$$\frac{\partial^2 f}{\partial x^2} + \frac{\partial^2 f}{\partial y^2} + \frac{\partial^2 f}{\partial z^2} = -\frac{1}{r^3} + 3\frac{x^2}{r^5} - \frac{1}{r^3} + 3\frac{y^2}{r^5} - \frac{1}{r^3} + 3\frac{z^2}{r^5}$$

$$= -\frac{3}{r^3} + 3\frac{1}{r^5}\left(x^2 + y^2 + z^2\right)$$

$$= -\frac{3}{r^3} + 3\frac{1}{r^5}r^2$$

$$= -\frac{3}{r^3} + \frac{3}{r^3}$$

$$= 0$$

이 된다. 흐~흠, 0이 되는 거군.

# 1-3 적분과 넓이 요소

여러분은 적분이라고 하면 무엇이 떠오르는가?
「미분의 역연산인가?」음, 고등학교 시절에 아주 연습을 많이 한 것이야.
「함수로 둘러싸인 넓이를 구하는 방법」그래 그래, 정적분이었다.

개인적으로는 적분의 발견 동기는 아마 둘러싸인 도형의 넓이를 구하기 위해서가 아니었을까 생각한다. 넓이는 영토의 파악이나, 조세 관계에서 옛날 고대로부터 꼭 필요한 기술이었을 것이다.

영주들은 당연히 토지의 넓이를 알고 싶어 했을 것이고, 학자들은 실용 이상으로 복잡한 도형의 넓이를 구하는 데에 전력을 다했을 것이다. 그만큼 지적 흥미를 돋우는 소재였다는 생각이 든다.

예를 들어 원의 넓이를 여러분은 어떻게 구하겠는가?

초등학교에서 배웠을 것이므로 동심으로 돌아가서 여기서 조사해 보는 것도 하나의 재미이다. 원의 반지름을 $r$이라고 하자. 일반 함수에서 둘러싸인 영역은 원의 넓이처럼 간단하게 구할 수는 물론 없다.

그러나 "할 수 없다"고 하면 재미없기 때문에 넓이를 구하는 다양한 방법이 고안되었다. 그 궁극의 형태가 바로 적분이다.

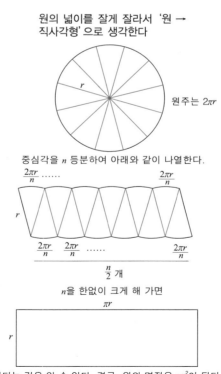

원의 넓이를 잘게 잘라서 '원 → 직사각형' 으로 생각한다

원주는 $2\pi r$

중심각을 $n$ 등분하여 아래와 같이 나열한다.

$\dfrac{2\pi r}{n}$ ......　　$\dfrac{2\pi r}{n}$

$r$

$\dfrac{2\pi r}{n}$　$\dfrac{2\pi r}{n}$ ......　$\dfrac{2\pi r}{n}$

$\dfrac{n}{2}$ 개

$n$을 한없이 크게 해 가면

$\pi r$

$r$

가 된다는 것을 알 수 있다. 결국, 원의 면적은 $\pi r^2$이 된다.

이제 본론으로 들어가자. 그림의 음영 부분의 면적을 구하는 것을 생각해 보자.

이런 함수의 넓이는?

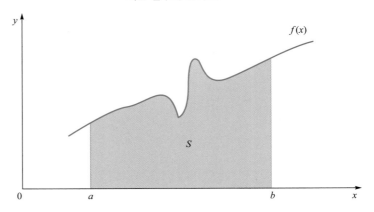

여기서 다루는 함수 $f(x)$는 유한 연속함수로 한다. 다시 말해 무한대가 되지 않고 중간에 잘려지지 않은 함수라는 것이다.(음, 대략적인 정의로군, 그래도 이것으로 충분하다.)

그렇지만 갑자기 이 부분의 면적을 구할 수는 없을 것이다. 그런데 이 부분의 도형을 세로로 잘게 잘라 보자. 그리고 그 도형들이 모인 것이라고 생각한다면 구해야 할 넓이를 알 수 있다. 더구나 잘게 자르면 자를수록 각 도형을 직사각형으로 생각해도 좋을 듯하다. 직사각형의 면적이라면 가로×세로로 간단히 구해진다. 이렇게 모르는 것을 아는 것에 연결지어 생각하는 것이 중요하다.

주15) 덧붙여서 말하면 구간 $[a, b]$라고 하면 그 구간 내에 있는 $x$를 취하면 $a \leqq x \leqq b$라는 것이며, $a, b$이면 $a < x < b$라는 것입니다. 이하, $(a,b)$는 $a < x \leqq b$, $[a,b)$는 $a \leqq x < b$입니다.

그러므로 우선 구간 $[a, b]$ [주15]를 적당히 $n$개로 분할한다(등분할 필요는 없지만, 분할이 잘게 되면 될수록 모든 구간이 축소될 필요는 있다). 여기서 분할된 소구간 $[x_k, x_{k+1}]$에서 $f(x)$가 최대값이 되는 점을 $x_{k\,max}$, 최소값이 되는 점을 $x_{k\,min}$이라고 하자(다음 페이지 그림).

그리고 이 소구간에서의 넓이를 $\Delta S_k$라고 하면

$$f(x_{k\,min})(x_{k+1} - x_k) \leqq \Delta S_k \leqq f(x_{k\,max})(x_{k+1} - x_k)$$

라는 관계가 되는 것은 명확하다(작은 직사각형 넓이보다는 크게, 큰 직사각형 넓이보다는 작을 것이라는 것이다). 여기서 소구간을 모두 모아 보면

세로로 잘게 잘라 보자

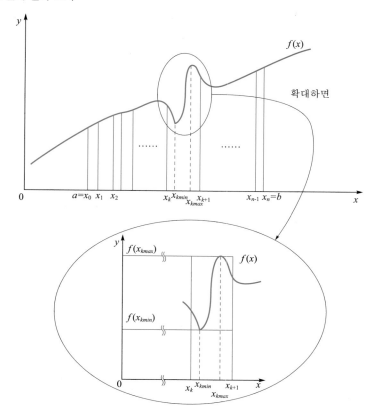

$$\sum_{k=0}^{n-1} f(x_{k\min})(x_{k+1} - x_k) \leqq \sum_{k=0}^{n-1} \Delta S_k \leqq \sum_{k=0}^{n-1} f(x_{k\max})(x_{k+1} - x_k)$$

가 되는데, $n \to \infty$일 때, $x_{k+1} - x_k \to 0$가 되기 때문에, $f(x_{k\min})$과 $f(x_{k\max})$는 일치할 것(여기서 함수 $f(x)$가 유한하고 연속되어 있다는 조건이 효과가 있다!)이기 때문에, 부등식의 좌변과 우변은 어떤 동일한 값으로 수렴될 것이다. 그렇다면 그 때는 $\sum_{k=0}^{n-1} \Delta S_k$ 는 구하는 면적 $S$에 수렴됨을 알 수 있다. 이것을 함수 $f(x)$의 ($x$의 구간 $[a, b]$에 있어서의) **정적분**(리만에 의한)이라고 하고,

$$S = \int_a^b f(x)dx$$

라고 쓴다. 자, 이것으로 오랜 세월 넓이를 구하고 수고해 온 학자들의 노고가 보상받을 때가 왔다. 우리들은 다양한 함수의 넓이를 구할 수 있는 수단을 손에 넣게 된 것이다.

그런데 이야기는 이것만으로 끝나지 않는다. 공전절후, 전대미문하고, 경천동지할 만한 – 어떤 한자 숙어를 갖다 붙여도 표현할 수 없을 정도로 엄청난 사실을 알게 된 것이다. 다시 말해 **적분과 미분은 서로 반대되는 연산**이라는 것이다! 이만큼 강력한 도구는 없다. 두근거리는 가슴을 누르고 어서 그것을 살펴보자.

아까 정적분을 구하는 도중에

$$f(x_{k\,\min})(x_{k+1} - x_k) \leqq \Delta S_k \leqq f(x_{k\,\max})(x_{k+1} - x_k)$$

라는 식이 나왔는데, 이것을

$$f(x_{k\,\min}) \leqq \frac{\Delta S_k}{x_{k+!} - x_k} \leqq f(x_{k\,\max})$$

으로 변형하고, $n \to \infty$의 극한을 취해 보면 어떨까?

$$\lim_{n \to \infty} f(x_{k\,\min}) \leqq \lim_{n \to \infty} \frac{\Delta S_k}{x_{k+1} - x_k} \leqq \lim_{n \to \infty} f(x_{k\,\max})$$

$\lim\limits_{n \to \infty} f(x_{k\,\min})$과 $\lim\limits_{n \to \infty} f(x_{k\,\max})$는 $f(x_k)$가 될 것이고, $\lim\limits_{n \to \infty} \frac{\Delta S_k}{x_{k+1} - x_k}$는 $S(x)$가 되는 함수를 생각하면, $\Delta S_k = S(x_{k+1}) - S(x_k)$이므로, 이건 미분 그 자체가 아닌가! 다시 말해 $\frac{dS(x_k)}{dx}$가 될 것이다. 따라서,

$$\frac{dS(x_k)}{dx} = f(x_k)$$

가 된다. $x_k$는 $[a, b]$의 어떤 점에서도 상관없으므로 $x$로 해 보면 좀 더 알아보기 쉽게

$$\frac{dS(x)}{dx} = f(x)$$

가 된다. 어떤가? 깜짝 놀랐을 것이다. 이것이 바로 Aha! 체험이다.

뭐라고? $S(x)$라는 함수를 모르겠다고? 이것은 다음 페이지 그림을 보면 이해할 수 있을 것이다.

즉, $S(a) = C$($C$는 상수)로 시작하고 $x$에 있어서 음영으로 표시된 부분의 넓이가 $S(x)$이다. 다시 말해 가장 먼저 구하고자 했던 넓이 $S$는 $S(b) - S(a)$로 표현된다는 것을 알 수 있다.

방금 전의 적분기호로 써 보면

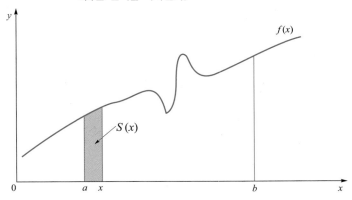

$S(x)$는 면적을 나타낸다.

$$S = S(b) - S(a) = \int_a^b f(x)dx$$

이다. 여기에서

$$S(x) - S(a) = \int_a^x f(\xi)d\xi$$

라고 표현하는 것도 분명하다. 그리고 이 $S(x)$ (통상적으로 $F(x)$라고 쓰기 때문에 이후에는 이렇게 쓰기로 한다)를 $f(x)$의 **원시함수**[주16]라고 하는 것이다. 여기서 $\xi$라는 기호가 당돌하게 얼굴을 내밀었다. 변수로서 이공계 수학에서는 빈번하게 등장하기 때문에 익숙해지라는 의미도 포함해서 사용하였다. $t$ 등으로 하면 「시간」과 혼동되기 쉽다.

이야기가 새버렸다. 자, 미분과 적분이 이런 역연산 관계라는 것을 알았으니 자주 보는 함수 등이 어떻게 되는가 살펴보고 싶어진다. 예를 들어 $x^n$의 원시함수는 어떤 형태가 될 것인가? 은밀한 소리 씨, 계산해 보시지.

❖ **은밀한 소리** : 갑자기 떠넘기다니. 그렇지만, 고등학교 때의 복습도 할 겸 한번 해 볼까. 미분하여 $x^n$이 되는 것이니까, 미분하면 차수가 하나 내려가니 반대로 하나 올려주면 되는군. 그러면, $x^{n+1}$이 되는 건 틀림없으니까, 우선 $x^{n+1}$을 미분해 보자. 그러면, $(n+1)x^n$이 되고, $n+1$이 방해가 되네···· 음, 그렇다면 이것으로 미리 나누어 두면 되겠군. 좋아. 알았다.

$$\frac{1}{n+1}x^{n+1}$$이 $x^n$의 원시함수다.

주16) 영어로는 primitive function이라고 하는데 primitive를 「원시」(原始)라고 번역한 것이다. 원래는 primitive를 「기본」이라고 번역해서 기본함수(또는 元函數)라고 하는 편이 좋았다고 생각합니다. 그렇게 하면 도함수의 의미가 분명해지니까요. 도함수는 derivative로, 여기에는 「이끌어준다」는 의미가 있습니다.

정답입니다. 그대로입니다.

이런 강력한 도구를 손에 넣었으니 다음에는 '미분 ⇔ 적분표'를 보고 기본적인 것은 암기해 두자.

**미분 · 적분의 변환표**

| | 적분 → | 함수 | 적분 → | 함수 |
|---|---|---|---|---|
| 함수 | ← 미분 | | ← 미분 | |

($x^n$의 형식)

$$\frac{d}{dx}x^n = nx^{n-1} \quad \longleftrightarrow \quad x^n \quad \longleftrightarrow \quad \int x^n dx = \frac{1}{n+1}x^{n+1}$$

$$1 \quad \longleftrightarrow \quad x \quad \longleftrightarrow \quad \frac{1}{2}x^2$$

$$2x \quad \longleftrightarrow \quad x^2 \quad \longleftrightarrow \quad \frac{1}{3}x^3$$

$$\vdots \qquad\qquad \vdots \qquad\qquad \vdots$$

(삼각함수인 경우)

$$\cos x \quad \longleftrightarrow \quad \sin x \quad \longleftrightarrow \quad -\cos x$$

$$-\sin x \quad \longleftrightarrow \quad \cos x \quad \longleftrightarrow \quad \sin x$$

(지수·대수인 경우)

$$(\log_e a)a^x \quad \longleftrightarrow \quad a^x \quad \longleftrightarrow \quad \frac{a^x}{\log_e a}$$

$$e^x \quad \longleftrightarrow \quad e^x \quad \longleftrightarrow \quad e^x$$

$$\frac{1}{x} \quad \longleftrightarrow \quad \log x \quad \longleftrightarrow \quad x\log x - x$$

미적분의 주요 공식

- 합의 미분공식

  $\{f(x)+g(x)\}'=f'(x)+g'(x)$

- 정수배(定數倍)의 미분공식

  $\{kf(x)\}'=kf'(x)$

- 곱의 미분공식

  $\{f(x)g(x)\}'=f'(x)g(x)+f(x)g'(x)$

- 멱승의 미분공식

  $(x^n)'=nx^{n-1}$

- 몫의 미분공식

  $$\left\{\frac{f(x)}{g(x)}\right\}'=\frac{f'(x)g(x)-f(x)g'(x)}{g(x)^2}$$

- 합성함수의 미분공식

  $\{f(g(x))\}'=f'(g(x))\cdot g'(x)$

  $\{(ax+b)^n\}'=an(ax+b)^{n-1}$

- 적분의 일반공식

  $$\int x^n dx=\frac{1}{n+1}x^{n+1}+C$$

  $$\int (ax+b)^n dx=\frac{1}{a(n+1)}(ax+b)^{n+1}+C$$

적분의 의미도 미분과 적분 함수도 알았으니 사전 연습 삼아서 원의 넓이를 구해 보자.

반지름 $r$인 원의 방정식은 $x^2+y^2=r^2$이므로, $y^2=r^2-x^2$, 따라서 위쪽 반원의 방정식은 $y=\sqrt{r^2-x^2}$이다.

$x$의 넓이를 극좌표에서

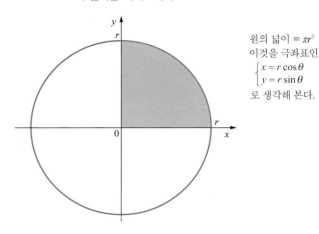

원의 넓이 = $\pi r^2$
이것을 극좌표인
$$\begin{cases} x = r\cos\theta \\ y = r\sin\theta \end{cases}$$
로 생각해 본다.

구하는 넓이는 그림의 음영 부분(제1 사분면이다)을 4배하면 된다.
따라서

$$4\int_0^r ydx = 4\int_0^r \sqrt{r^2 - x^2}\,dx$$

하지만, 이런 적분 해법은 싫은데. 물론 수학 2에서 풀어본 적이 있을 것이라고 생각한다. $x = r\cos\theta$라고 변환하여 푸는 방식이었을 것이다. 이것은 따로 복습해 보기로 하고, 다른 해법은 없을까?

대체로 뭐라 하든 간에 **데카르트**[주17] **좌표**[주18]($xy$ 좌표)로 나타내려 하는 것은 억지이고, 원과 구 같은 것은 **극좌표**로 나타내는 것이 일반적인 수단이다. 즉, 처음부터

$$\begin{cases} x = r\cos\theta \\ y = r\sin\theta \end{cases}$$

으로 나타내는 것이 좋다.

주17) 데카르트 (Descartes, Ren. 1596 ~1650) 프랑스의 철학자 · 수학자 · 물리학자

주18) Cartesian coor-dinates. 자주 보는 $x$ $y$ $z$축이 직교하는 좌표계

자, 다음 페이지의 그림을 보도록 하자. 그림의 음영 부분의 넓이는 $rdrd\theta$임을 알 수 있을 것이다(원호의 길이는 「중심각×반지름」 따라서 $rd\theta$ ).

❖ **은밀한 소리** : 이봐, 이봐, 아무래도 직사각형으로는 안 보이는데?

이 「넓이 요소」에서 원의 넓이를 알 수 있다

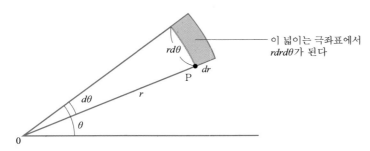

이 넓이는 극좌표에서 $rdrd\theta$가 된다

그런가? 눈이 나쁜 거 아냐? 앗, 실례. 이건 농담이고. 이 그림은 상당히 확대해서 그려놓은 것이기 때문에 직사각형으로 보이지는 않겠지만 , 극한에서는 $dr$과 $rd\theta$는 직각에 가까워지는 것은 직관적으로 알 수 있을 거라고 생각한다. $d\theta$는 $\theta$가 증가하는 방향을 향하고 있으므로 점 P에 있어서의 접선, 즉 $r$에 대해 직각이 된다. 그러므로 직사각형이라고 생각해도 상관없다.

여기서 $rdrd\theta$를 극좌표에 있어서의 **넓이 요소**라고 한다. 즉, 데카르트 좌표계의 $dxdy$가 극좌표에서는 이렇게 변환된다는 것이다. 이것을 사용하면 원의 넓이는 간단히 구해진다. 즉, $r$을 0에서 $r$까지 적분하고, $\theta$는 0에서 $2\pi$까지 적분하면 된다. 다시 말해, 다음과 같이 계산할 수 있다.

$$\int_0^{2\pi}\left(\int_0^r rdr\right)d\theta$$
$$=\int_0^{2\pi}d\theta\left(\int_0^r rdr\right)$$
$$=\left[\theta\right]_0^{2\pi}\left[\frac{1}{2}r^2\right]_0^r$$
$$=(2\pi-0)\left(\frac{1}{2}r^2-0\right)$$
$$=2\pi\cdot\frac{1}{2}r^2$$
$$=\pi r^2$$

이것으로 원의 면적을 구하는 잘 알고 있는 공식이 간단히 나온다.

## ● 스털링의 공식

스털링의 공식이라는 것은 통계 관계에서는 어디서나 등장하지만 간단하기 때

문에 단적분의 마지막에 소개해 본다.

　이것은 「계승의 근사값을 구하는 공식」이다. 계승은 엄청나게 큰 수가 되기 때문에 별로 어렵지는 않지만 다루기가 까다로운 편이다. 그렇지만 수의 크기에 놀라고만(!) 있어서는 안 되기 때문에 어림셈은 꼭 필요하다. 그래서 $n$이 큰 경우에 유효한 스털링(Stirling)의 공식이 고안된 것이다. 그것은

---

**스털링의 공식**

$$n! \fallingdotseq n^n e^{-n} \quad (n \gg 1)$$

혹은 자연대수를 써서

$$\log(n!) \fallingdotseq n \log n - n \quad (n \gg 1)$$

---

이라고 표현한다.

　이것을 설명해 두겠다. $n! = n(n-1)(n-2)\cdots 3\cdot 2\cdot 1$이므로 양변의 자연대수를 사용해 보면, $\log(n!) = \log\{n(n-1)(n-2)\cdots 2\cdot 1\} = \sum_{k=1}^{n} \log k$ 가 된다. 이것은 그림과 같이 계단형 도형의 넓이인 것을 알 수 있다. (단, 밑변의 길이가 1인)

**스털링의 공식은 계단 도형의 넓이를 나타낸다**

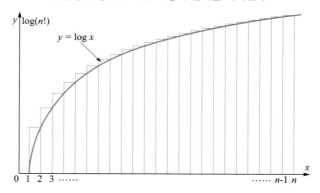

　그래서 연속함수 $y = \log x$를 생각해 보면, $n$이 충분히 크다면 이 함수를 1에서 $n$까지 적분한 값으로 생각해도 좋을 것이다. 다시 말해,

$$\log(n!) \cong \int_1^n \log x\, dx = \left[ x \log x - x \right]_1^n = (n \log n - n) - 1 \cong n \log n - n$$

이 된다.

　통계역학에서는 $n$이 아주 크기 때문에 맨 처음에 예를 들었던 근사식으로 충분하다. 계승을 초등함수로 다룰 수 있는 장점은 아주 크다.

제2장

# 선형대수 입문

선형대수는 고등학교에서 행렬이라는 형태로 슬쩍 등장하기 때문에
그렇게 위화감은 없을지도 모른다. 사실, 선형대수의 기원은
얼마나 표기를 간단히 하는가 하는 요청에서 생겨났다고 해도 과언이 아니다.
이 장을 읽고 나면 「그래서 그렇게 기묘하게 연산이 되는구나」 하고
알 수 있을 것이다. 물론 이 분야도 선현의 힘을 얻어 수학의 한 분야를
형성하고 있으므로 본격적으로 학습하려고 하면, 그 나름대로의 노력이 필요하다.
단, 선형대수를 이용하는 입장이라면 기쁘게도 최소의 노력으로
최대의 결과를 얻을 수 있는 분야이기도 하다. 그리고 다른 분야로
이 선형대수의 개념을 집어넣으면 간단해진다는 아주 구미가 당기는 효용도 있다.
어렵지는 않기 때문에 꼭 마스터하기 바란다.

# 2-1 좌표를 변환한다

자 여기서 조금 미적분을 벗어나 **선형대수와 벡터**를 먼저 봐 두기로 한다.

❖ **은밀한 소리** : 뭐? 이제 미적분은 끝난 건가?

끝이 아니라 이제부터가 시작이지만, 그 전에 선형대수와 벡터를 먼저 알아 두는 것이 이해하기 쉽다. 모든 일은 한 방향뿐만 아니라 다양한 각도에서 관찰하는 것이 중요하다···· 같이 낯뜨거운 말 좀 하게 하지 말라구.

❖ **은밀한 소리** : 네가 멋대로 말하는 거잖아.

그렇다. 하지만 이렇게 틀에 박힌 말을 하지 않더라도 그 중요성은 아마 뼈저리게 실감하고 있을 것이다. 이렇게 다양한 견해를 가질 수 있게 해 주는 수학적 도구는 많이 준비되어 있고, 이제부터 말할 선형대수를 비롯하여 푸리에 변환, 라플라스 변환 등 수 없이 많이 존재한다. 그 중에서도 선형대수가 생겨나게 된 계기는 소박했을지 모르지만 이후 선현들의 힘을 얻어 추상화되어 지금은 수학의 한 분야를 차지하고 있다.

서론은 이 정도로 해 두고 구체적으로 살펴보자. 우선 강강술래같이 낯이 익고 정감 있는 데카르트 좌표(직교좌표계, 카테시안이라고도 부른다)는 인류에게 과학적인 방법론을 부여한 획기적인 대발견이지만, 기술하려고 하는 운동이 ─ 예를 들면, 원운동과 같은 경우에 적용하기에는 그다지 좋은 방법이라고 할 수 없다.

데카르트 좌표에서 원점을 0으로 하고 반지름이 $r$인 원의 방정식을 나타내면, $x^2+y^2=r^2$이므로, 익숙한 형태로 바꾸면 $y=\pm\sqrt{r^2-x^2}$이 되는데, 아주 다루기 쉬운 형이라고 할 수는 없을 것 같다. 이것을 적분하여 원의 넓이를 구하라는 등의 문제를 접했을 때, '어떻게 하나···' 하고 생각한 적이 있을 것이다. (좀 오버이지만 ···) 그런 건 제쳐 두고라도, 이 다루기 까다로운 형을 어떻게든 쉽게 해 보려는 것은 당연한 흐름이다.

## ● 원 좌표계와 새로운 좌표계

그래서, **데카르트 좌표**(우선 평면으로 하지요)를 자세히 살펴보면 두 실수의 조(組)로 이 평면상의 어느 위치에서나 표현할 수 있다는 것을 알 수 있다. 그렇다는 말은, 이 두 실수 조와 다른 두 실수 조의 관계가 1대 1이고, 다른 곳으로 새지 않는다면(반드시 대응하는 조가 있다는 것, 이것을 **전단사**라고 한다), 이 새로운 두 실수 조합을 새로운 좌표계로 채용해도 문제없을 것이다.

**대응만 완벽하면 새 좌표계를 생각해 볼 수 있다**

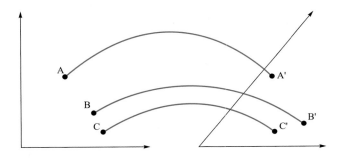

이것을 전제로 하면 문제는 원래 좌표계와 새 좌표계의 관계가 어떻게 되는지를 생각하면 된다.

**원래 좌표계를 $\theta$만큼 회전시킨 「새 좌표계」**

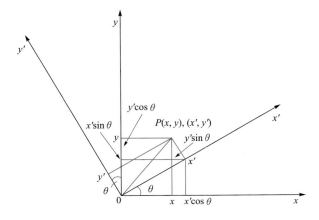

예를 들면 그림과 같이, 직교좌표계 $xy$에 대해 원점 0을 공유하고 $\theta$만큼 회전시킨 직교좌표계 $x'y'$를 생각해 본다. $xy$와 $x'y'$의 관계는, 이것은 그림으로 간단히 알 수 있지만

$$\begin{cases} x = x'\cos\theta - y'\sin\theta \\ y = x'\sin\theta + y'\cos\theta \end{cases} \qquad \cdots\cdots ①$$

이다. 이것을 다분히 표기상의 편의를 위해 다음과 같이 표현해 본다.

$$\begin{pmatrix} x \\ y \end{pmatrix} = \begin{pmatrix} \cos\theta & -\sin\theta \\ \sin\theta & \cos\theta \end{pmatrix} \begin{pmatrix} x' \\ y' \end{pmatrix} \qquad \cdots\cdots ②$$

자, 이건 뭔가? 물론 고등학교 때 배운 '행렬'이라는 걸 금방 알아챘을 것이다. 이공계가 아닌 사람이라도 필요에 따라 이 책을 읽고 있을지도 모르니 만약을 위해 연산 방법을 써 보면

---

**행렬의 연산 방법**

$$\begin{pmatrix} x \\ y \end{pmatrix} = \begin{pmatrix} \cos\theta & -\sin\theta \\ \sin\theta & \cos\theta \end{pmatrix} \begin{pmatrix} x' \\ y' \end{pmatrix} \qquad 행 \rightarrow \begin{pmatrix} \cos\theta & -\sin\theta \\ \sin\theta & \cos\theta \end{pmatrix} \overset{\text{열}}{\downarrow}$$

---

이 된다.

우선 $\begin{pmatrix} x' \\ y' \end{pmatrix}$ 를 행렬의 맨 윗줄 $(\cos\theta \ -\sin\theta)$ 에 곱한다. 즉 $(x'\cos\theta \ -y'\sin\theta)$ 가 되도록 한다. 마찬가지로 $\begin{pmatrix} x' \\ y' \end{pmatrix}$ 를 행렬의 아래 행인 $(\cos\theta \ \sin\theta)$ 에 곱하여, $(x'\cos\theta +y'\sin\theta)$ 가 되도록 한다. 결국,

$$\begin{pmatrix} x \\ y \end{pmatrix} = \begin{pmatrix} \cos\theta & -\sin\theta \\ \sin\theta & \cos\theta \end{pmatrix} \begin{pmatrix} x' \\ y' \end{pmatrix}$$
$$= \begin{pmatrix} x'\cos\theta - y'\sin\theta \\ x'\sin\theta + y'\cos\theta \end{pmatrix}$$

가 되는 것이다. 물론 그 대로 ①식이 되는 것뿐이지만.

그런데 이 행렬을 고등학교에서는 아마 「이것을 행렬이라고 하는데 행렬의 계산 방법은 이렇게 한다.」는 식으로 배웠을 것이다. 그러나 이런 식으로 가르쳤기 때문에 「시시하다. 싫다」라는 이공계 혐오증 학생을 대량 생산하게 되었다고 생각한다.

계산 방법을 모르는 것이 아니다. 하지만 「왜, 이런 괴상한 것을 생각해 냈을까?」하는 부분은 가르치지 않고, 주어진 정의와 연산을 암기하고 오직 연습이라는 작업만 시키니까 짜증이 나는 것이다.

행렬을 생각해 낸 동기, 본질을 알고 싶다는 학습자의 마음에 전혀 응답해 주

지 못한 것이다.

그런 문제가 고등학교에서 배운 수학전반에 걸쳐 있기 때문에, 결국 언제가 되어도 의문이 풀리지 않고 「에잇, 시시하군」이라는 사태로 진행된다.

예를 들면, 「이 행렬은 말이지, 3D 컴퓨터 그래픽에서는 없어서는 안 되는 도구야」라든가 「의료진료에 사용되는 CT 스캐너에서도 행렬이 사용된다」라든지 흥미를 끄는 이야기를 해 주게 되면 배우는 입장에서 흥미를 가지는 정도도 달라진다.

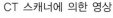

CT 스캐너에 의한 영상

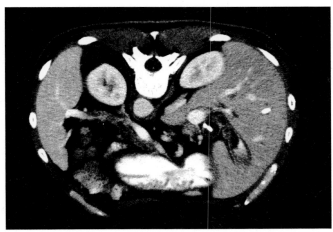

제공 : 도시바 메디컬 주식회사

하고 싶은 말은 태산같이 많지만 여기서 투덜거린다고 해결되는 것이 아니기 때문에, 일단 이 행렬에 대해 생각해 보기로 하자.

우선 ②을 찬찬히 들여다보면 흥미로운 사실을 발견할 수 있다. 금방 알 수 있겠지만 ② 식은 3개의 큰 덩어리로 이루어져 있다.

우선 좌변의 덩어리(**X**라고 하자), 이것은 원래 좌표계를 나타내고, 우변에서 오른쪽 끝의 덩어리(이것을 **X**′이라고 하자)는 새로운 좌표계를 나타내고 있다. 이것은 한 눈에 알 수 있다. 그리고 우변의 왼쪽에 있는 덩어리가 있다. 문제는 이 한 가운데의 덩어리(이것을 **A**라고 하자)인데, 이것이 무엇일까?

**$\mathbf{X}'$에 $\mathbf{A}$를 작용시키면 $\mathbf{X}$가 된다!**

$$\begin{pmatrix} x \\ y \end{pmatrix} = \begin{pmatrix} \cos\theta & -\sin\theta \\ \sin\theta & \cos\theta \end{pmatrix} \begin{pmatrix} x' \\ y' \end{pmatrix}$$

$$\mathbf{X} = \qquad \mathbf{A} \quad \cdot \quad \mathbf{X}'$$

생각해 보면 형식적으로 $\mathbf{X}'$에 $\mathbf{A}$를 작용시키면 $\mathbf{X}$가 된다라는 이야기를 하고 싶은 것이다. 다시 말해, $y = f(x)$와 동일한 형이 아닌가! $y = f(x)$는 $x$에 $f$를 작용시키면 $y$가 된다는 말이므로 앞의 행렬을 사용한 식도 결국 $\mathbf{X}=\mathbf{A}\mathbf{X}'$과 같은 형이 되고 동일한 형식이라고 생각해도 좋다.

트릭을 설명하면 실은 동일한 형이 되었다기보다는 동일한 형을 끌어낼 수 있다고 생각하는 편이 맞다. 역으로 이렇게 하려고 행렬은 그런 기묘한 연산(곱셈)이 되어버린 것이다. 즉, 행렬의 연산을 먼저 생각했던 것이 아니라, $y = f(x)$와 같은 형식으로 하고 싶었기 때문에 그런 기묘한 연산이 되었다는 것이다. 특별히 처음부터 고상한 의미가 있던 것이 아니다.

$y = f(x)$가 $x$라는 수에 대해 $f$라는 조작을 수행한 결과 새로운 수 $y$를 얻었다고 할 수 있다. 동일하게 수의 조합인 $\mathbf{X}'$에 대해 $\mathbf{A}$라는 조작을 수행한 결과 $\mathbf{X}$라는 새로운 수의 조합을 얻게 된다. 자, 멋지게 똑같은 형이 되었다!

그런데 행렬의 상세한 설명은 나중에 하기로 하고, 좌표변환에 대해 한 가지 더 예를 들어 둔다.

**이런 좌표 변환에서는 어떻게 될까?**

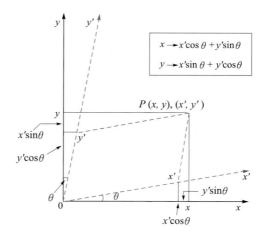

이번에는 회전이 아닌 $xy$의 제1사분면에서 $\theta$만큼 조금 좁아진 좌표를 생각해 본다. 그림에서 명확하게 $xy$와 $x'y'$의 관계는

$$\begin{cases} x = x'\cos\theta + y'\sin\theta \\ y = x'\sin\theta + y'\cos\theta \end{cases} \quad \cdots\cdots ③$$

가 된다는 것을 알 수 있다. 이것을 행렬을 사용하여 써 보면

$$\begin{pmatrix} x \\ y \end{pmatrix} = \begin{pmatrix} \cos\theta & \sin\theta \\ \sin\theta & \cos\theta \end{pmatrix} \begin{pmatrix} x' \\ y' \end{pmatrix} \quad \cdots\cdots ④$$

가 된다.

이상에서 어떤 좌표 $xy$에서 다른 좌표 $x'y'$을 표현하기 위해서는 일반적으로

$$\begin{pmatrix} x' \\ y' \end{pmatrix} = \begin{pmatrix} a & b \\ c & d \end{pmatrix} \begin{pmatrix} x \\ y \end{pmatrix}$$

혹은 $\mathbf{A} = \begin{pmatrix} a & b \\ c & d \end{pmatrix}$ 라고 두고,

$$\begin{pmatrix} x' \\ y' \end{pmatrix} = \mathbf{A} \begin{pmatrix} x \\ y \end{pmatrix}$$

라는 형이 됨을 알 수 있다.(여기서는 이해하기 쉽도록 $xy$와 $x'y'$를 대입해 두었다). 이러한 형으로 하게 되면, 함수 $y = f(x)$라는 것은 $x$에 $f$라는 조작을 한 것이 $y$라는 것이므로, 마찬가지 유추하면 $\begin{pmatrix} x \\ y \end{pmatrix}$에 $\mathbf{A}$라는 조작을 가하면 $\begin{pmatrix} x' \\ y' \end{pmatrix}$가 되는 조금 전의 식은 과연 같은 형식이 된다.

## 추상화 테크닉

자, 그런데 여기서 한 가지 문제가 있다. 행렬의 성분을 $a, b, c, d$라고 표현했지만, 어떻게 생각한 것일까. 분명히 2행 2열 정도라면 $a, b, c, d$로 끝나지만, 만약 10행 10열이라도 되면 문자가 부족하지 않을까? 게다가 $p$나 $q$가 어느 위치에 있는 성분인지 금방 알 수가 없다. 그러니까 이것은 좋은 방법이 아니다. 분명히 말해 좀 서툰 방법이다. 그래서 여기에 **첨자**[주1]라는 것을 사용하여,

$$\begin{pmatrix} a & b \\ c & d \end{pmatrix} = \begin{pmatrix} a_{11} & a_{12} \\ a_{21} & a_{22} \end{pmatrix}$$

주1) 동일한 「첨자」라도 $a_{11}$처럼 아래에 붙이는 문자를 subscript 혹은 inferior라고 하며, 거듭 제곱처럼 위에 붙이는 문자를 superscript, superior라고 하며, 이 것들을 통칭해 suffix라 고 합니다. 자주 사용합니다.

이와 같이 표현하면 어떨까? 좀 복잡하게 보이지만, 이 편이 훨씬 확장성이 있다.(즉, 추상화의 길이 열린다는 것이다) 이렇게 하면

$$\mathbf{A} = \begin{pmatrix} a_{ij} \end{pmatrix} \quad (i, j = 1, 2)$$

라고 쓸 수도 있으므로(이렇게 쓰도록 약속한다는 것이지만), 점점 더 추상화 할 수 있다.

더욱이 $\mathbf{X}$나 $\mathbf{X}'$ 등의 좌표계에 대해서도 성분을 $x$와 $y$가 아닌 $x_1$, $x_2$ 등으로 하면 앗 하는 사이에

$$\begin{pmatrix} x_1' \\ x_2' \\ \vdots \\ x_n' \end{pmatrix} = \begin{pmatrix} a_{11} & a_{11} & \cdots & a_{1n} \\ a_{21} & a_{22} & \cdots & a_{2n} \\ \vdots & \vdots & \ddots & \vdots \\ a_{n1} & a_{n2} & \cdots & a_{nn} \end{pmatrix} \begin{pmatrix} x_1 \\ x_2 \\ \vdots \\ x_n \end{pmatrix}$$

가 되어, 한번에 $n$차원($x_n$처럼)까지 확장할 수 있게 되지 않았는가. 이와 같은 형식이 가능한 것은 우리들이 2차원을 다루어 왔다고는 해도 꼭 2차원이어야 한다는 특수한 가정을 두고 있지 않았기 때문이다.

이는 표기의 중요성을 잘 알려 주는 사례이다. 언제까지나 $a$, $b$, $c$, $d$라고 표기하고 있으면 확장하기가 아주 어렵다. 게다가 이렇게 하면 얼마나 「수학」다운가 !

❖ **은밀한 소리** : 무슨 귀신 씨나락 까먹는 소리야!  '수학다운가' 라니.

그렇지 않아. "그와 같이 보인다"는 것은 아주 중요하다. 실제로 표기를 다르게 하는 것으로 추상화의 한 끝이 보이지 않았는가!

# 2-2 행렬의 연산

## ● 여섯 가지 연산

아하! 물리수학

그런데 $n$차원까지 한번에 확장한 것은 좋다고 하고, 다음에 해야 할 일은 여기에 등장한 행렬 $\mathbf{A}$의 연산, 더 나아가 행렬이라는 것의 체계를 어떻게 구축해 나갈 것인가. 다시 말해, 일반적인 수와 같은 논리체계가 필요하다는 말이다. 물론 그런 기묘한 곱셈을 해야만 하는 행렬이기 때문에 일반적인 수와는 다른 것이 될 것이다.

그런 이유로 다음과 같이 생각해 보자.

> 1. '행렬끼리 같다'는 것을 어떻게 정의하는가?
> 2. 일반적인 수의 '0에 대한 행렬'은 무엇인가?
> 3. 일반적인 수의 '1에 대한 행렬'은 무엇인가?
> 4. '일반적인 수와 행렬의 곱셈'의 경우 어떻게 정의하는가?
> 5. '행렬끼리의 덧셈 뺄셈'을 어떻게 정의하는가?
> 6. '행렬끼리의 곱셈 나눗셈'을 어떻게 정의하는가?

우선 「1」인데, 이것은 두 개의 행렬

$$\mathbf{A} = \begin{pmatrix} a_{11} & a_{12} & \cdots & a_{1n} \\ a_{21} & a_{22} & \cdots & a_{2n} \\ \vdots & \vdots & \ddots & \vdots \\ a_{n1} & a_{n2} & \cdots & a_{nn} \end{pmatrix} \qquad \mathbf{B} = \begin{pmatrix} b_{11} & b_{12} & \cdots & b_{1n} \\ b_{21} & b_{22} & \cdots & b_{2n} \\ \vdots & \vdots & \ddots & \vdots \\ b_{n1} & b_{n2} & \cdots & b_{nn} \end{pmatrix}$$

을 생각했을 때(이하 $\mathbf{A}$, $\mathbf{B}$는 이것을 사용한다), 모든 성분이 같은 만큼 있다고 하면 무리가 없이 자연스러울 것이다. 성분으로 쓰면

$$a_{ij} = b_{ij} \quad (1 \le i, j \le n)$$

이다.

다음으로 「2」는 행렬의 모든 성분이 0인 것으로 한다. 이것을 **영행렬**이라고 하고 0으로 표현한다.

$$0 = \begin{pmatrix} 0 & 0 & \cdots & 0 \\ 0 & 0 & \cdots & 0 \\ \vdots & \vdots & \ddots & \vdots \\ 0 & 0 & \cdots & 0 \end{pmatrix} \Big\} \, n \text{ 개}$$

$n$ 개

모든 성분이 0인 정방행렬 = 영행렬

「3」은 좀 특수한데 대각선상의 성분이 모두 1이고, 그 밖의 다른 성분이 모두 0인 행렬이라고 한다. 이것을 단위행렬(E)이라고 한다. 구체적으로는

$$\mathbf{E} = \begin{pmatrix} 1 & 0 & \cdots & 0 \\ 0 & 1 & \cdots & 0 \\ \vdots & \vdots & \ddots & \vdots \\ 0 & 0 & \cdots & 1 \end{pmatrix} \Big\} \, n \text{ 개}$$

$n$ 개

단위행렬(E)
대각선상(좌측 상단에서 우측 하단으로)의 성분이 모두 1, 그 외의 성분이 모두 0

이고, 성분으로 써 보면

$$\mathbf{E} = \left( \delta_{ij} \right) \qquad \left( 1 \leq i, j \leq n \right)$$

여기서 나온 $\delta_{ij}$은 눈에 익지 않은 기호인데, **크로네커의 델타**라고 하며

$$\delta_{ij} = \begin{cases} 1 & (i = j) \\ 0 & (i \neq j) \end{cases}$$

을 나타낸다.[주2] $i = j$ 일 때는 (즉, 대각선상), 그 이외는 0이라는 것이다. ($\delta$는 델타라고 읽는다).

이 된다.

마치 단위행렬에 대해 왜 이렇게 하는 거지? 라는 목소리가 들리는 것 같다. 분명 조금은 일방적인 설명이긴 했다. 술술 진행이 되는 것도 좋지만, 사실은 이렇게 걸리는 부분이 더 중요하다고 생각한다. 그리고 그 걸리는 부분을 그냥 두지 않고 자기 나름대로 해결을 하는 것이 중요하다. 하지만 유치원생도 아닌데 왜? 왜? 라고 묻지만 말고 자기 나름대로 생각을 거듭해 – 이 부분이 중요! – 스스로 차분히 생각해 보면 이해할 수 있는 것을 교수님에게 묻는 일을 자제하자. 역시 교수님에게 물을 거라면 교수님도 설명하기 곤란할 만큼의 질문을 퍼붓자.

주2) 이런 기호는 단순히 약속이고 보기 쉬운 형으로 식을 표현하려는 의도로 사용되고 있을 뿐입니다. 이런 기호에는 익숙해지는 것이 제일이지요.

좀 일방적인 설명이긴 했지만, 당연히 단위행렬을 이런 형태로 만드는 이유가 있다. 행렬이 생긴 경위는 '어떤 좌표계와 다른 좌표계를 결합시키기 위해서' 라고 설명했다. 다시 말해 좀 더 알기 쉽게 설명하면, 어떤 수의 조합과 또 다른 수의 조합을 연결한다고 생각해도 좋다. 예를 들면

$$\begin{pmatrix} x' \\ y' \end{pmatrix} = \begin{pmatrix} 2 & 3 \\ 4 & 5 \end{pmatrix}\begin{pmatrix} x \\ y \end{pmatrix} \quad = \quad \begin{matrix} x' = 2x + 3y \\ y' = 4x + 5y \end{matrix}$$

라는 식을 생각해 보자. 이것을 $\begin{pmatrix} x \\ y \end{pmatrix}$에 대해서 풀어 보면,

$$\begin{cases} x' = 2x + 3y & \cdots\cdots① \\ y' = 4x + 5y & \cdots\cdots② \end{cases}$$

②$-2\times$①에서

$$y' - 2x' = (4x + 5y) - (4x + 6y) = -y$$
$$\therefore y = 2x' - y'$$

이 $y$를 ①에 대입하면

$$x' = 2x + 3(2x' - y')$$

이 되므로, $x$에 대해서 정리해 보면

$$2x = -5x' + 3y'$$
$$\therefore x = -\frac{5}{2}x' + \frac{3}{2}y'$$

가 된다. $y$에 대해서도 마찬가지로 정리하여, 그것들을 정리해 보면

$$\begin{cases} x = -\frac{5}{2}x' + \frac{3}{2}y' & \cdots\cdots③ \\ y = 2x' - y' & \cdots\cdots④ \end{cases}$$

가 된다. ③, ④에서 이것을 행렬로 나타내면

$$\begin{pmatrix} x \\ y \end{pmatrix} = \begin{pmatrix} -\frac{5}{2} & \frac{3}{2} \\ 2 & -1 \end{pmatrix}\begin{pmatrix} x' \\ y' \end{pmatrix}$$

가 된다. 이제 이것을 맨 처음 행렬의 식인 $\begin{pmatrix} x' \\ y' \end{pmatrix} = \begin{pmatrix} 2 & 3 \\ 4 & 5 \end{pmatrix}\begin{pmatrix} x \\ y \end{pmatrix}$에 넣어 보자. 그러면,

$$\begin{pmatrix} x' \\ y' \end{pmatrix} = \begin{pmatrix} 2 & 3 \\ 4 & 5 \end{pmatrix}\begin{pmatrix} x \\ y \end{pmatrix} = \begin{pmatrix} 2 & 3 \\ 4 & 5 \end{pmatrix}\begin{pmatrix} -\frac{5}{2} & \frac{3}{2} \\ 2 & -1 \end{pmatrix}\begin{pmatrix} x' \\ y' \end{pmatrix}$$

가 되는데, 이 한 가운데의 행렬 $\begin{pmatrix} 2 & 3 \\ 4 & 5 \end{pmatrix}\begin{pmatrix} -\frac{5}{2} & \frac{3}{2} \\ 2 & -1 \end{pmatrix}$ 은 어떻게 되는 것일까? 행렬끼리의 곱셈이 되어 있는 듯하지만 좌변과 우변이 동일한 수의 조합이기 때문에 특수한 행렬임에는 틀림없다. 그래서 이러한 행렬이 무엇일까 생각해 보자. 이 특수한 행렬을 $\begin{pmatrix} a & b \\ c & d \end{pmatrix}$ 라고 하면

$$\begin{pmatrix} x' \\ y' \end{pmatrix} = \begin{pmatrix} a & b \\ c & d \end{pmatrix}\begin{pmatrix} x' \\ y' \end{pmatrix}$$

가 되기 때문에

$$\begin{cases} x' = ax' + by' \\ y' = cx' + dy' \end{cases}$$

에서 $x'$, $y'$ 으로 정리해 보면

$$\begin{cases} (a-1)x' + by' = 0 \\ cx' + (d-1)y' = 0 \end{cases}$$

이 된다. 위 두 식이 임의의 $x'$, $y'$ 일 때 성립하기 위해서는 $x'$, $y'$ 의 각 계수가 0이 되는 수밖에 없다. 다시 말해

$$\begin{cases} a - 1 = 0 \rightarrow a = 1 \\ b = 0 \\ c = 0 \\ d - 1 = 0 \rightarrow d = 1 \end{cases}$$

에서, 결국 $\begin{pmatrix} a & b \\ c & d \end{pmatrix} = \begin{pmatrix} 1 & 0 \\ 0 & 1 \end{pmatrix}$ 이 된다. 즉, $\begin{pmatrix} x' \\ y' \end{pmatrix} = \begin{pmatrix} 1 & 0 \\ 0 & 1 \end{pmatrix}\begin{pmatrix} x' \\ y' \end{pmatrix}$ 에서 $\begin{pmatrix} 1 & 0 \\ 0 & 1 \end{pmatrix}$ 이라는 것은 일반적인 수 $x$ 에서 $x = 1 \cdot x$ 일 경우의 1과 같은 역할을 하게 하면 될 것이다. 그러므로 $n$차원인 경우는

$$\begin{pmatrix} 1 & 0 & \cdots & 0 \\ 0 & 1 & \cdots & 0 \\ \vdots & \vdots & \ddots & \vdots \\ 0 & 0 & \cdots & 1 \end{pmatrix}$$

을 채용하면 된다(이것을 앞에서 $\mathbf{E}$라고 했다)는 것을 알 수 있다.

이 단위행렬의 경우, 일반 행렬과 달라서 단위행렬과 일반 행렬을 곱하는 경우 순서를 앞뒤로 바꾸어 넣어도 좋다. 즉, $\mathbf{EA} = \mathbf{AE}$이다. 이것은 증명할 것까지도 없다. (일반 행렬에서는 $\mathbf{AB} \neq \mathbf{BA}$였다)

그러면 여기서 조금 더 폭주해 보자. 조금 전에

$$\begin{pmatrix} 2 & 3 \\ 4 & 5 \end{pmatrix}\begin{pmatrix} -\dfrac{5}{2} & \dfrac{3}{2} \\ 2 & -1 \end{pmatrix} = \begin{pmatrix} 1 & 0 \\ 0 & 1 \end{pmatrix}$$

이라는 식이 성립하겠지만, 이 식의 좌변의 계산에 대해서 아직 정의는 하고 있지 않다. 그러나 지금까지의 행렬의 계산에서 유추해 볼 수는 있다.

우선, $\begin{pmatrix} -\dfrac{5}{2} & \dfrac{3}{2} \\ 2 & -1 \end{pmatrix}$ 의 첫 번째 열을 꺼내서 $\begin{pmatrix} 2 & 3 \\ 4 & 5 \end{pmatrix}\begin{pmatrix} -\dfrac{5}{2} \\ 2 \end{pmatrix}$ 라는 연산을 수행하면

$$\begin{pmatrix} 2 & 3 \\ 4 & 5 \end{pmatrix}\begin{pmatrix} -\dfrac{5}{2} \\ 2 \end{pmatrix} = \begin{pmatrix} 2\cdot\left(-\dfrac{5}{2}\right)+3\cdot 2 \\ 4\cdot\left(-\dfrac{5}{2}\right)+5\cdot 2 \end{pmatrix} = \begin{pmatrix} 1 \\ 0 \end{pmatrix}$$

이 된다. 마찬가지로 $\begin{pmatrix} -\dfrac{5}{2} & \dfrac{3}{2} \\ 2 & -1 \end{pmatrix}$ 의 두 번째 열을 꺼내서 $\begin{pmatrix} 2 & 3 \\ 4 & 5 \end{pmatrix}\begin{pmatrix} \dfrac{3}{2} \\ -1 \end{pmatrix}$ 이라는 연산을 수행하면

$$\begin{pmatrix} 2 & 3 \\ 4 & 5 \end{pmatrix}\begin{pmatrix} \dfrac{3}{2} \\ -1 \end{pmatrix} = \begin{pmatrix} 2\cdot\dfrac{3}{2}+3\cdot(-1) \\ 4\cdot\dfrac{3}{2}+5\cdot(-1) \end{pmatrix} = \begin{pmatrix} 0 \\ 1 \end{pmatrix}$$

이 된다. 그리고 $\begin{pmatrix} 2 & 3 \\ 4 & 5 \end{pmatrix}\begin{pmatrix} -\dfrac{5}{2} & \dfrac{3}{2} \\ 2 & -1 \end{pmatrix}$ 이라는 연산은

$$\begin{pmatrix} 2 & 3 \\ 4 & 5 \end{pmatrix}\begin{pmatrix} -\dfrac{5}{2} & \dfrac{3}{2} \\ 2 & -1 \end{pmatrix} = \begin{pmatrix} 2\cdot\left(-\dfrac{5}{2}\right)+3\cdot 2 & 2\cdot\dfrac{3}{2}+3\cdot(-1) \\ 4\cdot\left(-\dfrac{5}{2}\right)+5\cdot 2 & 4\cdot\dfrac{3}{2}+5\cdot(-1) \end{pmatrix}$$

$$= \begin{pmatrix} 1 & 0 \\ 0 & 1 \end{pmatrix}$$

로 하는 것이 가장 적절함을 알 수 있을 것이다.

어느 새 행렬끼리의 곱셈법까지 알게 되었다(2행 2열의 경우뿐이지만). 알았다고 하기보다는 이렇게 하면 용이하게 정합성을 얻을 수 있다는 것이다.

## ● 역행렬의 성질

여기서 조금 더 나가 보자. 원래라면 다음의 「곱셈, 나눗셈」 항목에서 해야 하지만 조금 미리 공부해 보자.

앞에서 $\begin{pmatrix} 1 & 0 & \cdots & 0 \\ 0 & 1 & \cdots & 0 \\ \vdots & \vdots & \ddots & \vdots \\ 0 & 0 & \cdots & 1 \end{pmatrix}$ 은 통상의 수 $x$의 경우로 말하면 $x=1 \cdot x$의 1과 동일한

역할을 한다고 설명했다. 이 1은 $x(x \neq 0)$ 일 때 $x \cdot \dfrac{1}{x}=1$ (또는 $x \cdot x^{-1}=1$)이라는 중요한 역할을 한다. 이 때, $x$와 $x^{-1}$은 서로 **역수**이므로, 위에서 든 행렬은

$\begin{pmatrix} 2 & 3 \\ 4 & 5 \end{pmatrix}\begin{pmatrix} -\dfrac{5}{2} & \dfrac{3}{2} \\ 2 & -1 \end{pmatrix}=\begin{pmatrix} 1 & 0 \\ 0 & 1 \end{pmatrix}$ 로 되어 있어 $\mathbf{A}=\begin{pmatrix} 2 & 3 \\ 4 & 5 \end{pmatrix}$ 이라 하면 $\begin{pmatrix} -\dfrac{5}{2} & \dfrac{3}{2} \\ 2 & -1 \end{pmatrix}$ 은 수

에서 말하는 역수와 동일한 의미가 될 것이다.

이것을 $\mathbf{A}$의 **역행렬**이라고 하며 $\mathbf{A}^{-1}$로 나타낸다. 다시 말해, $\mathbf{A}^{-1}=\begin{pmatrix} -\dfrac{5}{2} & \dfrac{3}{2} \\ 2 & -1 \end{pmatrix}$

이다. 행렬의 경우 곱셈은 특수하기 때문에 아무렇게나 바꿔서 곱할 수는 없지만, 역행렬의 경우에 한해서는 교체해도 좋다. 예를 들면,

$$\begin{pmatrix} -\dfrac{5}{2} & \dfrac{3}{2} \\ 2 & -1 \end{pmatrix}\begin{pmatrix} 2 & 3 \\ 4 & 5 \end{pmatrix}=\begin{pmatrix} \left(-\dfrac{5}{2}\right) \cdot 2+\dfrac{3}{2} \cdot 4 & \left(-\dfrac{5}{2}\right) \cdot 3+\dfrac{3}{2} \cdot 5 \\ 2 \cdot 2+(-1) \cdot 4 & 2 \cdot 3+(-1) \cdot 5 \end{pmatrix}$$

$$=\begin{pmatrix} 1 & 0 \\ 0 & 1 \end{pmatrix}$$

이것은 당연하다고 하면 당연한 이야기지만, 눈치챘는지 모르겠다. 단위행렬을 $\mathbf{E}$라고 하고, 역행렬을 가진 행렬을 $\mathbf{A}$라고 하면, 우선

$$\mathbf{AA}^{-1}=\mathbf{E}$$

부터 출발한다. 이 양변에 오른쪽부터 $\mathbf{A}$를 곱하면

$$\mathbf{AA}^{-1}\mathbf{A}=\mathbf{EA}$$

가 된다. 여기서 $\mathbf{EA}=\mathbf{AE}$ 였으므로

$$\mathbf{AA}^{-1}\mathbf{A}=\mathbf{AE}$$

이항하여 $\mathbf{A}$는 좌측에서부터 곱하고 있으므로 괄호로 묶어 내면

$$\mathbf{A}\mathbf{A}^{-1}\mathbf{A}-\mathbf{A}\mathbf{E}=0$$
$$\mathbf{A}(\mathbf{A}^{-1}\mathbf{A}-\mathbf{E})=0$$

여기서 $\mathbf{A}\neq0$이므로, 위의 식이 일반적으로 성립되기 위해서는

$$\mathbf{A}^{-1}\mathbf{A}-\mathbf{E}=0$$

이 되어야만 한다. 따라서

$$\mathbf{A}^{-1}\mathbf{A}=\mathbf{E}$$

가 되고 $\mathbf{A}\mathbf{A}^{-1}=\mathbf{A}^{-1}\mathbf{A}=\mathbf{E}$임을 알 수 있다.

자, 꽤 여러 가지 사항들이 등장했는데, 원래대로 돌아가 53페이지의 「4」로 돌아가자. 일반적인 수와 행렬의 곱셈인데, 이것은 행렬 $\mathbf{A}$에 수 $c$를 곱할 경우는

$$c\mathbf{A}=\mathbf{A}c=c\begin{pmatrix} a_{11} & a_{12} & \cdots & a_{1n} \\ a_{21} & a_{22} & \cdots & a_{2n} \\ \vdots & \vdots & \ddots & \vdots \\ a_{n1} & a_{n2} & \cdots & a_{nn} \end{pmatrix}$$
$$=\begin{pmatrix} ca_{11} & ca_{12} & \cdots & ca_{1n} \\ ca_{21} & ca_{22} & \cdots & ca_{2n} \\ \vdots & \vdots & \ddots & \vdots \\ ca_{n1} & ca_{n2} & \cdots & ca_{nn} \end{pmatrix}$$

이라고, 행렬의 요소 모두에 $c$을 곱하게 된다. 성분으로 나타내 보면,

$$c\mathbf{A}(=\mathbf{A}c)=c(a_{ij})=(ca_{ij}) \qquad (1\leq i,j\leq n)$$

이다. 간단하지 않은가?

다음으로 「5」의 행렬끼리의 덧셈 뺄셈인데, 이것은 행렬의 각 성분을 「더하고 빼면」 된다. 다시 말해

$$\mathbf{A}\pm\mathbf{B}=\begin{pmatrix} a_{11} & a_{12} & \cdots & a_{1n} \\ a_{21} & a_{22} & \cdots & a_{2n} \\ \vdots & \vdots & \ddots & \vdots \\ a_{n1} & a_{n2} & \cdots & a_{nn} \end{pmatrix}\pm\begin{pmatrix} b_{11} & b_{12} & \cdots & b_{1n} \\ b_{21} & b_{22} & \cdots & b_{2n} \\ \vdots & \vdots & \ddots & \vdots \\ b_{n1} & b_{n2} & \cdots & b_{nn} \end{pmatrix}$$
$$=\begin{pmatrix} a_{11}\pm b_{11} & a_{12}\pm b_{12} & \cdots & a_{1n}\pm b_{1n} \\ a_{21}\pm b_{21} & a_{22}\pm b_{22} & \cdots & a_{2n}\pm b_{2n} \\ \vdots & \vdots & \ddots & \vdots \\ a_{n1}\pm b_{n1} & a_{n2}\pm b_{n2} & \cdots & a_{nn}\pm b_{nn} \end{pmatrix}$$

이다. 성분으로 나타내면,

$$\mathbf{A} \pm \mathbf{B} = \left( a_{ij} \pm b_{ij} \right) \qquad (1 \le i, j \le n)$$

이다.

### ● 행렬끼리의 곱셈

다음은 '5'번의 행렬끼리의 곱셈과 나눗셈이다. 우선 곱셈을 생각해 보면, 이것이야말로 행렬의 진면목이다. 행렬끼리의 곱셈은 앞에서도 조금 얼굴을 내밀었는데, 이것은 2행 2열인 행렬과 2행 1열인 행렬의 곱셈이었다. $n$차원으로 생각하기 위해서는 이것을 기반으로 확장하는 것이 자연스럽다. 다시 말해, $n$행 $n$열 사이의 행렬의 곱셈은

$$\mathbf{AB} = \begin{pmatrix} a_{11} & a_{12} & \cdots & a_{1n} \\ a_{21} & a_{22} & \cdots & a_{2n} \\ \vdots & \vdots & \ddots & \vdots \\ a_{n1} & a_{n2} & \cdots & a_{nn} \end{pmatrix} \begin{pmatrix} b_{11} & b_{12} & \cdots & b_{1n} \\ b_{21} & b_{22} & \cdots & b_{2n} \\ \vdots & \vdots & \ddots & \vdots \\ b_{n1} & b_{n2} & \cdots & b_{nn} \end{pmatrix}$$

을 계산하는 것이 되지만, 제대로 하면,

$$\begin{pmatrix} a_{11}b_{11} + a_{12}b_{21} + \cdots + a_{1n}b_{n1} & \cdots\cdots & a_{11}b_{1n} + a_{12}b_{2n} + \cdots + a_{1n}b_{nn} \\ \vdots & \ddots & \vdots \\ \vdots & & \ddots & \vdots \\ a_{n1}b_{11} + a_{n2}b_{21} + \cdots + a_{nn}b_{n1} & \cdots\cdots & a_{n1}b_{1n} + a_{n2}b_{2n} + \cdots + a_{nn}b_{nn} \end{pmatrix}$$

이 된다. 우와~ 이거 정말 큰일이다. 짜증이 나고, 틀리지 않는 게 오히려 기적이다. 여기서 이것을 간단하게 만든다는 것이 인간의 대단한 점이다. 어떻게 할까? $\Sigma$(시그마)라는 기호가 생각난다면 해결한 거나 진배없다. $\Sigma$를 사용하면 좌측 상단 구석(1행 1열째)의 경우는

$$\sum_{k=1}^{n} a_{1k}b_{k1} = a_{11}b_{11} + a_{12}b_{21} + \cdots + a_{1n}b_{n1}$$

이라고 쓸 수 있다. 그렇게 하면, 한번에 다음 페이지처럼 간략화할 수 있다.

$$= \begin{pmatrix} \sum_{k=1}^{n} a_{1k}b_{k1} & \sum_{k=1}^{n} a_{1k}b_{k2} & \cdots & \sum_{k=1}^{n} a_{1k}b_{kn} \\ \sum_{k=1}^{n} a_{2k}b_{k1} & \sum_{k=1}^{n} a_{2k}b_{k2} & \cdots & \sum_{k=1}^{n} a_{2k}b_{kn} \\ \vdots & \vdots & \ddots & \vdots \\ \sum_{k=1}^{n} a_{nk}b_{k1} & \sum_{k=1}^{n} a_{nk}b_{k2} & \cdots & \sum_{k=1}^{n} a_{nk}b_{kn} \end{pmatrix}$$

상당히 보기 쉽게 되었다. 그러나 아직 더 간략하게 만들 수 있다. 그렇다. 곱셈의 경우 오히려 성분으로 쓰는 편이 잘 이해가 될지 모른다.

$$\mathbf{AB} = \left( \sum_{k=1}^{n} a_{ik}b_{kj} \right) \qquad (1 \le i\,,\, j \le n)$$

몇 번이나 말해서 미안하지만, 이 곱셈의 정의는 지금까지의 논의를 자연스럽게 확장할 수 있기 때문에 이렇게 정의한 것이다.

그런데 이에 따르면 일반적인 수의 곱셈에서는 생각할 수 없는 것을 알게 된다. 그것은 '곱하는 순서에 의해 결과가 바뀐다'는 것이다. 즉 $\mathbf{AB} \neq \mathbf{BA}$이다. 이런 것은 일상에서 전혀 경험해 볼 일이 없다. $-4 \times 5$와 $5 \times 4$의 값이 달라질 일은 물론 없다. $-$ 하지만, 수학의 세계에서는 이런 것은 거꾸로 「다반사」로 일어난다.

그렇다고는 하지만, 이런 것에 걸려 넘어져선 안 된다. 곱하는 순서가 다르면 얻어지는 결과가 다르다고 해서 이 곱셈의 정의에 대해 깊게 생각할 필요는 없다. 행렬의 곱셈의 정의는 다 필요가 있어서 이렇게 한 것이니 거꾸로 이것을 출발점으로 하면 된다. 이런 연산을 가지는 체계가 어떤 특징을 가지는지를 생각하는 것이 중요하다.

## ● 역행렬과 행렬식

다음 문제는 나눗셈이다. 곱셈이 이렇게나 기묘한 걸 보니 나눗셈도 상당히 까다로울 것 같다. 나눗셈은 일반적인 수의 계산에서 유추해 보면 $\mathbf{A} \div \mathbf{B}$(행렬에서는 이런 표기는 하지 않지만 편의상 이렇게 했다)가 되겠지만, 이것은 $\mathbf{A} \div \mathbf{B}$ $= \mathbf{A} \dfrac{1}{\mathbf{B}} = \mathbf{AB}^{-1}$이라고 할 수 있으므로 필경 역행렬을 생각하면 충분하다. 이것은 좀 중요한 사항일지도 모른다. 우선, 그 실마리를 풀기 위해 2행 2열의 **역행렬**을 구해 보자. (아까 미리 설명해 둬서 다행이다⋯⋯)

$\mathbf{A} = \begin{pmatrix} a_{11} & a_{12} \\ a_{21} & a_{22} \end{pmatrix}$ 라고 하고, $\mathbf{A}$의 역행렬을 $\mathbf{A}^{-1} = \begin{pmatrix} A_{11} & A_{12} \\ A_{21} & A_{22} \end{pmatrix}$ 라고 하자.

이것을 곱하면

$$\mathbf{A}\mathbf{A}^{-1} = \mathbf{E}$$

가 될 것이다. 따라서

$$\mathbf{A}\mathbf{A}^{-1} = \begin{pmatrix} a_{11} & a_{12} \\ a_{21} & a_{22} \end{pmatrix}\begin{pmatrix} A_{11} & A_{12} \\ A_{21} & A_{22} \end{pmatrix} = \mathbf{E} = \begin{pmatrix} 1 & 0 \\ 0 & 1 \end{pmatrix}$$

즉

$$\begin{cases} a_{11}A_{11} + a_{12}A_{21} = 1 & \cdots\cdots ① \\ a_{21}A_{11} + a_{22}A_{21} = 0 & \cdots\cdots ② \\ a_{11}A_{12} + a_{12}A_{22} = 0 & \cdots\cdots ③ \\ a_{21}A_{12} + a_{22}A_{22} = 1 & \cdots\cdots ④ \end{cases}$$

이지만, 이것을 $A_{ij}(1 \le i, j \le 2)$에 관한 연립방정식으로 풀면 된다. 수고를 아끼지 않고 계산해 본다.

$$\begin{cases} a_{11} \times ② - a_{21} \times ① \\ \quad (a_{11}a_{22} - a_{12}a_{21})A_{21} = -a_{21} & \cdots\cdots ⑤ \\ a_{22} \times ① - a_{12} \times ② \\ \quad (a_{11}a_{22} - a_{12}a_{21})A_{11} = a_{22} & \cdots\cdots ⑥ \\ a_{11} \times ④ - a_{21} \times ③ \\ \quad (a_{11}a_{22} - a_{12}a_{21})A_{22} = a_{11} & \cdots\cdots ⑦ \\ a_{22} \times ③ - a_{12} \times ④ \\ \quad (a_{11}a_{22} - a_{12}a_{21})A_{12} = -a_{12} & \cdots\cdots ⑧ \end{cases}$$

이상에서 ⑤ ⑥ ⑦ ⑧ 모든 경우에서 $a_{11}a_{22} - a_{12}a_{21} \neq 0$이면, $A_{ij}(1 \le i. j \le 2)$에 관해 풀 수가 있다. 여기서 $a_{11}a_{22} - a_{12}a_{21}$을 행렬 $\mathbf{A}$의 **행렬식**(determinant)이라고 한다. 이것이 0이 아닌 것이 $\mathbf{A}$가 역행렬을 갖는지 갖지 않는지의 판정요소가 된다. 실제로 행렬식의 영어 용어는 determinant인데 이것은 「결정인자」라는 의미이다. 「역행렬을 가지는지 아닌지 결정하는 결정인자」라는 의미이며, 「행렬식」이라는 술어보다 훨씬 의미를 파악하기 쉽다. 본래 「결정인자」라고 번역하는 것이 맞다. 애초에 이렇게 번역을 했으면 훨씬 알기 쉬웠을 것이다.

이제 행렬식이 아주 의미 있는 요소라는 것을 알았으니 특별한 표기를 부여하는 것이 좋다. 그래서 $\mathbf{A}$의 행렬식 $(a_{11}a_{22} - a_{12}a_{21})$을 det $\mathbf{A}$, 혹은 $|\mathbf{A}|$ 라고 표기

하는 것이다.

혹시 오해할까봐 지적해 두는데, $(a_{11}a_{22}-a_{12}a_{21})$에서도 알 수 있듯이, **행렬식은 어디까지나 '수'임을 잊지 않도록**(행렬은 수가 아니다) 하자. 행렬식과 행렬은 말은 비슷하지만 아주 혼동하기 쉽기 때문에 노파심에서 말해 둔다.

지금 2행 2열인 행렬 $\mathbf{A}$의 행렬식은 $a_{11}a_{22}-a_{12}a_{21}$이 행렬식이라고 했는데, 모처럼 행렬 $\mathbf{A}$의 행렬식으로 하도록 정해진 것이므로 행렬 $\mathbf{A}$의 모습(?)이 남아 있는 편이 좋다. 그래서 아래와 같이 행렬식의 정의를 한다.

**행렬식의 정의**

$$\det \mathbf{A} = |\mathbf{A}| = \begin{vmatrix} a_{11} & a_{12} \\ a_{21} & a_{22} \end{vmatrix} \equiv a_{11}a_{22} - a_{12}a_{21}$$

대각선으로 곱해서 ↘에서 ↗을 빼면 된다. 다시 말해, 이렇게 된다.

$$\begin{vmatrix} a_{11} & a_{12} \\ a_{21} & a_{22} \end{vmatrix}$$

이상에서 $\mathbf{A}$의 행렬식이 0이 아닐 때 $(\det \mathbf{A} \neq 0)$, ⑤⑥⑦⑧은 풀 수 있어서

$$\begin{cases} A_{21} = \dfrac{1}{|\mathbf{A}|} \cdot (-a_{21}) \\[2mm] A_{11} = \dfrac{1}{|\mathbf{A}|} \cdot (a_{22}) \\[2mm] A_{22} = \dfrac{1}{|\mathbf{A}|} \cdot (a_{11}) \\[2mm] A_{12} = \dfrac{1}{|\mathbf{A}|} \cdot (-a_{12}) \end{cases}$$

가 되므로 결국 역행렬 $\mathbf{A}^{-1}$은 다음과 같이 나타낼 수 있다.

**행렬 $\mathbf{A}$의 역행렬 $\mathbf{A}^{-1}$**

$$\mathbf{A}^{-1} = \begin{pmatrix} A_{11} & A_{12} \\ A_{21} & A_{22} \end{pmatrix} = \frac{1}{|\mathbf{A}|} \begin{pmatrix} a_{22} & -a_{12} \\ -a_{21} & a_{11} \end{pmatrix}$$

문제는 $n$차원의 경우이다. 2행 2열에서는 좀 전의 경우처럼 엄청난 형태가 되는데, $n$차원의 경우는 어떻게 될까? 에이, 이것은 일방적인 설명으로 끝내야겠다.

❊ **은밀한 소리** : 어이, 교육 방침이 다르잖아. 일방적인 설명이 아니라 제대로 차근차근 설명해 주는 거 아니었나?

음, 아픈 곳을 찌른다고 말하고 싶지만 문제의 복잡함에 비해선 그다지 얻을 게 없어서 말이지. 순순히 발견자의 공적을 인정하는 편이 좋다. 아직 납득할 수 없다고?

다시 말해, 문제는 $n$행 $n$열인 행렬 $\mathbf{A}$의 역행렬 $\mathbf{A}^{-1}$을 구하는 것이지만 결국은 $n$차 연립방정식을 푸는 것으로 귀착된다. 결국 그런 것이다. 이 문제는 이 책의 서두에서 예를 들었던 테일러의 전개의 본질을 이해하는 것과는 조금 다르다. 역행렬은 이미 어떤 것인지 본질은 파악하고 있다(작업은 복잡하지만). 그러나 테일러의 전개는 도대체 무엇을 말하고 싶은 것인지 그 본질을 아직 알 수 없다. 문제의 본질이 전혀 다른 것이다.

## ● 여인수 행렬의 사전 준비

그런데 역행렬은 어떻게 표현되는지 살펴보자. 그 전에 약간 준비를 해 두어야 한다. 우선 필요한 것이 **여인수 행렬**이다.

$n$행 $n$열인 행렬 $\mathbf{A}$를 예에 따라 $\begin{pmatrix} a_{11} & a_{12} & \cdots & a_{1n} \\ a_{21} & a_{22} & \cdots & a_{2n} \\ \vdots & \vdots & \ddots & \vdots \\ a_{n1} & a_{n2} & \cdots & a_{nn} \end{pmatrix}$ 이라고 한다. 이 때,

예를 들면 $\Delta_{11} = \begin{pmatrix} a_{22} & \cdots & a_{2n} \\ \vdots & \ddots & \vdots \\ a_{n2} & \cdots & a_{nn} \end{pmatrix}$ 이라고 하고, 이것을 행렬 $\mathbf{A}$의 여인수 행렬(가운데 하나)이라고 한다.

❖ 은밀한 소리 : 이게 뭐야? 모르겠는걸…

그건 그럴 것이다. 지금의 예라면, 행렬 **A**의 1행 1열을 모두 빼낸 나머지 성분을 새로운 행렬로 만든 것이다. 그래서 여인수 행렬이라고 한다. 일반적으로는 $\Delta ij$라고 할 때, 행렬 **A**의 $i$번째 행, $j$번째 열을 제거한 행렬, 즉

여인수 행렬 $\Delta ij$의 형은…

$j$번째 열을 제거한다.

$$\Delta_{ij} = \begin{pmatrix} a_{11} & a_{12} & \cdots & a_{1,j-1} & a_{1,j+1} & \cdots & a_{1n} \\ a_{21} & a_{22} & \cdots & a_{2,j-1} & a_{2,j+1} & \cdots & a_{2n} \\ \vdots & \vdots & \ddots & \vdots & \vdots & \ddots & \vdots \\ a_{i-1,1} & a_{i-1,2} & \cdots & a_{i-1,j-1} & a_{i-1,j+1} & \cdots & a_{i-1,n} \\ a_{i+1,1} & a_{i+1,2} & \cdots & a_{i+1,j-1} & a_{i+1,j+1} & \cdots & a_{i+1,n} \\ \vdots & \vdots & \ddots & \vdots & \vdots & \ddots & \vdots \\ a_{n1} & a_{n2} & \cdots & a_{n,j-1} & a_{n,j+1} & \cdots & a_{nn} \end{pmatrix}$$

$i$번째 행을 제거한다.

이라는 것이다.

❖ 은밀한 소리 : 그렇지만 말이야, 왜 이런 기묘한 행렬을 생각해 낸 거지?

분명히 이런 행렬을 무엇에 쓰려고 하는지 궁금해 하는 것이 보통 감각이다. 하지만, 망상할 필요는 없다. 단순히 「이러한 행렬을 고안하면 역행렬 표기가 간단해진다.」는 것뿐이며 깊은 의미는 전혀 가지고 있지 않다.

## ● 전치행렬 $^tA$란

다음은 전치행렬이다. 이름으로 짐작할 수 있듯이 행렬 **A**의 「행과 열을 그대로 바꾼 행렬」을 말한다. 이것을 $^t$**A** 라고 표시한다.

$$\mathbf{A} = \begin{pmatrix} a_{11} & a_{12} & \cdots & a_{1n} \\ a_{21} & a_{22} & \cdots & a_{2n} \\ \vdots & \vdots & \ddots & \vdots \\ a_{n1} & a_{n2} & \cdots & a_{nn} \end{pmatrix}$$ 이라고 하면 전치행렬은 $^t\mathbf{A} = \begin{pmatrix} a_{11} & a_{21} & \cdots & a_{n1} \\ a_{12} & a_{22} & \cdots & a_{n2} \\ \vdots & \vdots & \ddots & \vdots \\ a_{1n} & a_{2n} & \cdots & a_{nn} \end{pmatrix}$

이 된다. 대각선상에서 되접어 꺾었다고 보면 된다.

마지막으로 중요한 det **A**이다. 64페이지에서 했던 행렬식이다. 그때는 2행 2열의 행렬식을 했지만 여기서는 $n$행 $n$열인 행렬식의 가장 간단한 정의를 들어 보자.

$$\det \mathbf{A} = |\mathbf{A}| = \begin{vmatrix} a_{11} & a_{12} & \cdots & a_{1n} \\ a_{21} & a_{22} & \cdots & a_{2n} \\ \vdots & \vdots & \ddots & \vdots \\ a_{n1} & a_{n2} & \cdots & a_{nn} \end{vmatrix}$$

$$= a_{11}|\boldsymbol{\Delta}_{11}| - a_{12}|\boldsymbol{\Delta}_{12}| + \cdots + (-1)^{1+j} a_{1j}|\boldsymbol{\Delta}_{1j}| + \cdots + (-1)^{1+n} a_{1n}|\boldsymbol{\Delta}_{1n}|$$

$$= a_{11}\Delta_{11} - a_{12}\Delta_{12} + \cdots + (-1)^{1+j} a_{1j}\Delta_{1j} + \cdots + (-1)^{1+n} a_{1n}\Delta_{1n}$$

$\boxed{\Delta_{1j} = |\boldsymbol{\Delta}_{1j}|}$ 등으로 둔다.

이것은 행렬식의 첫 번째 행에 착안해서 전개한 것이다. 특별히 첫 번째 행이 아니라 임의의 행이라도 좋고, 열이라도 상관없다. 단, 그 경우에 부호에 주의할 필요가 있다. 다시 말해,

$$\begin{vmatrix} a_{11} & a_{12} & \cdots & a_{1n} \\ a_{21} & a_{22} & \cdots & a_{2n} \\ \vdots & \vdots & \ddots & \vdots \\ a_{n1} & a_{n2} & \cdots & a_{nn} \end{vmatrix} = (-1)^{i+1} a_{i1}\Delta_{i1} + (-1)^{i+2} a_{i2}\Delta_{i2} + \cdots + (-1)^{i+j} a_{ij}\Delta_{ij} + \cdots + (-1)^{i+n} a_{in}\Delta_{in}$$

$$= \sum_{k=1}^{n} (-1)^{i+k} a_{ik}\Delta_{ik}$$

가 된다. 그러나 보면 알 수 있는 대로 단번에 전개할 수 없다. 아니, 할 수 없는 건 아니지만 쓸데없이 까다롭게 한다고 해도 뾰족한 수가 있는 건 아니니, 이 상태로 두는 편이 사용하기 쉽다고 할 수 있다.

## ● 3행 3열의 행렬식과 사라스 공식

$a_{nn}$으로는 까다롭기 때문에, 예로서 3행 3열인 행렬식을 구해 두자.

$$\begin{vmatrix} a_{11} & a_{12} & a_{13} \\ a_{21} & a_{22} & a_{23} \\ a_{31} & a_{32} & a_{33} \end{vmatrix} = a_{11}\Delta_{11} - a_{12}\Delta_{12} + a_{13}\Delta_{13}$$

$$= a_{11}\begin{vmatrix} a_{22} & a_{23} \\ a_{32} & a_{33} \end{vmatrix} - a_{12}\begin{vmatrix} a_{21} & a_{23} \\ a_{31} & a_{33} \end{vmatrix} + a_{13}\begin{vmatrix} a_{21} & a_{22} \\ a_{31} & a_{32} \end{vmatrix}$$

$$= a_{11}(a_{22}a_{33} - a_{23}a_{32}) - a_{12}(a_{21}a_{33} - a_{23}a_{31}) + a_{13}(a_{21}a_{32} - a_{22}a_{31})$$

$$= a_{11}a_{22}a_{33} - a_{11}a_{23}a_{32} - a_{12}a_{21}a_{33} + a_{12}a_{23}a_{31} + a_{13}a_{21}a_{32} - a_{13}a_{22}a_{31}$$

$$= a_{11}a_{22}a_{33} + a_{12}a_{23}a_{31} + a_{13}a_{21}a_{32} - a_{11}a_{23}a_{32} - a_{12}a_{21}a_{33} - a_{13}a_{22}a_{31}$$

이 된다.

※ **은밀한 소리** :「이와 같이 ~이 된다」고 해도 외울 수 있을리 만무하지.

그렇다. 그래서 고맙게도 3행 3열의 행렬식에는 외우기 쉬운 공식이 있는 것이다. 시각적이며 아주 이해하기 쉬운 **사라스의 공식**이다.

우선, $\begin{vmatrix} a_{11} & a_{12} & a_{13} \\ a_{21} & a_{22} & a_{23} \\ a_{31} & a_{32} & a_{33} \end{vmatrix}$ 의 2열을 취해 오른쪽 끝에 붙여 준다. 다시 말해, 아래 그림처럼 왼쪽 위부터 오른쪽 아래의 모든 성분을 곱한 것을 더해, 오른쪽 위에서 왼쪽 아래의 모든 성분을 곱한 것을 더해 빼면 된다.

**사라스의 공식을 외우자!!**

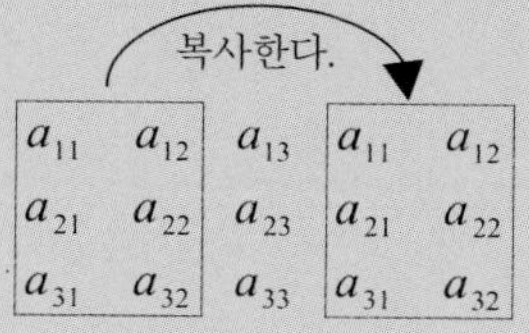


① 우선, 좌측 2열을 우측으로 복사한다.

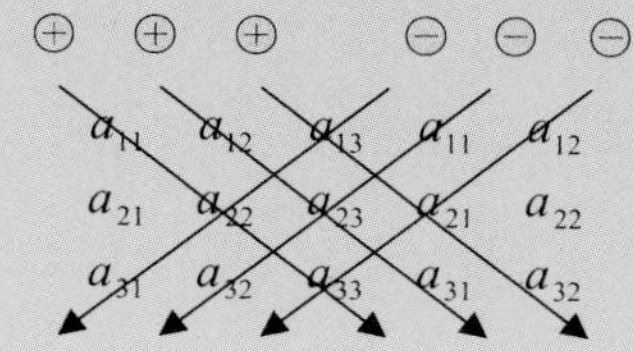

② 좌측 상단에서 우측 하단으로 모든 성분을 곱한 것을 더한다.

③ 우측 상단에서 좌측 하단으로 곱한 것을 뺀다.

$$\begin{vmatrix} a_{11} & a_{12} & a_{13} \\ a_{21} & a_{22} & a_{23} \\ a_{31} & a_{32} & a_{33} \end{vmatrix} = a_{11}a_{22}a_{33} + a_{12}a_{23}a_{31} + a_{13}a_{21}a_{32} \\ - a_{13}a_{22}a_{31} - a_{11}a_{23}a_{32} - a_{12}a_{21}a_{33}$$

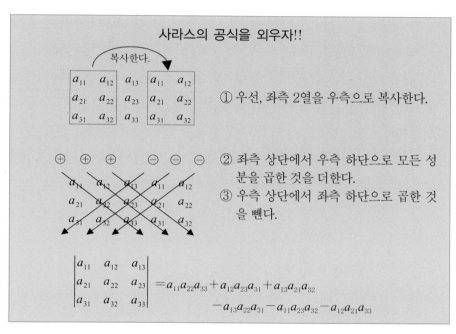

결국

$$a_{11}a_{22}a_{33} + a_{12}a_{23}a_{31} + a_{13}a_{21}a_{32} - a_{13}a_{22}a_{31} - a_{11}a_{23}a_{32} - a_{12}a_{21}a_{33}$$

이 되며 정말 먼저 얻은 공식과 동일한 내용이 된다. 이거라면 한번 기억하면 평생(!) 잊지 못할 것이다. 단, 4차원 이상이 되면 사라스의 공식은 사용할 수 없으니 착각하지 않도록 !

# 2-4 행렬식의 성질

자, 원점으로 돌아가서 조금 더 행렬식의 성질을 살펴보기로 하자.

> 전치행렬의 행렬식은 동일하다. Ⓐ

이것은 정의부터 명확하다. 행으로 전개를 해도 열로 전개를 해도 상관없다는 말이다. 즉, $|\mathbf{A}| = |{}^t\mathbf{A}|$ 이다.

> 행렬식의 상수배는 해당 행렬의 임의의 행, 혹은 행렬의 모든 성분에 그 상수를 곱하면 된다. Ⓑ

말로 표현하기 까다로운데, 다음 식을 보면 간단히 이해할 수 있다.

$$c\begin{vmatrix} a_{11} & a_{12} & a_{13} \\ a_{21} & a_{22} & a_{23} \\ a_{31} & a_{32} & a_{33} \end{vmatrix} = \begin{vmatrix} a_{11} & a_{12} & a_{13} \\ ca_{21} & ca_{22} & ca_{23} \\ a_{31} & a_{32} & a_{33} \end{vmatrix}$$

> 행렬식의 임의의 두 행(혹은 열)을 교환하면 전체의 부호가 바뀐다. Ⓒ

교환한다
$$\begin{vmatrix} a_{11} & a_{12} & a_{13} \\ a_{21} & a_{22} & a_{23} \\ a_{31} & a_{32} & a_{33} \end{vmatrix} = -\begin{vmatrix} a_{11} & a_{12} & a_{13} \\ a_{31} & a_{32} & a_{33} \\ a_{21} & a_{22} & a_{23} \end{vmatrix}$$ 교환되었다

마이너스 부호가 붙는다

이것도 정의가 명확하다.

> 행렬식에 있는 두 행(혹은 열)이 완전히 동일한 경우, 행렬식은 0이 된다 Ⓓ

이것은 지금 말한 성질의 당연한 귀결이다.

바꿔넣다
$$\begin{vmatrix} a_{11} & a_{12} & a_{13} & a_{14} \\ b_1 & b_2 & b_3 & b_4 \\ b_1 & b_2 & b_3 & b_4 \\ a_{41} & a_{42} & a_{43} & a_{44} \end{vmatrix} = -\begin{vmatrix} a_{11} & a_{12} & a_{13} & a_{14} \\ b_1 & b_2 & b_3 & b_4 \\ b_1 & b_2 & b_3 & b_4 \\ a_{41} & a_{42} & a_{43} & a_{44} \end{vmatrix} = 0$$

이상으로 0이 되는 것은 명확하다.

## 행렬식의 임의의 행(혹은 열)의 분리      Ⓔ

이것은 다음과 같은 것이다.

$$\begin{vmatrix} a_{11} & a_{12} & a_{13} \\ a_{21}+b_{21} & a_{22}+b_{22} & a_{23}+b_{23} \\ a_{31} & a_{32} & a_{33} \end{vmatrix}$$

$$= \begin{vmatrix} a_{11} & a_{12} & a_{13} \\ a_{21} & a_{22} & a_{23} \\ a_{31} & a_{32} & a_{33} \end{vmatrix} + \begin{vmatrix} a_{11} & a_{12} & a_{13} \\ b_{21} & b_{22} & b_{23} \\ a_{31} & a_{32} & a_{33} \end{vmatrix}$$

이것도 정의로부터 자연스럽게 도출된다.

## 하나의 행(혹은 열)의 몇 배인가를 다른 행(혹은 열)에 더해도 행렬식의 값은 변하지 않는다      Ⓕ

지금까지의 성질을 사용하면 간단히 나오지만 일단 설명해 둔다.

$$\begin{vmatrix} a_{11} & a_{12} & a_{13} & a_{14} \\ a_{21} & a_{22} & a_{23} & a_{24} \\ a_{31}+ba_{21} & a_{32}+ba_{22} & a_{33}+ba_{23} & a_{34}+ba_{24} \\ a_{41} & a_{42} & a_{43} & a_{44} \end{vmatrix}$$

··· 두 개의 행렬식으로 나눈다

$$= \begin{vmatrix} a_{11} & a_{12} & a_{13} & a_{14} \\ a_{21} & a_{22} & a_{23} & a_{24} \\ a_{31} & a_{32} & a_{33} & a_{34} \\ a_{41} & a_{42} & a_{43} & a_{44} \end{vmatrix} + \begin{vmatrix} a_{11} & a_{12} & a_{13} & a_{14} \\ a_{21} & a_{22} & a_{23} & a_{24} \\ ba_{21} & ba_{22} & ba_{23} & ba_{24} \\ a_{41} & a_{42} & a_{43} & a_{44} \end{vmatrix}$$

··· $b$를 밖으로 꺼낸다

$$= \begin{vmatrix} a_{11} & a_{12} & a_{13} & a_{14} \\ a_{21} & a_{22} & a_{23} & a_{24} \\ a_{31} & a_{32} & a_{33} & a_{34} \\ a_{41} & a_{42} & a_{43} & a_{44} \end{vmatrix} + b\begin{vmatrix} a_{11} & a_{12} & a_{13} & a_{14} \\ a_{21} & a_{22} & a_{23} & a_{24} \\ a_{21} & a_{22} & a_{23} & a_{24} \\ a_{41} & a_{42} & a_{43} & a_{44} \end{vmatrix}$$

두 행이 같아졌기 때문에 오른쪽 행렬식은 0이 된다

$$= \begin{vmatrix} a_{11} & a_{12} & a_{13} & a_{14} \\ a_{21} & a_{22} & a_{23} & a_{24} \\ a_{31} & a_{32} & a_{33} & a_{34} \\ a_{41} & a_{42} & a_{43} & a_{44} \end{vmatrix}$$

따라서 행렬식의 값은 동일하게 된다. 이것은 상당히 재미있는 성질이다. 재미있을 뿐만 아니라 유용하기도 하다.

## ● det AB=(det A)(det B)가 된다?

det **AB**=(det **A**)(det **B**)라는 것은 「행렬의 곱의 행렬식」이 '각각의 행렬식의 곱'이 된다는 의미이므로, 이것은 중요한 관계이다. 그러나 증명으로 들어가면 조금 어렵다. 그런 이유로, 예를 들어 적당히 넘겨 볼까나!!

❖ **은밀한 소리** : 이봐, 이봐, 최근에 들어와 대충 대충 넘어가는 게 늘지 않았어? 처음 시작할 때 결심한 것 잊어버린 거 아냐?

불만이 있는 것도 당연하다. 그러나 이것에만 많은 페이지를 할애할 수 없는 것도 사실이다. 하고 싶은 말은 너무 많지만 말이다. 아, 이건 설명이 아니군. 어쨌거나 책에는 비용이 들기 때문이다···라는 말인데, 납득하시리라 생각한다.

그런 이유로, 우선은 2행 2열에서, 앞의 관계식 det **AB**=(det **A**)(det **B**)가 성립하는지 아닌지 조사해 보자.

곧바로 $\mathbf{A}=\begin{pmatrix} a_{11} & a_{12} \\ a_{21} & a_{22} \end{pmatrix}$、 $\mathbf{B}=\begin{pmatrix} b_{11} & b_{12} \\ b_{21} & b_{22} \end{pmatrix}$ 라고 하면

$$\det \mathbf{AB}=\left| \begin{pmatrix} a_{11} & a_{12} \\ a_{21} & a_{22} \end{pmatrix}\begin{pmatrix} b_{11} & b_{12} \\ b_{21} & b_{22} \end{pmatrix} \right|$$

$$=\begin{vmatrix} a_{11}b_{11}+a_{12}b_{21} & a_{11}b_{12}+a_{12}b_{22} \\ a_{21}b_{11}+a_{22}b_{21} & a_{21}b_{12}+a_{22}b_{22} \end{vmatrix}$$

$$=\begin{vmatrix} a_{11}b_{11} & a_{11}b_{12} \\ a_{21}b_{11}+a_{22}b_{21} & a_{21}b_{12}+a_{22}b_{22} \end{vmatrix}+\begin{vmatrix} a_{12}b_{21} & a_{12}b_{22} \\ a_{21}b_{11}+a_{22}b_{21} & a_{21}b_{12}+a_{22}b_{22} \end{vmatrix} \quad \cdots\text{Ⓔ}$$

$$=\begin{vmatrix} a_{11}b_{11} & a_{11}b_{12} \\ a_{21}b_{11} & a_{21}b_{12} \end{vmatrix}+\begin{vmatrix} a_{11}b_{11} & a_{11}b_{12} \\ a_{22}b_{21} & a_{22}b_{22} \end{vmatrix}+\begin{vmatrix} a_{12}b_{21} & a_{12}b_{22} \\ a_{21}b_{11} & a_{21}b_{12} \end{vmatrix}+\begin{vmatrix} a_{12}b_{21} & a_{12}b_{22} \\ a_{22}b_{21} & a_{22}b_{22} \end{vmatrix}$$

$$=a_{11}\begin{vmatrix} b_{11} & b_{12} \\ a_{21}b_{11} & a_{21}b_{12} \end{vmatrix}+a_{11}\begin{vmatrix} b_{11} & b_{12} \\ a_{22}b_{21} & a_{22}b_{22} \end{vmatrix}+a_{12}\begin{vmatrix} b_{21} & b_{22} \\ a_{21}b_{11} & a_{21}b_{12} \end{vmatrix}+a_{12}\begin{vmatrix} b_{21} & b_{22} \\ a_{22}b_{21} & a_{22}b_{22} \end{vmatrix}$$
$$\cdots\text{Ⓑ}$$

$$=a_{11}a_{21}\begin{vmatrix} b_{11} & b_{12} \\ b_{11} & b_{12} \end{vmatrix}+a_{11}a_{22}\begin{vmatrix} b_{11} & b_{12} \\ b_{21} & b_{22} \end{vmatrix}+a_{12}a_{21}\begin{vmatrix} b_{21} & b_{22} \\ b_{11} & b_{12} \end{vmatrix}+a_{12}a_{22}\begin{vmatrix} b_{21} & b_{22} \\ b_{21} & b_{22} \end{vmatrix} \quad \cdots\text{Ⓑ}$$

$$=a_{11}a_{22}\begin{vmatrix} b_{11} & b_{12} \\ b_{21} & b_{22} \end{vmatrix}+a_{12}a_{21}\begin{vmatrix} b_{21} & b_{22} \\ b_{11} & b_{12} \end{vmatrix} \quad \cdots\text{Ⓓ 에서}$$

$$=a_{11}a_{22}\begin{vmatrix} b_{11} & b_{12} \\ b_{21} & b_{22} \end{vmatrix}-a_{12}a_{21}\begin{vmatrix} b_{11} & b_{12} \\ b_{21} & b_{22} \end{vmatrix} \quad \cdots\text{Ⓒ 에서}$$

$$=\left( a_{11}a_{22}-a_{12}a_{21} \right)\begin{vmatrix} b_{11} & b_{12} \\ b_{21} & b_{22} \end{vmatrix}$$

$$= \begin{vmatrix} a_{11} & a_{12} \\ a_{21} & a_{22} \end{vmatrix} \begin{vmatrix} b_{11} & b_{12} \\ b_{21} & b_{22} \end{vmatrix}$$

$$= (\det \mathbf{A})(\det \mathbf{B})$$

가 된다. 휴~ 힘들었다. Ⓐ에서 Ⓕ까지 조사해 두길 잘했다. 이와 같은 것은 3행 3열에서도 물론 성립한다(그건 당연한 일로, $n$행 $n$열에서 성립하는 것이기 때문이다).

## ● $n$행 $n$열의 역행렬

자, 오랜 여정이었는데, 이만큼 도구를 준비하면 역행렬을 나타낼 수 있다.

행렬 $\mathbf{A} = \begin{pmatrix} a_{11} & a_{12} & \cdots & a_{1n} \\ a_{21} & a_{22} & \cdots & a_{2n} \\ \vdots & \vdots & \ddots & \vdots \\ a_{n1} & a_{n2} & \cdots & a_{nn} \end{pmatrix}$ 의 역행렬 $\mathbf{A}^{-1}$은

$$\mathbf{A}^{-1} = \frac{1}{|\mathbf{A}|} {}^{t} \begin{pmatrix} \Delta_{11} & -\Delta_{12} & \cdots & (-1)^{1+j}\Delta_{1j} & \cdots & (-1)^{1+n}\Delta_{1n} \\ -\Delta_{21} & \Delta_{22} & \cdots & (-1)^{2+j}\Delta_{2j} & \cdots & (-1)^{2+n}\Delta_{2n} \\ \vdots & \vdots & \ddots & \vdots & \vdots & \vdots \\ (-1)^{i+1}\Delta_{i1} & \cdots & \cdots & (-1)^{i+j}\Delta_{ij} & \cdots & (-1)^{i+n}\Delta_{in} \\ \vdots & \vdots & \vdots & \vdots & \ddots & \vdots \\ (-1)^{n+1}\Delta_{n1} & (-1)^{n+2}\Delta_{n2} & \cdots & (-1)^{n+j}\Delta_{nj} & \cdots & (-1)^{n+n}\Delta_{nn} \end{pmatrix}$$

이고, 성분으로 표시하면

$$\mathbf{A}^{-1} = \frac{1}{|\mathbf{A}|} {}^{t}\left( (-1)^{i+j}\Delta_{ij} \right) \quad (1 \le i, j \le n)$$

이 된다. 플러스·마이너스 부호가 붙어 있어 복잡해 보이지만 아무것도 아니다. 부호만 써 보면,

$$\begin{pmatrix} + & - & + & \cdots \\ - & + & - & \cdots \\ + & - & + & \vdots \\ \vdots & \vdots & \cdots & \ddots \end{pmatrix}$$

와 같은 「도안으로」 되어 있을 뿐이다. 이 도안은 마치 체스 판 모양 같다. 뭐라구? 체스 판 무늬를 모른다고? 그럼 이 선배에게 물어 봐. 알기 쉽게 그려 주겠다. 위 무늬는 다음 페이지와 같은 모양이야.

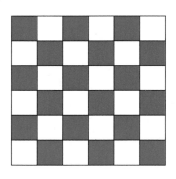

이제 체스 판처럼 보이는가?
본 적이 있을 것이다.

　위 순서에 따라 행렬의 역행렬을 구할 수 있기 때문에, 행렬의 나눗셈도 겨우 생각할 수 있게 된 것이다.

　드디어 선형대수의 진짜 입구(행렬과 행렬식뿐이지만)까지 도달했다. 이상의 내용만이라도 이해를 해 두면 상당히 넓은 범위까지 응용할 수 있으므로 필수사항이다.

# 2-5 벡터의 기초

벡터는 고등학교에서도 배울 정도로 기본적인 개념인데, 분명 「크기와 방향을 가지는 양」이라는 의미밖에 설명하지 않았을 것이다(분명히 그렇긴 하다). 그래서 독자에게 있어 무미건조하고 별로 재미있는 분야가 아니었을지도 모른다.

이런 거니까 암기해라, 이렇게 하면 이렇게 될 것이다라는 것은 분명히 이해하고, 가르쳐야 하는 분야도 많이 있기 때문에 척척 넘어가는 것도 어쩔 수 없는 일일 것이다. 하지만 왜 「크기와 방향을 가지는 양」이라는 것을 생각해 낸 것일까? 이런 양을 생각해 내야 했던 동기가 분명 있을 터이다. 우리들이 기본적으로 알고 싶어 하는 것은 역시 동기와 근본이다. 언뜻 보면 멀리 돌아가는 것처럼 보이지만 이해의 깊이는 시간이 갈수록 달라진다. 틀림없이 말이다.

더구나 대학생이 되었을 때 해야만 할 것은 이 「근본을 아는 것」이다. 그것이 고등학교 때와 같은 교양으로서의 수학이 아닌 「잘 드는 도구」로서 능숙하게 사용할 필요가 있는 수학이기에 더더욱 그렇다.

이번 주제인 벡터에 대해서는 확실히 그렇게 눈초리를 세우지 않아도 그대로 이해할 수 있겠지만, 기본적인 자세는 "어째서 그렇게 생각했을까"라는 의문을 지속적으로 갖는 것이라고 생각한다.

그런데 **벡터**(vector)라는 개념이 나타난 것은 역시 힘의 합성이 아닐까 생각한다. 아시는 바와 같이 힘에 크기와 방향이 있「OA」와 「OB」의 합은 「OC」가 된다다는 것은 생생하게 실감할 수 있다.

아무리 강한 펀치(힘의 크기)라도 맞지 않으면(방향) 무섭지 않은 법이다.

실용적인 측면에서 보면 인류 역사의 초기 단계에서부터 벡터의 개념이 이해되고 있었다. 실제로 힘이 어떤 방향으로 작용하고 어떻게 합성되는가를 몰랐다면 피라미드 같은 것은 세울 수 없었을 것이다.

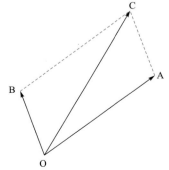

힘의 크기를 선분의 길이라고 하면, 힘의 합성에 의한 방향은 앞 페이지의 그림에 의해 평행사변형 OACB의 대각선 OC의 방향이 되고, 크기는 그 대각선의 길이가 된다. 이것은 경험적으로 완전히 이해되고 있다. 이 사실과 이것을 그림으로 치환하는 '지혜'에 의해 역학은 큰 진전을 보았음에 틀림없다. 어떤 복잡한 힘도 도형으로 그려 봄으로써 쉽게 이해할 수 있기 때문이다.

이 점은 수학자에게도 큰 지적 자극을 주었을 것이다. 사실 이 벡터는 점점 추상화되어 훌륭하게 수학의 한 분야를 형성하고 있다. 벡터의 연산, 예를 들면 스칼라 곱(내적)을 정의하고 이것을 실마리로 공간의 계량이라는 개념이 생겨나고, 리만 공간과 볼리예이 로바체프스키 공간 등으로 발전하여 내적이 복소수로까지 확장되어 노르므가 되고, 버나하 공간 힐버트 공간 등이 고안되어 벡터가 확장되어 텐솔이 되기도 하고...

물론 방금 말한 수학의 분야는 벡터만의 이야기가 아닌 수학의 다른 분야와 연관되어 생겨난 것은 분명하다. 하지만 단순한 힘의 합성이라는 사실이 실로 다양한 수학의 근본 중 하나를 이루고 있다는 사실은 유쾌한 이야기이다.

서론은 이 정도로 끝내고 벡터로 돌아가자. 기본적인 개념과 내적에 관해서는 이미 고등학교에서 이수하였기에 지루하게 설명하지 않는다.

### ● 외적을 이해하자

고등학교 시절 **내적**이라는 것을 배웠지만 「안이 있으니 바깥쪽도 있을 것이고, 외적도 있는 것이 아닐까」라고 생각했던 당신. 훌륭하다. 그 말대로 벡터에서는 외적이라는 연산을 생각해 볼 수 있다. 이것을 정의해 보자.

또한 카테시안 좌표를 그림처럼 설정한다.

외적을 생각해 보자.

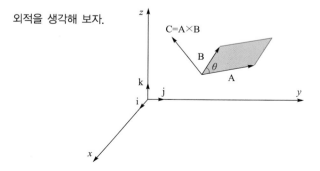

이 $xyz$ 축에 있어서 단위 벡터를 각각 $\mathbf{i}$, $\mathbf{j}$, $\mathbf{k}$라고 한다. 여기서 이 단위 벡터의 외적을

$$\mathbf{i} \times \mathbf{j} = \mathbf{k}$$
$$\mathbf{j} \times \mathbf{k} = \mathbf{i}$$
$$\mathbf{k} \times \mathbf{i} = \mathbf{j}$$

가 되도록 정의한다. 삼각관계다.

게다가 $(\mathbf{i} \times \mathbf{j})$를 $(\mathbf{j} \times \mathbf{i})$처럼 곱셈 순서를 바꾸면

$$\mathbf{j} \times \mathbf{i} = -\mathbf{k}$$
$$\mathbf{k} \times \mathbf{j} = -\mathbf{i}$$
$$\mathbf{i} \times \mathbf{k} = -\mathbf{j}$$

가 된다. 마이너스 부호가 붙는 것이다. 이렇게 하면,

$$\mathbf{i} \times \mathbf{i} = \mathbf{i} \times (\mathbf{j} \times \mathbf{k}) = (\mathbf{i} \times \mathbf{j}) \times \mathbf{k} = \mathbf{k} \times \mathbf{k} = \mathbf{k} \times (\mathbf{i} \times \mathbf{j}) = (\mathbf{k} \times \mathbf{i}) \times \mathbf{j} = \mathbf{j} \times \mathbf{j}$$

가 되고, 이러한 벡터는 제로 벡터 **0**밖에는 없기 때문에

$$\mathbf{i} \times \mathbf{i} = \mathbf{k} \times \mathbf{k} = \mathbf{j} \times \mathbf{j} = \mathbf{0}$$

이라는 성질을 도출해 낼 수 있다.

자, 이상의 지식을 바탕으로 하여 데카르트 공간 내의 서로 중복되지 않는 벡터 $\mathbf{A} = (x_A, y_A, z_A)$, $\mathbf{B} = (x_B, y_B, z_B)$를 취해, 그 외적이라는 것을 생각해 본다. 「적(積)」이라고 하였으니 이 두 벡터 A, B를 곱해 보자.

$$
\begin{aligned}
\mathbf{A} \times \mathbf{B} &= (x_A \mathbf{i} + y_A \mathbf{j} + z_A \mathbf{k}) \times (x_B \mathbf{i} + y_B \mathbf{j} + z_B \mathbf{k}) \\
&= x_A x_B \mathbf{i} \times \mathbf{i} + x_A y_B \mathbf{i} \times \mathbf{j} + x_A z_B \mathbf{i} \times \mathbf{k} \\
&\quad + y_A x_B \mathbf{j} \times \mathbf{i} + y_A y_B \mathbf{j} \times \mathbf{j} + y_A z_B \mathbf{j} \times \mathbf{k} \\
&\quad + z_A x_B \mathbf{k} \times \mathbf{i} + z_A y_B \mathbf{k} \times \mathbf{j} + z_A z_B \mathbf{k} \times \mathbf{k}
\end{aligned}
$$

여기에서 앞에서 말한 $\mathbf{i} \times \mathbf{i} = \mathbf{k} \times \mathbf{k} = \mathbf{j} \times \mathbf{j} = 0$이라는 정의를 사용하면

$$
\begin{aligned}
&= \quad 0 \quad + x_A y_B \mathbf{k} - x_A z_B \mathbf{j} \\
&\quad - y_A x_B \mathbf{k} \quad 0 \quad + y_A z_B \mathbf{i} \\
&\quad + z_A x_B \mathbf{j} - z_A y_B \mathbf{i} \quad 0
\end{aligned}
$$

가 된다. 이대로 두어도 괜찮지만 행렬식을 사용하면 더 간단해진다. 시도해 보면,

$$
= \begin{vmatrix} y_A & z_A \\ y_B & z_B \end{vmatrix} \mathbf{i} - \begin{vmatrix} x_A & z_A \\ x_B & z_B \end{vmatrix} \mathbf{j} + \begin{vmatrix} x_A & y_A \\ x_B & y_B \end{vmatrix} \mathbf{k}
$$

$$
= \begin{vmatrix} \mathbf{i} & \mathbf{j} & \mathbf{k} \\ x_A & y_A & z_A \\ x_B & y_B & z_B \end{vmatrix} \quad \longleftarrow \text{벡터 } \mathbf{A} \text{와 벡터 } \mathbf{B} \text{의 외적}
$$

가 된다.

## ● 외적 A×B의 크기

이렇게 해서 완성된 벡터 **A**와 벡터 **B**의 외적 **A**×**B**의 크기를 살펴보면, 더욱 재미있는 결과를 도출해 낼 수 있다. 사실은 외적 **A**×**B**의 크기는 두 벡터 **A**와 **B**가 만드는 평행사변형의 넓이가 된다.

이것을 증명해 보자. **A**와 **B**가 이루는 각을 $\theta$라고 하면, 평행사변형의 면적은 $|\mathbf{A}||\mathbf{B}|\sin\theta$로 주어진다. 또한 벡터 **A**와 **B**의 내적은

$$\mathbf{A}\cdot\mathbf{B}=|\mathbf{A}||\mathbf{B}|\cos\theta\ =x_Ax_B+y_Ay_B+z_Az_B \leftarrow \text{벡터의 내적}$$

이므로

$$
\begin{aligned}
\left(|\mathbf{A}||\mathbf{B}|\sin\theta\right)^2 &= |\mathbf{A}|^2|\mathbf{B}|^2\sin^2\theta \\
&= |\mathbf{A}|^2|\mathbf{B}|^2\left(1-\cos^2\theta\right) \\
&= |\mathbf{A}|^2|\mathbf{B}|^2\left(1-\frac{\left(x_Ax_B+y_Ay_B+z_Az_B\right)^2}{|\mathbf{A}|^2|\mathbf{B}|^2}\right) \\
&= |\mathbf{A}|^2|\mathbf{B}|^2-\left(x_Ax_B+y_Ay_B+z_Az_B\right)^2 \\
&= \left(x_A{}^2+y_A{}^2+z_A{}^2\right)\left(x_B{}^2+y_B{}^2+z_B{}^2\right)-\left(x_Ax_B+y_Ay_B+z_Az_B\right)^2 \\
&= x_A{}^2x_B{}^2+x_A{}^2y_B{}^2+x_A{}^2z_B{}^2+y_A{}^2x_B{}^2 \\
&\quad +y_A{}^2y_B{}^2+y_A{}^2z_B{}^2+z_A{}^2x_B{}^2+z_A{}^2y_B{}^2+z_A{}^2z_B{}^2 \\
&\quad -\left(x_A{}^2x_B{}^2+y_A{}^2y_B{}^2+z_A{}^2z_B{}^2+2x_Ax_By_Ay_B+2y_Ay_Bz_Az_B+2x_Ax_Bz_Az_B\right) \\
&= x_A{}^2y_B{}^2+x_A{}^2z_B{}^2+y_A{}^2x_B{}^2+y_A{}^2z_B{}^2+z_A{}^2x_B{}^2+z_A{}^2y_B{}^2 \\
&\quad -\left(2x_Ax_By_Ay_B+2y_Ay_Bz_Az_B+2x_Ax_Bz_Az_B\right)
\end{aligned}
$$

가 된다. 한편,

$$
\begin{aligned}
|\mathbf{A}\times\mathbf{B}|^2 &= \left(y_Az_B-z_Ay_B\right)^2+\left(z_Ax_B-x_Az_B\right)^2+\left(x_Ay_B-y_Ax_B\right)^2 \\
&= y_A{}^2z_B{}^2+z_A{}^2y_B{}^2-2y_Az_Bz_Ay_B+z_A{}^2x_B{}^2+x_A{}^2z_B{}^2-2z_Ax_Bx_Az_B \\
&\quad +x_A{}^2y_B{}^2+y_A{}^2x_B{}^2-2x_Ay_By_Ax_B \\
&= x_A{}^2y_B{}^2+x_A{}^2z_B{}^2+y_A{}^2x_B{}^2+y_A{}^2z_B{}^2+z_A{}^2x_B{}^2+z_A{}^2y_B{}^2 \\
&\quad -\left(2x_Ax_By_Ay_B+2y_Ay_Bz_Az_B+2x_Ax_Bz_Az_B\right)
\end{aligned}
$$

같다.

가 되고, 양쪽 모두 일치하므로 외적 **A**×**B**의 크기는 **A**와 **B**가 만드는 평행사변형의 넓이가 된다는 것을 알 수 있다. 따라서, 벡터 **A**, **B**가 만드는 평행사변형의 면적은

$$|\mathbf{A} \times \mathbf{B}| = \left| \sqrt{\begin{vmatrix} y_A & z_A \\ y_B & z_B \end{vmatrix}^2 + \begin{vmatrix} x_A & z_A \\ x_B & z_B \end{vmatrix}^2 + \begin{vmatrix} x_A & y_A \\ x_B & y_B \end{vmatrix}^2} \right|$$

외적은 두 개의 벡터가 만드는 평행사변형의 넓이

이라고 하면 된다는 것을 알 수 있다.

## ● 외적 $\mathbf{A} \times \mathbf{B}$는 두 개의 벡터 $\mathbf{A}$, $\mathbf{B}$에 직교하고 있다.

직교하고 있으므로 내적을 만들어 그것이 0이 되는 것을 증명하면 된다. 그래서

$$\mathbf{A} \cdot (\mathbf{A} \times \mathbf{B}) = x_A (y_A z_B - z_A y_B) + y_A (z_A x_B - x_A z_B) + z_A (x_A y_B - y_A x_B)$$
$$= x_A y_A z_B - x_A z_A y_B + y_A z_A x_B - y_A x_A z_B + z_A x_A y_B - z_A y_A x_B$$
$$= 0$$

마찬가지로

$$\mathbf{B} \cdot (\mathbf{A} \times \mathbf{B}) = x_B (y_A z_B - z_A y_B) + y_B (z_A x_B - x_A z_B) + z_B (x_A y_B - y_A x_B)$$
$$= x_B y_A z_B - x_B z_A y_B + y_B z_A x_B - y_B x_A z_B + z_B x_A y_B - z_B y_A x_B$$
$$= 0$$

이 되기 때문에, 외적 $\mathbf{A} \times \mathbf{B}$는 벡터 $\mathbf{A}$, $\mathbf{B}$에 직교하고 있음을 알 수 있다.

이상에서 귀찮은 계산을 끊임없이 계속해 왔는데 사실을 말하면 외적 $\mathbf{A} \times \mathbf{B}$를 생각해 낸 것은 한 가지 동기가 있다. 그것은 이 두 개의 벡터 $\mathbf{A}$와 $\mathbf{B}$가 만드는 평행사변형의 넓이를 2점 간의 거리를 가지고 $\mathbf{A}$, $\mathbf{B}$에 직교하는 벡터를 생각하고 싶었기 때문인 것이다. 이러한 동기가 먼저 있었고, 외적이라는 것을 생각한 것이다. 그리고 이것이 아주 딱 들어맞는 것임을 알 수 있다.

외적은 회전 물체에 작용하는 힘과 같은 이미지다.

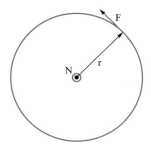

덧붙여 말하면 ⊙은 지면에서 수직으로 이쪽 편으로 향하는 방향을, ⊗은 그 반대를 나타낸다. 화살을 상상해 보면 쉽게 이해될 것이다.

물리수학

나사

십자 드라이버

　예를 들면, 회전하고 있는 물체에는 축을 비틀려는 힘, 토크($\mathbf{N}$)가 작용하는데, 이것은 중심으로부터의 거리와 방향을 나타내는 벡터를 $\mathbf{r}$로 하고, 그 선단에서 원의 접선 방향으로 힘($\mathbf{F}$)을 곱했을 때

$$\mathbf{N}=\mathbf{r}\times\mathbf{F}$$

로 정의하면 된다. 같은 힘이라면 거리가 클수록 토크도 커지고, 동일한 거리라면, 힘이 큰 쪽이 토크가 크다는 토크의 성질을 정확히 나타내고 있기 때문이다.

제3장

# 테일러의 전개와 미분방정식

한번 생각해 봤으면 좋겠다.
어떤 함수를 급수의 형태로 표현할 수 있다는 것은 경악할 만한 일이 아닌가?
예를 들면, 삼각함수와 지수함수를 거듭제곱의 합의 형태로 표현할 수 있다는 것은
보통 짐작도 하지 못할 것이다. 이것은 테일러와 마크 로린의 큰 공적이 아닐 수 없다.
이와 같은 급수로 표현할 수 있게 되면 급수를 어느 정도 취하는가에 따라
자유로운 근사치 계산이 가능하고, 그것뿐만 아니라 함수를 급수로 전개할
수 있다면 그 함수 자체를 다른 각도에서 다시 바라볼 수 있게 된다.
이 장에서는 평상시에는 그다지 상세히 설명해 주지 않은 테일러 전개를
조금 상세하게 설명하고 있다. 그리고 미적분의 총정리로서
미분방정식의 구체적인 예도 들고 있다.

# 3-1 다중적분

여기에서 다시 미적분으로 돌아가 보기로 하자.「왜 선형대수(행렬과 벡터)로 들린 다음 다시 미적분으로 돌아온 것일까?」– 라는 질문은 하지 말기를 바란다.

왜냐하면 이 장의 미적분 설명에는 선형대수에 관한 지식이 필요하기 때문이다. 지금 45페이지에 나온 원의 면적을 구하는 공식을 살펴보도록 하자. 이것은 적분을 두 번 하고 있기 때문에 2중적분, 즉 **다중적분** 가운데 하나라고 할 수 있다. 실제로 계산해 본 것과 같이 다중적분이라고는 하지만 단순히 '변수가 두 개 이상 있는 함수의 적분'으로 그다지 어려운 것은 아니다. 편미분 할 때와 마찬가지로 하나의 변수에 대해 적분하고 그것이 끝나면 다음 변수로 적분하는 조작을 전념해서 수행하면 된다.

중요한 것은 제1장에서 약간 얼굴을 비쳤던 좌표변환에 따른 **면적요소**(面積要素)(3차원 이상은 부피요소)이다. 면적요소에서 원의 면적을 구할 때, 극좌표에서 생각했던 것처럼 어떤 적분은 데카르트 좌표로 다루기보다도 별도의 좌표계로 다루는 편이 훨씬 쉬워지는 경우가 있다. 그래서 중요하게 된 것이 면적요소(부피요소)이다. 요컨대 데카르트 좌표계에서의 면적요소 $dxdy$가 다른 좌표계에서는 어떻게 표현되고 있는가?

모처럼 2차원 극좌표를 예로 들었으니, 우선 이에 대해 고찰해 보자. 그 다음 그 고찰을 응용하여 3차원 극좌표를 생각해 보고, 고등학교 때는 단순히 공식으로서 암기해 두어야만 했던 구의 부피 공식을 구해 보자.

우선, 2차원 극좌표에 있어서의 면적소 $PQRS$에 있어서 점 $P$의 좌표값을 $(x, y)$라고 하면, 점 $Q$는 $\theta$를 변화시키지 않은 채 $r$을 $dr$만큼 변위시키기 때문에, 점 $Q$의 좌표값은 $(x+\dfrac{\partial x}{\partial r}dr, y+\dfrac{\partial y}{\partial r}dr)$이 될 것이다. 마찬가지로 점 $S$는 $r$을 변화시키지 않고 $\theta$를 $d\theta$만큼 변위시키므로

**면적요소 PQRS의 넓이는?**

$(x + \dfrac{\partial x}{\partial \theta} d\theta, y + \dfrac{\partial y}{\partial \theta} d\theta)$ 가 된다. 여기서 $P$, $Q$, $S$의 세 점을 알 수 있기 때문에, 도형 $PQRS$의 넓이는 간단하게 계산할 수 있어

$$\begin{vmatrix} \dfrac{\partial x}{\partial r} dr & \dfrac{\partial y}{\partial r} dr \\[2mm] \dfrac{\partial x}{\partial \theta} d\theta & \dfrac{\partial y}{\partial \theta} d\theta \end{vmatrix} = \begin{vmatrix} \dfrac{\partial x}{\partial r} & \dfrac{\partial y}{\partial r} \\[2mm] \dfrac{\partial x}{\partial \theta} & \dfrac{\partial y}{\partial \theta} \end{vmatrix} dr d\theta$$

가 되는데, 행렬식의 특성에서 보면 전치한 것도 동일하다. 다시 말해, $\mathbf{A}$를 어떤 행렬이라고 하고 $^t\mathbf{A}$를 그 전치행렬이라고 하면

$$| \mathbf{A} | = | {}^t\mathbf{A} |$$

라는 것이다. 역시 행렬과 벡터를 앞 장에서 미리 설명해 두길 잘했다.

그런데 $| \mathbf{A} | = | {}^t\mathbf{A} |$ 이므로

$$\begin{vmatrix} \dfrac{\partial x}{\partial r} & \dfrac{\partial x}{\partial \theta} \\[2mm] \dfrac{\partial y}{\partial r} & \dfrac{\partial y}{\partial \theta} \end{vmatrix} dr d\theta$$

가 된다. 실제로 계산해 보면 $\begin{cases} x = r\cos\theta \\ y = r\sin\theta \end{cases}$ 이므로

$$\begin{cases} \dfrac{\partial x}{\partial r} = \dfrac{\partial}{\partial r} r\cos\theta = \cos\theta \\[3mm] \dfrac{\partial x}{\partial \theta} = \dfrac{\partial}{\partial \theta} r\cos\theta = -r\sin\theta \\[3mm] \dfrac{\partial y}{\partial r} = \dfrac{\partial}{\partial r} r\sin\theta = \sin\theta \\[3mm] \dfrac{\partial y}{\partial \theta} = \dfrac{\partial}{\partial \theta} r\sin\theta = r\cos\theta \end{cases}$$

가 된다. 면적요소 $PQRS$의 넓이는

$$\begin{vmatrix} \dfrac{\partial x}{\partial r} & \dfrac{\partial x}{\partial \theta} \\[2mm] \dfrac{\partial y}{\partial r} & \dfrac{\partial y}{\partial \theta} \end{vmatrix} dr d\theta = \begin{vmatrix} \cos\theta & -r\sin\theta \\ \sin\theta & r\cos\theta \end{vmatrix} dr d\theta$$

$$= \left( r\cos^2\theta + r\sin^2\theta \right) dr d\theta$$

$$= r\, dr\, d\theta$$

가 된다. 45페이지에서 나왔던 식과 일치한다.

❈ **은밀한 소리.** 잠깐만... 너무 빨라. 지금 도대체 뭘 하고 있는지 잘 모르겠군. 우선, $PQRS$의 넓이를 구하는 부분은 어째서 이런 행렬식이 된다는 건가?

과연 그건 그렇군.

면적요소 $PQRS$의 넓이는 벡터의 **외적**을 이용하면 된다. 즉, 좀 전의 도형 $PQRS$의 경우 우선 벡터 $\overrightarrow{PQ}$를 성분으로 나타내면

$$\overrightarrow{PQ} = (x + \frac{\partial x}{\partial r}dr - x, y + \frac{\partial y}{\partial r}dr - y, 0) = (\frac{\partial x}{\partial r}dr, \frac{\partial y}{\partial r}dr, 0)$$

이 된다. 마찬가지로 벡터 $\overrightarrow{PS}$를 성분으로 나타내면

$$\overrightarrow{PS} = (x + \frac{\partial x}{\partial \theta}d\theta - x, y + \frac{\partial y}{\partial \theta}d\theta - y, 0) = (\frac{\partial x}{\partial \theta}d\theta, \frac{\partial y}{\partial \theta}d\theta, 0)$$

이 되기 때문에, 도형 $PQRS$의 넓이는

$$\left| \overrightarrow{PQ} \times \overrightarrow{PS} \right| = \left\| \begin{matrix} \mathbf{i} & \mathbf{j} & \mathbf{k} \\ \frac{\partial x}{\partial r}dr & \frac{\partial y}{\partial r}dr & 0 \\ \frac{\partial x}{\partial \theta}d\theta & \frac{\partial y}{\partial \theta}d\theta & 0 \end{matrix} \right\| = \sqrt{\left| \begin{matrix} \frac{\partial y}{\partial r}dr & 0 \\ \frac{\partial y}{\partial \theta}d\theta & 0 \end{matrix} \right|^2 + \left| \begin{matrix} \frac{\partial x}{\partial r}dr & 0 \\ \frac{\partial x}{\partial \theta}d\theta & 0 \end{matrix} \right|^2 + \left| \begin{matrix} \frac{\partial x}{\partial r}dr & \frac{\partial y}{\partial r}dr \\ \frac{\partial x}{\partial \theta}d\theta & \frac{\partial y}{\partial \theta}d\theta \end{matrix} \right|^2}$$

$$= \left\| \begin{matrix} \frac{\partial x}{\partial r}dr & \frac{\partial y}{\partial r}dr \\ \frac{\partial x}{\partial \theta}d\theta & \frac{\partial y}{\partial \theta}d\theta \end{matrix} \right\| = \left\| \begin{matrix} \frac{\partial x}{\partial r} & \frac{\partial y}{\partial r} \\ \frac{\partial x}{\partial \theta} & \frac{\partial y}{\partial \theta} \end{matrix} \right\| dr d\theta$$

가 된 것이다.

이상의 논의는 극좌표를 다룬 것이긴 해도 특별한 것을 다루고 있지 않기에 일반화할 수 있다.

여기서 $\begin{cases} x = x(u, v) \\ y = y(u, v) \end{cases}$ 라고 나타냈다고 하자. 또한 거꾸로 $\begin{cases} u = \varphi(x, y) \\ v = \psi(x, y) \end{cases}$ 이고, $(x, y) \leftrightarrow (u, v)$가 1 대 1로 대응한다고 하자.

PQRS의 넓이의 일반화

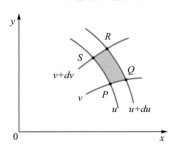

이렇게 하면 극좌표일 때와 완전히 동일하게 하여

$$\begin{vmatrix} \dfrac{\partial x}{\partial u}du & \dfrac{\partial y}{\partial u}du \\[3mm] \dfrac{\partial x}{\partial v}dv & \dfrac{\partial y}{\partial v}dv \end{vmatrix}$$

가 되는데,

행(또는 열)에 공통적으로 곱하고 있는 항은 행렬식에서 밖으로 뺄 수 있기 때문에

$$= \begin{vmatrix} \dfrac{\partial x}{\partial u} & \dfrac{\partial y}{\partial u} \\[3mm] \dfrac{\partial x}{\partial v} & \dfrac{\partial y}{\partial v} \end{vmatrix} dudv$$

라고 할 수 있다. 또한 행렬식 내의 행렬은 전치(행과 열을 바꾸어 넣음)해도 행렬식은 변하지 않으므로[주1]

$$= \begin{vmatrix} \dfrac{\partial x}{\partial u} & \dfrac{\partial x}{\partial v} \\[3mm] \dfrac{\partial y}{\partial u} & \dfrac{\partial y}{\partial v} \end{vmatrix} dudv$$

라고 할 수 있다. 여기서 마지막 항의 행렬을 $\left|\dfrac{\partial(x,y)}{\partial(u,v)}\right| \equiv \begin{vmatrix} \dfrac{\partial x}{\partial u} & \dfrac{\partial x}{\partial v} \\[3mm] \dfrac{\partial y}{\partial u} & \dfrac{\partial y}{\partial v} \end{vmatrix}$ 로 하고,

이것을 야코비[주2] 행렬식(야코비언[주3])이라고 한다. 덧붙여 말하면 이것을 사용하여 다시 써 보면

---

**야코비의 행렬식(야코비언)**

$$\begin{vmatrix} \dfrac{\partial x}{\partial u} & \dfrac{\partial x}{\partial v} \\[3mm] \dfrac{\partial y}{\partial u} & \dfrac{\partial y}{\partial v} \end{vmatrix} dudv = \left|\dfrac{\partial(x,y)}{\partial(u,v)}\right| dudv$$

---

이다. 생각해 보면,

주1) 부록2의 「3행 3열인 행렬식의 계산」을 참조

주2) 야코비(Jacobi, Karl Gustav Jakob, 1804~1851) 독일의 수학자

주3) Jacobian 함수 행렬식(functional determinant)이라고도 합니다.

$$dx = \frac{\partial x}{\partial u}du + \frac{\partial x}{\partial v}dv$$

$$dy = \frac{\partial y}{\partial u}du + \frac{\partial y}{\partial v}dv$$

이므로 행렬을 사용하여 써 보면,

$$\begin{pmatrix} dx \\ dy \end{pmatrix} = \begin{pmatrix} \dfrac{\partial x}{\partial u} & \dfrac{\partial x}{\partial v} \\ \dfrac{\partial y}{\partial u} & \dfrac{\partial y}{\partial v} \end{pmatrix} \begin{pmatrix} du \\ dv \end{pmatrix} = \frac{\partial(x,y)}{\partial(u,v)} \begin{pmatrix} du \\ dv \end{pmatrix}$$

가 되므로 여기에도 야코비언 같은 것이 등장하고 있는 것이다.(이것을 편의상 함수행렬이라고 부르자) 그리고 면적요소는 이 야코비언을 취하면 되는 것이다.

하는 김에 함수행렬의 성질을 조금 살펴보기로 하자.

$$dx = \frac{\partial x}{\partial u}du + \frac{\partial x}{\partial v}dv$$

$$= \frac{\partial x}{\partial u}\left( \frac{\partial u}{\partial x}dx + \frac{\partial u}{\partial y}dy \right) + \frac{\partial x}{\partial v}\left( \frac{\partial v}{\partial x}dx + \frac{\partial v}{\partial y}dy \right)$$

$$= \left( \frac{\partial x}{\partial u}\frac{\partial u}{\partial x} + \frac{\partial x}{\partial v}\frac{\partial v}{\partial x} \right)dx + \left( \frac{\partial x}{\partial u}\frac{\partial u}{\partial y} + \frac{\partial x}{\partial v}\frac{\partial v}{\partial y} \right)dy$$

라고 쓸 수 있으므로, 결국

$$\begin{cases} \dfrac{\partial x}{\partial u}\dfrac{\partial u}{\partial x} + \dfrac{\partial x}{\partial v}\dfrac{\partial v}{\partial x} = 1 \\ \dfrac{\partial x}{\partial u}\dfrac{\partial u}{\partial y} + \dfrac{\partial x}{\partial v}\dfrac{\partial v}{\partial y} = 0 \end{cases} \quad\longleftrightarrow\quad \begin{pmatrix} \dfrac{\partial u}{\partial x} & \dfrac{\partial v}{\partial x} \\ \dfrac{\partial u}{\partial y} & \dfrac{\partial v}{\partial y} \end{pmatrix}\begin{pmatrix} \dfrac{\partial x}{\partial u} \\ \dfrac{\partial x}{\partial v} \end{pmatrix} = \begin{pmatrix} 1 \\ 0 \end{pmatrix} \quad \cdots\cdots ①$$

이 된다는 것을 알 수 있다. 마찬가지로,

$$dy = \frac{\partial y}{\partial u}du + \frac{\partial y}{\partial v}dv$$

$$= \frac{\partial y}{\partial u}\left( \frac{\partial u}{\partial x}dx + \frac{\partial u}{\partial y}dy \right) + \frac{\partial y}{\partial v}\left( \frac{\partial v}{\partial x}dx + \frac{\partial v}{\partial y}dy \right)$$

$$= \left( \frac{\partial y}{\partial u}\frac{\partial u}{\partial x} + \frac{\partial y}{\partial v}\frac{\partial v}{\partial x} \right)dx + \left( \frac{\partial y}{\partial u}\frac{\partial u}{\partial x} + \frac{\partial y}{\partial v}\frac{\partial v}{\partial y} \right)dy$$

$$\begin{cases} \dfrac{\partial y}{\partial u}\dfrac{\partial u}{\partial x}+\dfrac{\partial y}{\partial v}\dfrac{\partial v}{\partial x}=0 \\[2mm] \dfrac{\partial y}{\partial u}\dfrac{\partial u}{\partial y}+\dfrac{\partial y}{\partial v}\dfrac{\partial v}{\partial y}=1 \end{cases} \quad\longleftrightarrow\quad \begin{pmatrix} \dfrac{\partial u}{\partial x} & \dfrac{\partial v}{\partial x} \\[2mm] \dfrac{\partial u}{\partial y} & \dfrac{\partial v}{\partial y} \end{pmatrix}\begin{pmatrix} \dfrac{\partial y}{\partial u} \\[2mm] \dfrac{\partial y}{\partial v} \end{pmatrix}=\begin{pmatrix} 0 \\ 1 \end{pmatrix} \quad\cdots\cdots②$$

이 된다. ①과 ②에서 제일 처음의 2행 2열인 행렬이 같으므로 합성하면 아래와 같은 식을 얻을 수 있다.

$$\begin{pmatrix} \dfrac{\partial u}{\partial x} & \dfrac{\partial v}{\partial x} \\[2mm] \dfrac{\partial u}{\partial y} & \dfrac{\partial v}{\partial y} \end{pmatrix}\begin{pmatrix} \dfrac{\partial x}{\partial u} & \dfrac{\partial y}{\partial u} \\[2mm] \dfrac{\partial x}{\partial v} & \dfrac{\partial y}{\partial v} \end{pmatrix}=\begin{pmatrix} 1 & 0 \\ 0 & 1 \end{pmatrix}$$

이것으로 일반적인 행렬 **A**, **B**, **C**가 있을 때, **AB** = **C**이면 $'(AB) = {}'B\,'A = C'$이고, 또한 단위행렬의 전치행렬은 변화하지 않기 때문에

$$\begin{pmatrix} \dfrac{\partial u}{\partial x} & \dfrac{\partial v}{\partial x} \\[2mm] \dfrac{\partial u}{\partial y} & \dfrac{\partial v}{\partial y} \end{pmatrix}\begin{pmatrix} \dfrac{\partial x}{\partial u} & \dfrac{\partial y}{\partial u} \\[2mm] \dfrac{\partial x}{\partial v} & \dfrac{\partial y}{\partial v} \end{pmatrix}=\begin{pmatrix} 1 & 0 \\ 0 & 1 \end{pmatrix}\quad\longleftrightarrow\quad \begin{pmatrix} \dfrac{\partial x}{\partial u} & \dfrac{\partial x}{\partial v} \\[2mm] \dfrac{\partial y}{\partial u} & \dfrac{\partial y}{\partial v} \end{pmatrix}\begin{pmatrix} \dfrac{\partial u}{\partial x} & \dfrac{\partial u}{\partial y} \\[2mm] \dfrac{\partial v}{\partial x} & \dfrac{\partial v}{\partial y} \end{pmatrix}=\begin{pmatrix} 1 & 0 \\ 0 & 1 \end{pmatrix}$$

이라는 것을 알았다. 즉,

$$\frac{\partial(x,y)}{\partial(u,v)}\cdot\frac{\partial(u,v)}{\partial(x,y)}=\begin{pmatrix} 1 & 0 \\ 0 & 1 \end{pmatrix}$$

이 되고, 서로 역행렬로 되어 있다는 것을 알 수 있다.

이상의 지식을 머릿속에 넣고 여기서 3차원의 극좌표가 등장하기를 기원하자.

3차원 극좌표는 그림을 통해 간단히 이해할 수 있는데

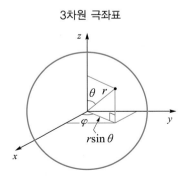
3차원 극좌표

$$\begin{cases} x = r\sin\theta\cos\varphi \\ y = r\sin\theta\sin\varphi \\ z = r\cos\theta \end{cases}$$

라는 관계가 있다. 우선 함수행렬은

$$\frac{\partial(x,y,z)}{\partial(r,\theta,\varphi)}=\begin{pmatrix} \dfrac{\partial x}{\partial r} & \dfrac{\partial x}{\partial \theta} & \dfrac{\partial x}{\partial \varphi} \\[2mm] \dfrac{\partial y}{\partial r} & \dfrac{\partial y}{\partial \theta} & \dfrac{\partial y}{\partial \varphi} \\[2mm] \dfrac{\partial z}{\partial r} & \dfrac{\partial z}{\partial \theta} & \dfrac{\partial z}{\partial \varphi} \end{pmatrix}$$

이므로 이것을 계산하면

$$\begin{pmatrix} \dfrac{\partial x}{\partial r} & \dfrac{\partial x}{\partial \theta} & \dfrac{\partial x}{\partial \varphi} \\[2mm] \dfrac{\partial y}{\partial r} & \dfrac{\partial y}{\partial \theta} & \dfrac{\partial y}{\partial \varphi} \\[2mm] \dfrac{\partial z}{\partial r} & \dfrac{\partial z}{\partial \theta} & \dfrac{\partial z}{\partial \varphi} \end{pmatrix} = \begin{pmatrix} \sin\theta\cos\varphi & r\cos\theta\cos\varphi & -r\sin\theta\sin\varphi \\ \sin\theta\sin\varphi & r\cos\theta\sin\varphi & r\sin\theta\cos\varphi \\ \cos\theta & -r\sin\theta & 0 \end{pmatrix}$$

이 된다. 따라서, **체적요소**는 이 함수행렬의 행렬식(야코비언)을 취하면 되므로

$$\begin{vmatrix} \sin\theta\cos\varphi & r\cos\theta\cos\varphi & -r\sin\theta\sin\varphi \\ \sin\theta\sin\varphi & r\cos\theta\sin\varphi & r\sin\theta\cos\varphi \\ \cos\theta & -r\sin\theta & 0 \end{vmatrix}$$

을 계산하면 된다.

여기서 2행 2열인 행렬식은 계산을 할 수 있는데, 이 3행 3열인 경우에는 어떻게 하면 될까?

물론 **사라스의 공식**을 사용하면 된다. 기억이 나는가?

이것은 구하려는 행렬식이 3행 3열인 $\begin{vmatrix} a & b & c \\ d & e & f \\ g & h & i \end{vmatrix}$ 일 때

라고 나열해 놓고

와 같게 하여 각각 좌측 상단에서 우측 하단으로 곱해 더한 $aei+bfg+cdh$에서 각각의 우측 상단에서 좌측 상단으로 곱하여 더한 $ceg+afh+bdi$를 빼면 간단히 구할 수 있다. 다시 말해, $aei+bfg+cdh-ceg-afh-bdi$였다.

그래서 이것을 사용하여 계산하면,

$$\begin{aligned} \frac{\partial(x,y,z)}{\partial(r,\theta,\varphi)} &= r^2\cos^2\theta\sin\theta\cos^2\varphi + r^2\sin^3\theta\sin^2\varphi + r^2\cos^2\theta\sin\theta\sin^2\varphi + r^2\sin^3\theta\cos^2\varphi \\ &= r^2\cos^2\theta\sin\theta(\cos^2\varphi + \sin^2\varphi) + r^2\sin^3\theta(\cos^2\varphi + \sin^2\varphi) \\ &= r^2\cos^2\theta\sin\theta + r^2\sin^3\theta \\ &= r^2\sin\theta(\cos^2\theta + \sin^2\theta) \\ &= r^2\sin\theta \end{aligned}$$

가 된다.

좀 너무 서두른 감이 있다. 조금 더 상세히 설명하도록 한다.

부피요소는 아래 그림을 보면 단번에 알 수 있는데 $PQRSTUVW$라는 「직육면체」이므로, 그 부피는 $dr \cdot r\sin\theta d\varphi \cdot rd\theta = r^2\sin\theta dr d\theta d\varphi$가 돼서, 정확히 $r^2\sin\theta$가 나온다.

부피요소(PQRSTVW)는 직육면체

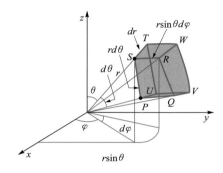

❖ 은밀한 소리 : 그런데, 역시 「직육면체」로는 안 보이는걸…

이것은 앞에서 2차원 극좌표를 구했을 때와 같고, 확대하였으므로 그렇게 보이는 것이며 극한에서는 모두 직교하고 있기 때문에 이것으로 괜찮다.

정확히는 앞에서와 마찬가지로 $STRP$의 좌표가 각각

$$S(x, y, z)$$

$$T(x + \frac{\partial x}{\partial r}dr,\ y + \frac{\partial y}{\partial r}dr,\ z + \frac{\partial z}{\partial r}dr)$$

$$R(x + \frac{\partial x}{\partial \varphi}d\varphi,\ y + \frac{\partial y}{\partial \varphi}d\varphi,\ z + \frac{\partial z}{\partial \varphi}d\varphi)$$

$$P(x + \frac{\partial x}{\partial \theta}d\theta,\ y + \frac{\partial y}{\partial \theta}d\theta,\ z + \frac{\partial z}{\partial \theta}d\theta)$$

이므로 벡터 $\vec{ST}, \vec{SP}, \vec{SR}$을 생각하고, 이 벡터에 의해 만들어진 평행육면체
(직육면체도 그 한 종류이다)의 부피를 구하면 된다.

그럼 벡터 **A**, **B**, **C**가 만드는 평행육면체의 부피를 구하는 방법은 된 건가. （**A** ×**B**)·**C**였다. 이 공식을 사용하여 앞에서 나온 부피요소를 계산하는 것은 독자에게 맡기도록 한다.

❖ **은밀한 소리** : 하지만 아직 배우지 않은걸.

아차, 실수. 이것은 부록3의 「평행육면체의 부피를 구하는 방법」을 보기로 하자.

그런데, 이 부피요소를 사용하면 구의 부피는 깔끔하게 구할 수 있다. $r$을 0~$r$ 까지, $\theta$을 0~$\pi$ 까지, 그리고 $\varphi$를 0~2 순서대로 적분해 가면 된다. 그 이유는 머릿속에서 적분 영역을 빙빙 돌려 보면 알 수 있을 것이다.

**부피요소로 구의 부피 공식을 구한다.**

대응

$$\int_0^{2\pi} \int_0^{\pi} \int_0^{r} r^2 \sin\theta \, dr \, d\theta \, d\varphi$$

$$= \int_0^{2\pi} \int_0^{\pi} \left[\frac{1}{3}r^3\right]_0^r \sin\theta \, d\theta \, d\varphi$$

$$= \frac{1}{3}r^3 \int_0^{2\pi} \int_0^{\pi} \sin\theta \, d\theta \, d\varphi$$

$$= \frac{1}{3}r^3 \int_0^{2\pi} \left[-\cos\theta\right]_0^{\pi} d\varphi$$

$$= \frac{1}{3}r^3 \int_0^{2\pi} \left(-(-1)-(-1)\right) d\varphi$$

$$= \frac{2}{3}r^3 \int_0^{2\pi} d\varphi$$

$$= \frac{2}{3}r^3 \left[\varphi\right]_0^{2\pi}$$

$$= \frac{4}{3}\pi r^3 \qquad \longleftarrow \text{앗, 분명히 「구의 부피」 공식이다.}$$

어떤가? 생각보다 별다른 것은 없을 것이다. 필요한 절차를 빼놓지 않고 제대로 정확히 계산하면 다중적분은 OK다.

# 3-2 테일러의 공식

자, 오랫동안 기다렸어! 지금까지 설명해 온 미분 적분 지식을 사용하여 **테일러의 공식**을 도출해 보자. 이 공식은 **함수를 급수의 형태로 전개**할 수 있는 아주 강력한 도구이므로 기억해 두어서 손해 볼 것은 없다. 손해 보지 않는다기보다는, 모른다면 이공계 학생으로서는 상당한 「수치」다.

그러므로 「테일러의 공식」을 "해석개론"(타카키 테이지, 이와나미 서점)에서 인용해 적어 본다.

---

「 25. Taylor의 공식

정리28. 어떤 구간에 있어서, $f(x)$는 제 $n$ 단계까지 미분 가능하다고 하자. 그리고 그 구간에 있어서 $a$는 정점, $x$는 임의의 점이라고 할 때

$$f(x) = f(a) + (x-a)\frac{f'(a)}{1!} + (x-a)^2\frac{f''(a)}{2!} + \cdots$$
$$\cdots + (x-a)^{n-1}\frac{f^{(n-1)}(a)}{(n-1)!} + (x-a)^n\frac{f^{(n)}(\xi)}{n!}. \quad (1)$$

단,

$$\xi = a + \theta(x-a), \qquad 0 < \theta < 1.$$

즉 $\xi$는 $a$와 $x$ 사이의 어떤 값이다.」

"해석개론"(61페이지)

---

음. 몇 번을 봐도 신기한 공식이다. 함수가 급수의 형태로 나타난다(전개된다)는 것이다. 실제로 이 공식은 혁명적이며 금후의 미적분학의 발전에 지대한 공헌을 했음에 틀림없다.

테일러의 공식에 대한 증명은 어떤 참고서에나 나와 있기 때문에, 증명은 다음으로 미루고, 여기서는 이 공식의 의미를 생각해 보고 싶다.

갑자기라 미안하지만 「$x$는 $a$에 아주 근접하다」고 하자. 아래에 등장하는 함수 $f(x)$는 필요한 만큼 미분할 수 있고 연속된다고 한다. 그러면,

$$f'(a) = \lim_{x \to a}\frac{f(x) - f(a)}{x - a}$$

이므로

$$f'(a) = \frac{f(x) - f(a)}{x - a}$$

라고 생각해도 좋을 것이다. 이 식을 변형해서

$$f(x) = f(a) + (x - a)f'(a) \qquad \cdots\cdots ①$$

로 해 보면, 호오~ 빨리도 테일러 공식의 제1항과 제2항이 얼굴을 내밀었다.

①식은 $f'(a)$라는 고정된 기울기를 사용하고, $f(x)$를 매우 닮으려 하는 것을 잘 알 수 있다.

$x$가 $a$에 매우 가깝다면 아주 비슷하지만, 멀어지면⋯

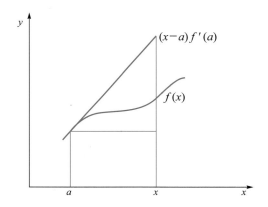

그러나, 좌측 그래프를 보고 있으면 함수에도 달려 있지만, 분명 「$x$가 $a$에 가까운 곳」이라면 상당히 근접하겠지만 멀어지면 상당히 엇갈릴 듯하다. 그래서 좀 더 정밀도를 높여 보기로 하자. ①식의 형을 잘 보면 적분에서 등장했던

$$S(x) - S(a) = \int_a^x f(\xi)d\xi$$

를 생각나게 한다.(생각해 내자!) 아, 또 $\xi$(크사이)라는 기호가 등장했는데 이것은 $x$의 대용에 지나지 않는다. 익숙해지도록 하자. 이것을 조금 변형해 보면

$$f(x) - f(a) = \int_a^x f'(\xi)d\xi$$

$$f(x) = f(a) + \int_a^x f'(\xi)d\xi \qquad \cdots\cdots ②$$

가 되는 것은 명확하고 더군다나 이 식은 근사치가 아닌 엄밀하게 성립한다.

여기에서 ①식을 한 번 미분한 함수에 적용(다시 말해, $g(x) = f'(x)$라고 하고, ①을 적용)시키면

$$g(x) = g(a) + (x-a)g'(a)$$

이므로,

$$f'(x) = f'(a) + (x-a)f''(a)$$

가 되기 때문에, 이 식을 ②식에 대입해 보면

$$f(x) = f(a) + \int_a^x \{f'(a) + (\xi-a)f''(a)\}d\xi$$

$$= f(a) + f'(a)[\xi]_a^x + f''(a)\left[\frac{1}{2}(\xi-a)^2\right]_a^x$$

$$= f(a) + (x-a)f'(a) + \frac{1}{2}(x-a)^2 f''(a)$$

가 된다. 여기까지 오면 상당히 테일러 공식의 윤곽(3번까지 OK!)이 떠오른다.

더욱 정밀도를 높여 보자. 이 식에서,

$$f'(x) = f'(a) + (x-a)f''(a) + \frac{1}{2}(x-a)^2 f'''(a)$$

이므로 이것을 다시 ②에 대입하면

$$f(x) = f(a) + \int_a^x \left\{f'(a) + (\xi-a)f''(a) + \frac{1}{2}(\xi-a)^2 f'''(a)\right\}d\xi$$

$$= f(a) + (x-a)f'(a) + \frac{1}{2}(x-a)^2 f''(a) + \frac{1}{2}\cdot\frac{1}{3}(x-a)^3 f'''(a)$$

가 된다. 테일러의 공식 4번째 항목까지 OK다. 이것을 반복해 가면

$$f'(x) = f'(a) + (x-a)f''(a) + \frac{1}{2}(x-a)^2 f'''(a) + \cdots + \frac{1}{k!}(x-a)^k f^{(k)}(a) + \cdots$$

라는 것을 쉽게 알 수 있다. 오~ 축하할 일이군.

❖ **은밀한 소리** : 잠깐 기다려! 테일러 공식하고는 좀 다른데?

아깝다. 눈치 못 챘으면 그대로 넘어가려고 했는데..

그렇다. 확실히 이 형태대로라면 아주 곤란할 경우가 있다. 그것은 과연 이 급수가 제대로 수렴되어 주는가 하는 문제이다. 수렴되지 않으면 이 식은 전혀 의미가 없어져 버린다. 예를 들면, $x$의 식에 대해 급격하게 변화하는 함수 $f(x)$가 있다고 하면 아무리 $x$가 $a$에 가깝다고 해도 위 식은 그다지 의미가 없을 것이다.

그래서 테일러의 공식 맨 마지막 항

라그랑주의 잉여

$$(x-a)^{n}\frac{f^{(n)}(\xi)}{n!} \qquad (단, \xi=a+\theta(x-a)、 0<\theta<1)$$

이 생긴다.

이것을 **테일러 전개식의 잉여**라고 한다. 라그랑주의 잉여라고 하기도 하는데 같은 것이다. 이것이 만약 모든 구간의 $x$에서 $n$을 크게 해 갈 때 0에 가까워지도록 하면 $f'(x)$는 필요한 정밀도만큼 항을 더하면 된다.[주4]

❈ **은밀한 소리** : 과연. 그건 알겠어. 하지만 왜 잉여가 이런 형이 되는 거지?

무슨 일이지? 이번에는 너무 파고드는 것 아닌가? 어쨌거나 설명을 해 보겠다. 우선,

$$f'(\xi) = \frac{f(x)-f(a)}{x-a} \qquad \xi = a+\theta(x-a)\,, 0<\theta<1$$

이라는 것은 알 것이다. 이것은 고등학교에서 배운 **평균값의 정리**라는 것이었다. 간단히 말하면 $PQ$와 같은 기울기를 가진 미분계수 $f'(\xi)$가, 반드시 구간 $(a, x)$속에 존재한다는 것이다. 그림을 보면, 이해가 될 것이다.

평균값의 정리의 의미는?

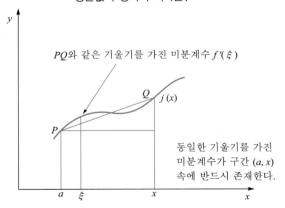

PQ와 같은 기울기를 가진 미분계수 $f'(\xi)$

동일한 기울기를 가진 미분계수가 구간 $(a, x)$ 속에 반드시 존재한다.

이번에는 이것을 사용하여 방금 전과 같은 계산을 해 보면

$$f(x) = f(a)+(x-a)f'(a)$$
$$+\frac{1}{2}(x-a)^{2}f''(\xi)$$
$$\xi = a+\theta(x-a)\,, 0<\theta<1$$

주4) 단, 일반적으로 급수 $S_n = a_1+a_2+\cdots a_n$이 $n\to\infty$로 수렴되면 $\lim_{n\to\infty} a_n = 0$이 되지만, 역으로 $\lim_{n\to\infty} a_n = 0$이 되기 때문에 급수 $S_n$이 수렴된다고 할 수는 없습니다. 예를 들어, $S_n = 1+\frac{1}{2}+\frac{1}{3}+\cdots+\frac{1}{n}$ 이라는 급수는 $\lim_{n\to\infty}\frac{1}{n}=0$ 이 되지만, $\lim_{n\to\infty} S_n$은 수렴되지 않습니다.

이 된다. 이것은 모두 근사치를 사용하지 않기 때문에 엄밀히 성립한다. 이 과정을 되풀이하면 결국 테일러의 정리가 완성된다. 다시 말해, **테일러의 정리는 평균값의 정리를 확장한 것**이라고 생각할 수 있다.

이제 테일러의 공식을 알았으니, 전개할 수 있는 함수의 예를 2, 3개 들어 보자. 단, $a = 0$의 경우를 생각해 본다. 이렇게 테일러의 공식에서 $a = 0$의 경우를 특별히 **맥클로린**[주5]**의 급수**라고 한다.[주6] 이름 정도는 들어 봤을 것이다.

○ 주5) 맥클로린 (Maclaurin, Colin. 1698~1746) 영국 수학자

주6) 이것은 맥클로린이 테일러와는 독립적으로 증명하여 논문「유율법(1742)」을 발표했기 때문입니다.

---

### 맥클로린 급수의 예

$$e^x = 1 + \frac{1}{1!}x + \frac{1}{2!}x^2 + \frac{1}{3!}x^3 + \frac{1}{4!}x^4 + \cdots\cdots$$

$$\cos x = 1 - \frac{1}{2!}x^2 + \frac{1}{4!}x^4 - \frac{1}{6!}x^6 + \cdots\cdots$$

$$\sin x = \frac{1}{1!}x - \frac{1}{3!}x^3 + \frac{1}{5!}x^5 - \frac{1}{7!}x^7 + \cdots\cdots$$

$$\frac{1}{1-x} = 1 + x + x^2 + x^3 \cdots\cdots \qquad \cdots -1 < x < 1 \text{ 의 제한}$$

$$\log_e(1+x) = x - \frac{1}{2}x^2 + \frac{1}{3}x^3 - \frac{1}{4}x^4 + \cdots\cdots \qquad \cdots -1 < x \leqq 1 \text{ 의 제한}$$

(테일러 공식에서 $a=0$ 이라고 한 것이 맥클로린의 급수)

---

여기에서 조금 여담을 해 보기로 한다. 위 예에서 $e^x$의 $x$ 대신 $ix$를 넣어 보는 것이다(물론 $i$는 **허수단위**). 그러면

$$e^{ix} = 1 + \frac{1}{1!}(ix) + \frac{1}{2!}(ix)^2 + \frac{1}{3!}(ix)^3 + \frac{1}{4!}(ix)^4 + \cdots\cdots$$

가 된다. 여기서 $i$ 부분과 그렇지 않은 부분으로 나누어 보면,

$$= 1 - \frac{1}{2!}x^2 + \frac{1}{4!}x^4 - \frac{1}{6!}x^6 + \cdots\cdots + i\left(\frac{1}{1!}x - \frac{1}{3!}x^3 + \frac{1}{5!}x^5 - \frac{1}{7!}x^7 + \cdots\cdots\right)$$

가 되는데, 이거 혹시

---

### 오일러 공식

$$e^{ix} = \cos x + i\sin x$$

---

가 아닌가? 이것은 그 유명한 **오일러**[주7]**의 공식**이 아닌가.

주7) 오일러 (Euler, Leonhard, 1707~1783) 스위스의 수학자

❋ **은밀한 소리** 조금전까지는 $x$는 0에 거의 가깝다고 해 놓고, 멋대로 복소수까지 확장해도 되는 건가?

자, 그 의문은 복소함수 장(5장)까지 남겨두고, 맥클로린 급수를 약간 변형한 것만으로 엄청난 식을 얻었다고 생각하지 않는가? 예를 들어, 이것을 사용하면 고생했던 삼각함수의 덧셈정리(부록4참조) 따위는 한방에 해결된다. 도전해 보기 바란다. 우선은 답을 보지 말고 해 보자.

> **문제**

> 삼각함수의 덧셈정리
> $$\sin(a+b) = \sin a \cos b + \cos a \sin b$$
> $$\cos(a+b) = \cos a \cos b - \sin a \sin b$$
> 를 오일러의 공식 $e^{ix} = \cos x + i \sin x$를 이용하여 증명하시오.

**답**

오일러의 공식 $e^{ix} = \cos x + i \sin x$에서, $x = a+b$라고 하면,

$$e^{i(a+b)} = \cos(a+b) + i\sin(a+b)$$
$$좌변 = e^{i(a+b)} = e^{ia+ib} = e^{ia}e^{ib} = (\cos a + i \sin a)(\cos b + i \sin b)$$
$$= (\cos a \cos b - \sin a \sin b) + i(\sin a \cos b + \cos a \sin b)$$

따라서,

$$\begin{cases} \cos(a+b) = \cos a \cos b - \sin a \sin b \\ \sin(a+b) = \sin a \cos b + \cos a \sin b \end{cases} \qquad (증명\ 끝)$$

아주 깔끔하게 증명되었다.

이제 테일러 전개도 알았겠다, 이게 왜 중요[주8]하지요? 라는 목소리도 들릴 때가 된 것 같아 약간의 예를 들어둔다. 예를 들면

주8) 함수가 급수로 표현되는 자체가 상당히 경탄해야 할 일이라고 생각합니다만...

> **문제**

> 다음을 계산하시오.
> $$\int \cos x^2 dx$$
> $$\int \sin x^2 dx$$

와 같은 적분을 생각해 보자. "애개~ 간단한 적분이네"라고 하지 않도록. $\cos x$나 $\sin x$라면 간단히 풀 수 있겠지만 $\cos x^2$의 적분은 그렇게 간단하지 않다.

이것이···

$\int \cos x^2\, dx$나 $\int \sin x^2\, dx$ 같은 부정적분은 초등함수로는 나타낼 수 없다. 이런 이유로 이 적분, 실은 일부러 이름을 붙여서 **프레넬 적분**(Fresnel integral)이라고 한다. 특히,

$$C(x) = \int_0^x \cos\left(\frac{\pi}{2}t^2\right)dt$$

$$S(x) = \int_0^x \sin\left(\frac{\pi}{2}t^2\right)dt$$

라고 하고, **프레넬 함수**라고 한다. 이름이 붙으니 조금 어려워 보인다. 자, 이럴 때 테일러의 전개가 도움이 된다(95페이지의 공식 참조).

$$\cos x = 1 - \frac{1}{2!}x^2 + \frac{1}{4!}x^4 - \frac{1}{6!}x^6 + \cdots\cdots$$

$$\sin x = \frac{1}{1!}x - \frac{1}{3!}x^3 + \frac{1}{5!}x^5 - \frac{1}{7!}x^7 + \cdots\cdots$$

이었으므로 , 이 $x$를 「$x^2$」으로 치환하면

$$\cos x^2 = 1 - \frac{1}{2!}x^4 + \frac{1}{4!}x^8 - \frac{1}{6!}x^{12} + \cdots\cdots$$

$$\sin x^2 = \frac{1}{1!}x^2 - \frac{1}{3!}x^6 + \frac{1}{5!}x^{10} - \frac{1}{7!}x^{14} + \cdots\cdots$$

로, 결국

$$\int \cos x^2 dx = x - \frac{1}{5\cdot 2!}x^5 + \frac{1}{9\cdot 4!}x^9 - \frac{1}{13\cdot 6!}x^{13} + \cdots\cdots$$

$$\int \sin x^2 dx = \frac{1}{3}x^3 - \frac{1}{7\cdot 3!}x^7 + \frac{1}{11\cdot 5!}x^{11} - \frac{1}{15\cdot 7!}x^{15} + \cdots\cdots$$

과 근사할 수 있게 되는 것이다. 하나 더 예를 들어 보자.

$$\lim_{x\to 0}\frac{1-e^x}{x}$$

의 극한을 구하시오.

이것은 자주 보는 문제이다. 모르겠다는 사람은 명확한 공부 부족이다. 자, $e^x$을 테일러 전개하면

$$e^x = 1 + \frac{1}{1!}x + \frac{1}{2!}x^2 + \frac{1}{3!}x^3 + \frac{1}{4!}x^4 + \cdots\cdots$$

이므로,

$$\frac{1-e^x}{x} = \frac{1-\left(1+\frac{1}{1!}x+\frac{1}{2!}x^2+\frac{1}{3!}x^3+\frac{1}{4!}x^4+\cdots\cdots\right)}{x}$$

$$= \frac{-x - \frac{1}{2!}x^2 - \frac{1}{3!}x^3 - \frac{1}{4!}x^4 - \cdots\cdots}{x}$$

$$= -1 - \frac{1}{2!}x - \frac{1}{3!}x^2 - \frac{1}{4!}x^3 - \cdots\cdots$$

가 돼서, 그 극한값은

$$\lim_{x \to 0}\frac{1-e^x}{x} = -1$$

이라는 것을 그 자리에서 알 수 있다. <sup>(주9)</sup>

어떠한가? 테일러의 공식을 사용하여 「함수를 급수로 전개할 수 있다」고 하는 것이 상당히 강력한 무기가 된다는 것을 알 수 있겠는가?

주9) 물론 로비탈의 정리. 다시 말해
$$\lim_{x \to a}\frac{f(x)}{g(x)} = \lim_{x \to a}\frac{f'(x)}{g'(x)}$$
를 아신다면
$$\lim_{x \to 0}\frac{1-e^x}{x} = \lim_{x \to 0}\frac{\left(1-e^x\right)'}{x'}$$
$$= \lim_{x \to 0}\frac{-e^x}{1} = -1 \text{ 로 하는}$$
편이 간단한데 라고 말할지도 모르지만, 다양한 방법이 있다는 것을 이해한다면, 함수의 급수전개라는 방법도 생각해 두는 것이 좋겠지요.

# 3-3 미분방정식

미분방정식은 이 책에서도 잠깐 얼굴을 내밀었는데, 이 장에서는 몇 가지 사례를 기초로 깊게 생각해 보기로 한다.

## ● 포물 운동을 조사한다

사전 준비로 고등학교 물리에서 배운 물체의 자유낙하에 대해 조사해 보자. 고등학교 물리에서는 왠지 모르지만 미적분을 사용할 수 없었기 때문에[주10], 더욱 납득이 되지 않던 분들도 있었을 것이다. 여기서는 같은 문제를 미적분을 사용하여 풀어 보기로 한다. 이렇게 해서 깔끔하고 시원스러운 느낌을 가질 수 있다면 대성공이다.

요즘 같은 세상에 대포에 의한 포탄을 사례로 드는 것은 어떨지 모르지만, 달리 좋은 예가 없어서 그냥 그대로 한다. 탄환(질량 $m$)을 수평방향에서 상향 $\theta$ 각도, 초속(初速) $v_0$로 발사했을 때의 탄도를 알아보자.

주10) 아마 수학에서 미적분을 배우는 시기와 물리에서 물체의 운동을 배우는 시기가 맞지 않기 때문이겠지요. 고등학교 물리 선생님은 미적분을 사용 못하는 채로 수업을 해야 한다니 상당히 힘든 수업이 되었을 것입니다. 선생님들 정말 고생하십니다.

**초속 $v_0$로 쏘아 올린 탄환의 탄도**

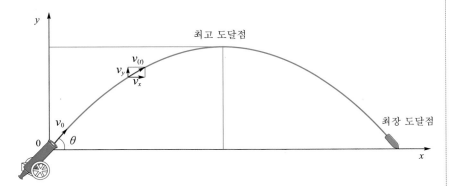

우선 시각 $t$에 있어서의 포탄의 속도를 $\boldsymbol{v} = (v_x, v_y)$라고 하고, 그 때 포탄에 걸리는 힘을 $\mathbf{F} = (F_x, F_y)$라고 하면 뉴턴의 제2법칙에 의해

$$\mathbf{F} = m\frac{d\boldsymbol{v}}{dt} \quad \text{(이 식은, } \begin{cases} F_x = m\dfrac{dv_x}{dt} \\ F_y = m\dfrac{dv_y}{dt} \end{cases} \text{를 정리해서 쓴 것이라고 생각하자.)}$$

가 된다는 것은 분명하다. 여기서 수평방향으로는 아무 힘도 가해지지 않고, 수직방향으로만 아래로 향하는 중력이 가해지기 때문에, $\mathbf{F} = (0, -mg)$이다. 따라서, $\mathbf{F} = m\dfrac{d\boldsymbol{v_0}}{dt}$ 이므로,

$$\begin{cases} F_x = 0 = m\dfrac{dv_x}{dt} & \cdots\cdots① \\ F_y = -mg = m\dfrac{dv_y}{dt} & \cdots\cdots② \end{cases}$$

가 된다. ①보다 간단하게

$$v_x(t) = 상수$$

임을 알 수 있다. 「수평방향의 속도는 일정하고 변화하지 않는다」는 극히 당연한 결과이다(「관성의 법칙」이다). 이 상수는 초속의 수평방향의 속도와 같다. 즉,

$$v_x(t) = v_0\cos\theta \qquad \cdots\cdots③$$

가 된다. 다음으로 ②에서

$$\frac{dv_y}{dt} = -g$$
$$dv_y = -gdt \qquad \text{(이항했다)}$$
$$\int dv_y = \int -gdt \qquad \text{(양변을 적분했다)}$$

가 된다. 따라서

$$v_y(t) = -gt + C \qquad (C는 \text{ 적분 상수})$$

가 도출된다. C를 결정하기 위해서는 $v_x(0) = v_0\sin\theta$를 사용하면 되기 때문에 결국

$$v_y(t) = -gt + v_0\sin\theta \quad \cdots\cdots④$$

가 된다. 앞에서 등장한 $x$방향 속도의 결과와 함께 정리해 보자.

$$\begin{cases} v_x(t) = v_0\cos\theta \\ v_y(t) = -gt + v_0\sin\theta \end{cases}$$

여기서 「속도」라는 것은 「위치」를 시간으로 미분한 것이기 때문에, 위의 식은

$$\begin{cases} \dfrac{dx}{dt} = v_0 \cos\theta & \cdots\cdots ⑤ \\[3mm] \dfrac{dy}{dt} = -gt + v_0 \sin\theta & \cdots\cdots ⑥ \end{cases}$$

라고 바꾸어 쓸 수가 있다. 그래서 우선 ⑤를 적분하면

$$\int dx = \int v_0 \cos\theta \, dt$$

$$\therefore x(t) = v_0 t \cos\theta + D \quad (D\text{는 적분상수})$$

그래서 $D$는 $t=0$일 때, $x=0$이므로 $D=0$이 된다. 따라서

$$x(t) = v_0 t \cos\theta \qquad \cdots\cdots ⑦$$

⑥을 적분하면

$$\int dy = \int (-gt + v_0 \sin\theta) dt$$

$$\therefore y(t) = -\frac{1}{2}gt^2 + v_0 t \sin\theta + E \quad (E\text{는 적분상수})$$

여기서 $E$는 $t=0$ 일 때, $y=0$이므로 $E=0$이 된다. 따라서

$$y(t) = -\frac{1}{2}gt^2 + v_0 t \sin\theta \quad \cdots\cdots ⑧$$

여기까지 오면 탄도의 식은 이제 다 안 것과 마찬가지다. ⑦에서

$$t = \frac{x}{v_0 \cos\theta}$$

이므로 이것을 ⑧에 대입하고

$$y = -\frac{1}{2}g\left(\frac{x}{v_0 \cos\theta}\right)^2 + v_0\left(\frac{x}{v_0 \cos\theta}\right)\sin\theta$$

---

**포탄의 자취**

$$\therefore y = -\frac{g}{2v_0{}^2 \cos^2\theta}x^2 + x\tan\theta \qquad \cdots\cdots ⑨$$

---

가 되어, 틀림없이 포탄은 포물선을 그리며 날아간다는 것을 알 수 있다.

하는 김에 여기에서 포탄의 최고 도달점과 최장 도달점을 구하도록 하자.

## ● 최고 도달점

⑨를 미분하여, $\frac{dy}{dx} = 0$ 이 되는 점이 최고 도달점이기 때문에

$$\frac{dy}{dx} = -\frac{g}{v_0{}^2 \cos^2\theta} x + \tan\theta = 0$$

$$\therefore x = \frac{v_0{}^2 \cos^2\theta}{g} \cdot \tan\theta$$

또한 이 식에서 $\cos^2\theta \cdot \tan\theta = \cos^2\theta \cdot \dfrac{\sin\theta}{\cos\theta}$ 에서

$$= \frac{v_0{}^2 \sin\theta \cos\theta}{g} \qquad \cdots\cdots ⑩$$

이렇게 해도 좋지만, 더 나아가 $\sin 2\theta = 2\sin\theta \cos\theta$ 라는 관계식을 사용하면

$$x = \frac{v_0{}^2 \sin 2\theta}{2g} \qquad \cdots\cdots \text{최고 도달점의 } x\text{좌표}$$

가 된다. 다음으로 $y$좌표를 구해 보자. ⑩을 ⑨에 대입하여

$$y = -\frac{g}{2v_0{}^2 \cos^2\theta} \left( \frac{v_0{}^2 \sin\theta \cos\theta}{g} \right)^2 + \left( \frac{v_0{}^2 \sin\theta \cos\theta}{g} \right) \tan\theta$$

$$= -\frac{v_0{}^2 \sin^2\theta}{2g} + \frac{v_0{}^2 \sin^2\theta}{g}$$

$$= \frac{v_0{}^2 \sin^2\theta}{2g} \qquad \cdots\cdots \text{최고 도달점의 } y\text{좌표}$$

따라서, 최고 도달점의 좌표는

$$\left( \frac{v_0{}^2 \sin 2\theta}{2g} , \frac{v_0{}^2 \sin^2\theta}{2g} \right)$$

가 된다는 것을 알 수 있다.

## ● 최장 도달점

이번에는 어느 정도나 멀리까지 포탄이 도달하는지 조사해 보자. 이것은 포탄이 다시 지상에 떨어지는 점, 다시 말해 ⑨의 식에서 $y = 0$이 될 때의 $x$를 구하면 된다.

$$y = -\frac{g}{2v_0{}^2 \cos^2\theta} x^2 + x\tan\theta = 0$$

$$x \left( -\frac{g}{2v_0{}^2 \cos^2\theta} x + \tan\theta \right) = 0$$

$x = 0$은 당연하고[주11] (쏘기 시작했을 때), 남은 쪽은 착지점이다. 따라서

$$-\frac{g}{2v_0{}^2\cos^2\theta}x + \tan\theta = 0$$

주11) 멋있게 trivial이 라고 하기도 한다.

따라서 착지점($x$ 좌표)은

$$x = \frac{2v_0{}^2\cos^2\theta}{g}\tan\theta$$

로 표현할 수 있다. 또한 다음과 같이 변형해도 좋다.

$$= \frac{2v_0{}^2\sin\theta\cos\theta}{g} \quad (\because \tan\theta = \frac{\sin\theta}{\cos\theta})$$

$$= \frac{v_0{}^2\sin 2\theta}{g} \quad (\because \sin 2\theta = 2\sin\theta\cos\theta)$$

이것으로 착지점을 알았다. 그래서 포탄을 가장 먼 곳으로(최장 도달점) 날리기 위해서는 $\sin 2\theta = 1$이 되어야 한다. 이렇게 될 때는 $2\theta = \frac{\pi}{2}$이므로

$$\theta = \frac{\pi}{4} = 45°$$

가 된다.

어떤가? 고등학교 시절의 안개와 같은 것이 머릿속에서 걷히고 시원스럽고 확실해졌는가?

## ● 방사성 붕괴를 조사한다

다음으로 방사성 원소가 시간의 흐름에 따라 붕괴해 갈 때의 「방사능 강도의 변화」를 조사해 보자. 방사성 물질이 단위시간 내에 붕괴할 확률은 물질마다 각각 정해져 있어, 굽든 삶든 변하지 않는다. 이것을 **붕괴상수**(decay constant)라고 하는데 이것을 $\lambda$라고 하자.

물론 이 상수는 실험을 통해 정확히 측정할 수 있다. 예를 들면, 10분(=600초)에 얼마나 원자가 붕괴하는가는 그 때 방사되는 방사선을 측정하면 된다. 이렇게 하면 10분에 $n$개의 원자가 붕괴한다고 하면 그 확률은

$$붕괴\ 확률 = \frac{n}{(붕괴\ 전의\ 원자\ 수)\times 600}$$

이 되므로, 시행 횟수를 늘리면 얼마든지 정확히 그 원자의 평균 붕괴 확률을 얻을 수 있다.

아하!

물리수학

다시 말해, 이것이 붕괴상수가 된다. 어떤 시각 $t$에 있어서, 아직 붕괴되지 않은 원자의 수를 $N(t)$라고 하고, $t=0$일 때의 $N(0)$를 $N_0$ (즉, 초기값)라고 하자. 그러면 $t$에서 $dt$ 시간이었던 시점에서의 붕괴되지 않은 원자의 수 $N(t+dt)$를 나타낸다. $N(t)-N(t+dt)=-dN$은 $dt$ 시간에 붕괴된 원자의 수를 나타낸다.

따라서 붕괴상수 $\lambda$는

$$\lambda = -\frac{dN}{N(t)dt}$$

라고 표시할 수 있다. 여기까지는 물리의 문제지만, 이후는 수학의 문제가 된다. 이 미분방정식은 $\lambda dt = -\frac{dN}{N}$ 이라고 바꿔 쓸 수 있으므로 ($N(t)$는 보기 힘들기 때문에 $N$으로 함), 양변을 적분해서, 다시 말해

$$\int \lambda dt = \int -\frac{dN}{N}$$

이라고 하면, $\int \frac{dN}{N} = \log N + C$ ($C$는 적분상수) 이므로

$$\lambda t = -\log N + C$$
$$-\lambda t + C = \log N$$

이 대수 식을 지수의 형태로 바꾸면

$$\therefore e^{-\lambda t + C} = N$$

이 된다. 또한 $N(0)=N_0$ 이므로

$$e^C = N(0) = N_0$$

가 되어, 결국

---

**반감기 공식**

$$N(t) = N_0 e^{-\lambda t}$$

---

가 되는 것을 알 수 있다.

오른쪽 페이지 그림 속의 $T$는 최초에 있던 방사성 물질의 원자 수가 절반이 된 시간이고, 이것을 특별히 **반감기**(half life)라고 한다. 이것은 통상적으로 자주 듣는 단어이다.

이 반감기는

$$\frac{N_0}{2} = N_0 e^{-\lambda T}$$
$$\therefore \frac{1}{2} = e^{-\lambda T}$$

가 된다.

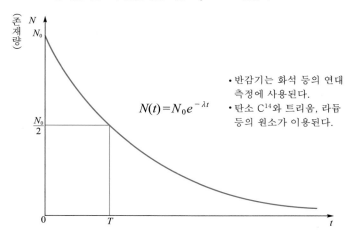

방사성 원소의 반감기는 $N(t)=N_0 e^{-\lambda t}$로 표현한다

$N(t)=N_0 e^{-\lambda t}$

- 반감기는 화석 등의 연대 측정에 사용된다.
- 탄소 $C^{14}$와 트리움, 라듐 등의 원소가 이용된다.

여기서 양변의 대수[주12]를 취하면

$$\log\frac{1}{2} = \log e^{-\lambda T} \qquad \log\frac{1}{2} = -\lambda T$$

$$\log 2^{-1} = -\lambda T$$

이고, 대수의 성질, $\log a^p = p\log a$로부터

$$-\log 2 = -\lambda T$$

$$\therefore T = \frac{1}{\lambda}\log 2$$

가 된다는 것을 알 수 있다. 대수의 밑에 $e$를 사용하고 있으므로(자연대수), $\log 2$ $\approx 0.693$이므로 $T \approx \dfrac{0.693}{\lambda}$이다(상용대수인 $\log 2$는 $\log_{10} 2 \approx 0.3010$이다).

주12) 아무런 예고도 없이 로그를 사용해 왔는데, 고등학교 때는 $a^n=b$일 때, $n=\log_a b$이고 밑 $a$가 10일 때 그냥 단순히 log b라고 표시하고, 10을 생략해 왔습니다. 미적분에서의 밑은 $e$을 사용하는 것이 일반적이고, 별다른 예고가 없는 한 log는 $e$를 밑으로 하는 자연대수라는 것을 생각하세요($n=\log_e b$를 $n=\ln b$라고 표기하는 경우도 있지만 이 책에서는 채용하지 않는다). 이 이외의 경우, 예를 들어 밑이 10이라도 생략하지 않고 $\log_{10}$이라고 명기합니다. 자, 밑의 변환은 어떻게 했는지 기억나세요? 그렇습니다.

$$\log_a b = \frac{\log_e b}{\log_e a}$$ 였지요.

덧붙여 말하면, 「저승의 왕(Pluto)」이라는 이름을 부여받은 지상에서 가장 강한 독성을 가진 원소 플루토늄의 반감기는 $2.41 \times 10^4$년, 즉 방사능이 절반으로 줄어들기 위해서는 무시무시하게도 2만 4100년이나 걸린다!

> 플루토늄의 반감기는 $2.41 \times 10^4$년이다. 이 경우 100년에 어느 정도 방사능이 감소하는지 표시하시오.

102페이지의 반감기 공식 $N(t) = N_0 e^{-\lambda t}$를 곧바로 사용해 보고자 예제를 마련했다. 자, 100년에 어느 정도 방사능이 줄어드는가 하면

$$N(100) \approx N_0 e^{-\frac{0.693}{24100} \times 100}$$
$$\approx 0.9971 N_0$$

가 되고 0.3% 줄어든다. 다시 말해, 거의 줄어들지 않는다. 물론 절반이 되는데 2만 4100년이나 걸리기 때문에 당연하다면 당연한 결과이지만, 자손과 손자의 대가 되더라도 현재와 거의 방사능이 변하지 않는 것이다.

한 가지 덧붙이면 $(0.693 \div 24100) \times 100 \fallingdotseq 0.29\%$라고 산출한 사람은 틀린 답이다. 분명 가까운 값이긴 하지만 앞 페이지의 그래프의 모양을 잘 보면 틀렸다는 것을 알 수 있다. 자, 구워도 삶아도 방사능을 없앨 수 없다는 것을 알고 있으면서, 장래에 어떻게든 해결되겠지 하는 「독장수 셈」하듯 안이한 대처 방법으로 이만큼의 마이너스 유산을 자손에게 남겨도 좋은 것일까? 크게 의문이 남는 부분이다. 그러나 실제 플루토늄이 존재하고 있는 이상, 정부에서 제대로 관리해 주길 바랄 수밖에 없는 일이다.

## ● 혹성 운동을 조사한다

미분방정식의 전형적인 예로서 마지막으로 혹성의 운동 방정식을 생각해 보자. 혹성 간 운동에 관해서는 대부분의 경우 일반 상대성 이론을 들고 나오지 않아도, 뉴턴의 역제곱 법칙을 사용하면 된다. 다시 말해, 질량 $M$과 $m$의 혹성이 서로 당기는 힘 $F$는 혹성 간의 거리를 $r$이라고 하면

> **뉴턴의 역자승 법칙**
> $$F = G\frac{Mm}{r^2} \qquad (G는 \ 만유인력상수)$$

로 표현된다. 질량 $M$인 혹성이 아주 무겁다고 하면, 이 혹성은 거의 움직이지 않는다고 생각해도 좋다. 따라서, 이 혹성을 원점으로 하여, 질량 $m$인 혹성의 운동을 생각하면 될 것이다. 이렇게 하면, 항상 질량 $m$인 혹성에서부터 중심을 향하여 힘이 작용한다는 것을 알 수 있다. 이러한 힘을 **중심력**이라고 한다.

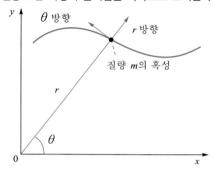

질량 $m$인 혹성의 움직임을 극좌표로 표시한다

이 예의 경우에는 극좌표를 사용하면 맞을 듯하다. 왜냐하면 중심력[주13]이기 때문이다. 이것은 힘이 $r$ 방향으로밖에 걸리지 않으므로, 실로 극좌표는 안성맞춤이다. 이제 그 극좌표로 나타내면

$$\begin{cases} x = r\cos\theta \\ y = r\sin\theta \end{cases}$$

이기 때문에, 이것으로부터 「가속도」를 구해야만 한다. 그런 의미에서 우선 시간으로 한 번 미분하여 「속도」를 산출해 보자.

---

**라이프니츠의 표기**

$$\frac{dx}{dt} = \frac{dr}{dt}\cos\theta - r\sin\theta\frac{d\theta}{dt}$$

$$\frac{dy}{dt} = \frac{dr}{dt}\sin\theta + r\cos\theta\frac{d\theta}{dt}$$

---

이러한 **라이프니츠의 표기**도 상관없지만 $\frac{dx}{dt} = \frac{dr}{dt}\cdots$ 이라고 하면 좀 어수선하기 때문에, **뉴턴의 표기**를 사용하자. 이쪽도 물리에서는 다름없이 등장하는 것이므로 익숙해지는 편이 좋다. 그래서 위의 식을 바꾸어 써 보자.

---

**뉴턴의 표기**   $\dot{x} = \dot{r}\cos\theta - r\sin\theta\dot{\theta}$

$\dot{y} = \dot{r}\sin\theta + r\cos\theta\dot{\theta}$

---

주13) 다시 말해, 항상 힘이 원점 방향(혹은 그 반대)으로 작용하기 때문에 질점(質点)과 원점의 거리가 중요한 요소가 되기 때문입니다.

자, 이것을 시간으로 미분하면, 드디어 가속도가 나온다. 이 계산 방법은 복습도 할 겸, 간단한 도해도 첨부하여 해 보자.

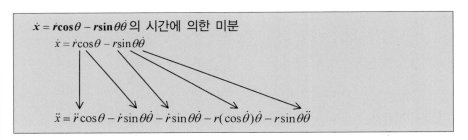

$\dot{x} = \dot{r}\cos\theta - r\sin\theta\dot{\theta}$ 의 시간에 의한 미분

$$\dot{x} = \dot{r}\cos\theta - r\sin\theta\dot{\theta}$$

$$\ddot{x} = \ddot{r}\cos\theta - \dot{r}\sin\theta\dot{\theta} - \dot{r}\sin\theta\dot{\theta} - r(\cos\dot{\theta})\dot{\theta} - r\sin\theta\ddot{\theta}$$

이건 뭐야? 이게 무슨 도해야? 라고 하지 말고… 아무튼

$$\therefore \ddot{x} = \ddot{r}\cos\theta - 2\dot{r}\sin\theta\dot{\theta} - r\cos\theta\dot{\theta}^2 - r\sin\theta\ddot{\theta}$$

라고 계산했다. $y$의 미분도 마찬가지로

$$\ddot{y} = \ddot{r}\sin\theta + 2\dot{r}\cos\theta\dot{\theta} - r\sin\theta\dot{\theta}^2 + r\cos\theta\ddot{\theta}$$

가 된다.

자, 이제 「데카르트 좌표에서의 $x$, $y$의 가속도 성분」을 알았지만, 우리들이 알고 싶은 것은 「극좌표에서의 가속도 성분」이기 때문에 $r$방향, $\theta$방향의 각각의 가속도 성분을 $\alpha_r$, $\alpha_\theta$로 나타내면(기억하고 있는 독자는 괜찮지만 잊어버린 독자들은 부록 5 「회전한 직교좌표계의 좌표변환식」을 보라!)

$$\begin{pmatrix} \alpha_r \\ \alpha_\theta \end{pmatrix} = \begin{pmatrix} \cos\theta & \sin\theta \\ -\sin\theta & \cos\theta \end{pmatrix}\begin{pmatrix} \ddot{x} \\ \ddot{y} \end{pmatrix}$$

라는 관계가 있기 때문에 여기에 방금 전의 $x$와 $y$를 대입하여 계산하면

$$\begin{pmatrix} \alpha_r \\ \alpha_\theta \end{pmatrix} = \begin{pmatrix} \cos\theta & \sin\theta \\ -\sin\theta & \cos\theta \end{pmatrix}\begin{pmatrix} \ddot{r}\cos\theta - 2\dot{r}\sin\theta\dot{\theta} - r\cos\theta\dot{\theta}^2 - r\sin\theta\ddot{\theta} \\ \ddot{r}\sin\theta + 2\dot{r}\cos\theta\dot{\theta} - r\sin\theta\dot{\theta}^2 + r\cos\theta\ddot{\theta} \end{pmatrix}$$

$$= \begin{pmatrix} \ddot{r}\cos^2\theta - 2\dot{r}\sin\theta\cos\theta\dot{\theta} - r\cos^2\theta\dot{\theta}^2 - r\sin\theta\ddot{\theta} + \\ \ddot{r}\sin^2\theta + 2\dot{r}\sin\theta\cos\theta\dot{\theta} - r\sin^2\theta\dot{\theta}^2 + r\sin\theta\cos\theta\ddot{\theta} \\[8pt] -\ddot{r}\sin\theta\cos\theta + 2\dot{r}\sin^2\theta\dot{\theta} + r\sin\theta\cos\theta\dot{\theta}^2 + r\sin^2\theta\ddot{\theta} + \\ \ddot{r}\sin\theta\cos\theta + 2\dot{r}\cos^2\theta\dot{\theta} - r\sin\theta\cos\theta\dot{\theta}^2 + r\cos^2\theta\ddot{\theta} \end{pmatrix}$$

이런 계산은 소름이 끼치지만 위의 식을 잘 보면 2행 모두 4군데씩 상쇄되고, 게다가 $(\sin^2\theta + \cos^2\theta = 1)$을 사용할 수 있다는 것을 알 수 있다. 즉

$$= \begin{pmatrix} \ddot{r}(\cos^2\theta + \sin^2\theta) - r\dot{\theta}^2(\cos^2\theta + \sin^2\theta) \\ 2\dot{r}\dot{\theta}(\sin^2\theta + \cos^2\theta) + r\ddot{\theta}(\sin^2\theta + \cos^2\theta) \end{pmatrix}$$

$$= \begin{pmatrix} \ddot{r} - r\dot{\theta}^2 \\ 2\dot{r}\dot{\theta} + r\ddot{\theta} \end{pmatrix}$$

로 결국,

$$\begin{pmatrix} \alpha_r \\ \alpha_\theta \end{pmatrix} = \begin{pmatrix} \ddot{r} - r\dot{\theta}^2 \\ 2\dot{r}\dot{\theta} + r\ddot{\theta} \end{pmatrix}$$

가 된다. 데카르트 좌표에서의 성분을 생각했다면, 오싹할 정도였는데 휴, 간단한 모양으로 돼서 다행이다. …라고 하기보다 실제로는 데카르트 좌표계에서는 복잡해질 것이 처음부터 예상되었기에 극좌표로 한 것이다. 이런 감각을 키우려면 많이 연습을 하는 것이 제일이다.

여기까지 왔으니 조금만 더 힘을 내자. 뉴턴의 제2법칙에 의해

$$\begin{cases} m\alpha_r = m\left(\ddot{r} - r\dot{\theta}^2\right) = -G\dfrac{Mm}{r^2} & \cdots\cdots① \\[2mm] m\alpha_\theta = m\left(2\dot{r}\dot{\theta} + r\ddot{\theta}\right) = 0 & \cdots\cdots② \end{cases}$$

이 되는데 그다지 간단해 보이지 않는다. 그런데 ②를 보면 재미있는 것을 알 수 있다.

$$2\dot{r}\dot{\theta} + r\ddot{\theta} = \frac{1}{r}\frac{d}{dt}\left(r^2\dot{\theta}\right) = 0$$

이 되는데, 한 가운데 항은 괜찮은 걸까? 확인해 두자.

$$\frac{1}{r}\frac{d}{dt}\left(r^2\dot{\theta}\right) = \frac{1}{r}\left\{ \frac{d\left(r^2\right)}{dt}\dot{\theta} + r^2\frac{d}{dt}\dot{\theta} \right\} = \frac{1}{r}\left(2r\dot{r}\dot{\theta} + r^2\ddot{\theta}\right) = 2\dot{r}\dot{\theta} + r\ddot{\theta}$$

가 되므로 OK다.

❖ 은밀한 소리 : 그런데 왜 이런 걸 하는 거야?

이렇게 하면, 잘 풀린다는 것을 선인들은 깨달았던 것이지. 깨달아버린 건 어쩔 수 없다. 실제로 많은 발견 ─ 이 경우는 조금 오버일지도 모르지만 ─ 은 정말 「그냥 알게 되었어요 실례합니다」로 얼버무리는 경우가 많다. 다른 사람은 나중에 연구해서 「과연 그렇구나」라고 이해할 수 있지만, 최초에 그 결과에 도달하게 되었을 때는 로직이 아닌 「직관」을 통해 도달하게 된다고 생각한다. 라마느잔이라는 인도의 천재 수학자가 있었는데 그는 원주율의 근사값을 몇 개나 발견했다. 예를 들면…

$$\sqrt[4]{\frac{2143}{22}} = 3.14159265\cdots \quad \text{(이것은 소수점 이하 8자리까지 맞는다)}$$

$$\frac{1}{2\sqrt{2}}\frac{99^2}{1103} = 3.141592\cdots \quad \text{(이것은 소수점 이하 6자리까지 맞다)}$$

전자계산기를 두드려 보면 분명히 그렇게 된다는 것을 알 수 있지만, 이런 걸 어떻게 알게 되었을까?라고 묻는다면 라마느잔 본인조차 이유는 잘 모를 것이 틀림없다. 그야말로 「그냥 알아버린 것」이다. [주14]

주14) 요시다 타케시 「오일러의 선물」(筑摩學藝文庫) p188 참조

여담은 그만두고 이야기를 원점으로 돌려서 앞의 ②식으로 돌아가면 「미분한 것이 0」이 되어 있다. 어떤 것을 미분해서 0이 된다는 것은, 그 어떤 것에 해당하는 것은 물론 상수밖에 없다. 따라서 이것을 $\mu$(상수)로 하면

$$r^2\dot{\theta} = \mu \qquad\qquad \cdots\cdots\cdots ③$$

인데, 이것은 무엇일까? 힌트는 양변을 2로 나누어 볼 것.

거드름을 피우고 있어봐야 얻을 것도 없으므로 정답을 말하면, 중심력의 경우 「면적 속도 일정의 법칙」이 성립한다는 것을 나타내고 있는 것이다. 부채꼴의 넓이는 「$\frac{1}{2} \times$반지름$^2 \times$중심각」이고, 지금의 경우 중심각이 시간적으로 변화하기 때문에 넓이가 시간적으로 변화한다. 그리고 **이 넓이의 변화는 일정하다**는 것이다.

②에서 재미있는 결론이 나왔기 때문에 이것이 ①을 푸는 돌파구가 될 것 같다. 그래서 지금의 ③식을 변형해서 $\dot{\theta} = \dfrac{\mu}{r^2}$라고 하고 이것을 ①식에 대입하자. 그러면

$$\ddot{r} - r\left(\frac{\mu}{r^2}\right)^2 = -G\frac{M}{r^2}$$

이 된다. 양변에 $r^2$을 곱하면

$$r^2\ddot{r} - \frac{\mu^2}{r} = -GM$$

이 되는데, 우리들이 구하고 싶은 것은 혹성의 운동(궤적)이므로 시간을 지우고 $r$과 $\theta$의 관계로 하고 싶다. 그래서

$$\dot{r} = \frac{dr}{dt} = \frac{d\theta}{dt}\frac{dr}{d\theta} = \dot{\theta}\frac{dr}{d\theta} = \frac{\mu}{r^2}\frac{dr}{d\theta} \qquad \left(③에서\ \dot{\theta} = \frac{\mu}{r^2}\right)$$

라는 사실을 이용하여

$$r^2\frac{d}{dt}(\dot{r}) - \frac{\mu^2}{r} = r^2\frac{d}{dt}\left(\frac{\mu}{r^2}\frac{dr}{d\theta}\right) - \frac{\mu^2}{r} = r^2\frac{d\theta}{dt}\frac{d}{d\theta}\left(\frac{\mu}{r^2}\frac{dr}{d\theta}\right) - \frac{\mu^2}{r} = -GM$$

이라고 한다. 여기서 $\dfrac{d\theta}{dt}$가 방해되는데 ③에서 $\mu = r^2\dot{\theta}$라고 정의했으므로

$$\dot{\theta} = \frac{d\theta}{dt} = \frac{\mu}{r^2}$$

따라서, $r^2 \dfrac{\mu}{r^2} \dfrac{d}{d\theta}\left(\dfrac{\mu}{r^2}\dfrac{dr}{d\theta}\right) - \dfrac{\mu^2}{r} = \mu^2 \dfrac{d}{d\theta}\left(\dfrac{1}{r^2}\dfrac{dr}{d\theta}\right) - \dfrac{\mu^2}{r} = -GM$

이 된다. 양변을 $\mu^2$로 나눠서

$$\frac{d}{d\theta}\left(\frac{1}{r^2}\frac{dr}{d\theta}\right) - \frac{1}{r} = -\frac{GM}{\mu^2}$$

이 된다. 휴~ 아직도 간단한 식으로는 잘 되지 않는군. 그래서 변수가 분모에 위치하는 것은 싫기 때문에 어쨌든 $\xi = \dfrac{1}{r}$이라고 해 두자.

$\xi = \dfrac{1}{r}$을 $\theta$로 미분하면

$$\frac{d\xi}{d\theta} = -\frac{1}{r^2}\frac{dr}{d\theta}$$

가 된다. 어, 이 형태는 사용할 수 있을 듯하다. 빨리 아까 식에 대입해 보면

$$\frac{d}{d\theta}\left(-\frac{d\xi}{d\theta}\right) - \xi = -\frac{GM}{\mu^2}$$

$$\frac{d^2\xi}{d\theta^2} = -\xi + \frac{GM}{\mu^2}$$

이 된다. 상당히 정리가 되었다. 꽤 앞이 보이기 시작한 것 같다. 더 나아가, $\eta = \xi - \dfrac{GM}{\mu^2}$ 으로 하자($\eta$는 이타라고 읽는다). 왜냐고? 이렇게 하면

$$\frac{d^2\eta}{d\theta^2} = -\eta$$

가 된다. 이 식은 「자신을 $\theta$로 두 번 미분하면 자기 자신의 부호를 바꾼 것이 된다」는 의미다. 이렇게 말하면 알아차릴까? 어떤가? 그렇다, sin과 cos이 그렇다. 게다가 $e^{i(\theta+\delta)}$도 그렇지만, 이것은 복소관계이므로 안되겠다. 그래서 $\eta = A\cos(\theta + \delta)$ ($A$는 상수)라고 하자($\delta$는 델타라고 읽는다). 이것이 위의 미분방정식을 충족시킨다는 것은 그 자리에서 알 수 있다.

그래서 $\eta = \xi - \dfrac{GM}{\mu^2}$ 이었으므로(이었다기보다는 그렇게 한 것이다)

$$\xi = \eta + \frac{GM}{\mu^2} = A\cos(\theta + \delta) + \frac{GM}{\mu^2}$$

이 된다. 자, $\xi = \frac{1}{r}$ 이라고 했으므로

$$\frac{1}{r} = \xi = A\cos(\theta + \delta) + \frac{GM}{\mu^2}$$

$$\therefore r = \frac{1}{A\cos(\theta + \delta) + \frac{GM}{\mu^2}}$$

이 된다. 자, 이제 $r$과 $\theta$의 관계는 알았는데, 이게 뭐야? 이대로는 이해하기 어려우므로 변형하면, 분명 생각이 날 것이다!

이것은 포물선, 타원, 쌍곡선의 방정식이다. 또한 $\delta$(델타)는 단순히 $\theta$를 어디에서부터 출발시키는가, 다시 말해 위상의 차이만 있을 뿐, 본질적 의미는 없기 때문에 생각하지 않아도 좋다. 따라서 떼어내 버리자.

$$r = \frac{\dfrac{\mu^2}{GM}}{1 + \dfrac{\mu^2}{GM}A\cos\theta} \qquad \text{(분모와 분자를 } \frac{\mu^2}{GM} \text{으로 나눈다)}$$

여기서 $\varepsilon = \dfrac{\mu^2}{GM}A$、$l = \dfrac{\mu^2}{GM}$ 이라고 하면

$$r = \frac{l}{1 + \varepsilon\cos\theta}$$

이 된다. 이것은 극좌표로 나타낸 이심률 $\varepsilon$의 타원 방정식이다.

❖ 은밀한 소리 : 미안해. 잊어버렸어.

어라, 이번에는 꽤 순순히 인정하는군. 그렇다면 부록 6의 「2차 곡선」 부분을 보도록 하자.

# 3-4  단진자

단진자의 운동을 생각해 보자. 10원짜리 동전을 매달아 눈앞에서 흔든다. 이건 최면술 이야기가 아니라 물리 이야기다.

❖ **은밀한 소리** : 이봐, 이봐! 바보 취급도 정도껏 해라. 그런 건 고등학교 때 다 했단 말이야. 「단진자의 무게에 관계없이 실의 길이에 따라 주기가 결정되고, 진폭에는 관계없다」는 그 등시성이라는 거잖아.

후후후, 정말 그럴까? 뭐 상관없다. 어쨌든 단진자의 문제를 생각해 보기로 한다. 무게가 $m$이고 길이가 $l$인 진자가 있다고 하자. 이 진자의 운동방정식은 앞 장에서 나온 혹성의 운동방정식에서 생각했던

$$\begin{cases} m\alpha_r = m\left(\ddot{r} - r\dot{\theta}^2\right) = -G\dfrac{Mm}{r^2} \\ m\alpha_\theta = m\left(2\dot{r}\dot{\theta} + r\ddot{\theta}\right) = 0 \end{cases}$$

을 참고로 할 수 있다. 진자의 경우, 위의 식은 필요 없다. 왜냐하면, $r$은 진자의 길이 $l$에 의해 일정하고, 변화하지 않기 때문이다. 다음으로 아래의 식은 힘 $mg\sin\theta$가 걸려 있기 때문에,

$$m\alpha_\theta = m\left(2\dot{r}\dot{\theta} + r\ddot{\theta}\right) = -mg\sin\theta$$

라고 할 수 있다.(마이너스가 붙어 있는 것은 $\theta$가 감소하는 방향으로 향해 있기 때문이다) 그러나 $r$은 시간적으로 변하지 않고 항상 $l$이기 때문에 $\dot{r}=0$이다.

따라서

$$m\alpha_\theta = ml\ddot{\theta} = -mg\sin\theta$$

를 생각하면 되는 것이다. 따라서

$$\frac{d^2\theta}{dt^2} = -\frac{g}{l}\sin\theta \qquad \cdots\cdots ①$$

단진자의 운동

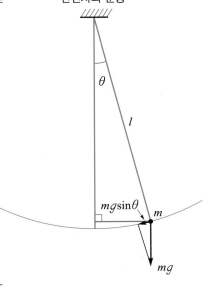

가 된다. 자, 여기서 가령 $\theta$가 극히 미소하다고 하면, 테일러 전개에서 $\sin\theta \fallingdotseq \theta$ (물론 $\theta$는 라디안입니다)라고 할 수 있기 때문에(잊어버린 사람은 91페이지 참조)

$$\frac{d^2\theta}{dt^2} = -\frac{g}{l}\theta \qquad \cdots\cdots ②$$

라고 할 수 있다. 우선은 이 미분방정식을 풀어 보도록 하자.

②의 양변에 $\dfrac{d\theta}{dt}$ 를 곱하면

$$\frac{d\theta}{dt}\frac{d^2\theta}{dt^2} = -\frac{g}{l}\theta\frac{d\theta}{dt}$$

가 되지만, 여기에서 좌변이

$$\frac{d}{dt}\left\{\left(\frac{d\theta}{dt}\right)^2\right\} = 2\frac{d\theta}{dt}\frac{d^2\theta}{dt^2}$$

라는 것을 안다면 (알아주세요!)

$$\frac{1}{2}\frac{d}{dt}\left\{\left(\frac{d\theta}{dt}\right)^2\right\} = -\frac{g}{l}\theta\frac{d\theta}{dt}$$

가 되기 때문에, 즉석에서 양변을 적분할 수 있고

$$\frac{1}{2}\left(\frac{d\theta}{dt}\right)^2 = -\frac{g}{l}\cdot\frac{1}{2}\theta^2 + C \qquad (C\text{는 상수})$$

여기에서 양변을 2배하면

$$\left(\frac{d\theta}{dt}\right)^2 = -\frac{g}{l}\theta^2 + 2C$$

가 된다. 여기에서 $C = \dfrac{g}{2l}D^2$ 이라고 한다면($C, D$는 상수이므로 무엇이든 된다),

$$\left(\frac{d\theta}{dt}\right)^2 = -\frac{g}{l}\theta^2 + 2\left(\frac{g}{2l}D^2\right) = \frac{g}{l}\left(D^2 - \theta^2\right)$$

$$\therefore \frac{d\theta}{dt} = \pm\sqrt{\frac{g}{l}}\sqrt{D^2 - \theta^2}$$

이 된다. 이렇게 하면, 적분할 수 있기 때문에

$$\frac{1}{\sqrt{D^2 - \theta^2}}d\theta = \pm\sqrt{\frac{g}{l}}dt$$

로 변형해서, $\theta = D\cos\xi$라고 한다면, $\theta = -D\sin\xi d\xi$이므로, 좌변은

$$\frac{-D\sin\xi d\xi}{\sqrt{D^2 - D^2\cos^2\xi}} = \frac{-D\sin\xi d\xi}{D\sqrt{l - \cos^2\xi}} = \frac{-\sin\xi d\xi}{\sqrt{l - \cos^2\xi}}$$

이며, 물론 $\sin^2 \xi + \cos^2 \xi = 1$ 이므로,

$$\frac{-\sin \xi d\xi}{\sin \xi} = -d\xi = \pm\sqrt{\frac{g}{l}}dt$$

$$d\xi = \mp\sqrt{\frac{g}{l}}dt \qquad \text{따라서} \quad \frac{d}{dt}\xi = \mp\sqrt{\frac{g}{l}}$$

$$\therefore \xi = \mp\sqrt{\frac{g}{l}}t + E$$

따라서, $\xi$를 원래로 되돌리면

$$\theta = D\cos \xi$$

$$D\cos \xi = D\cos\left(\mp\sqrt{\frac{g}{l}}t + E\right)$$

$$\therefore \theta = D\cos\left(\mp\sqrt{\frac{g}{l}}t + E\right) \qquad (E\text{는 상수})$$

가 되고, cos은 우함수[주15]이므로,

$$\theta = D\cos\left(\sqrt{\frac{g}{l}}t + E\right)$$

가 됨을 알 수 있다. 따라서, 이 단진자의 주기를 $T$라고 하면,

주15) 우함수라는 것은 $\cos \varphi = \cos(-\varphi)$라는 것. $\cos(\pm\varphi) = \cos\varphi$, 즉 $y$축에 대해 선대칭이라는 말이다.

---

**단진자의 주기**

$$T = 2\pi\sqrt{\frac{l}{g}}$$

---

이라는 것을 알 수 있는 것이다.

❖ **은밀한 소리** : 점점 더 모르겠는데…

주기를 모른다는 것인가? 이것은 $t' = \sqrt{\frac{g}{l}}t$ 라고 놓고, $\theta = D\cos(t'+E)$를 생각하면 된다. 다시 말해, 이 경우의 주기(파장이라고 해도 좋을까?)는 $T' = 2\pi$이므로,

$$T' = \sqrt{\frac{g}{l}}T = 2\pi$$

$$\therefore T = 2\pi\sqrt{\frac{l}{g}}$$

이 될 것이다!

$\theta$가 미소하다고는 하지만, 이 정도의 계산은 필요하게 된다. 아주 '간단'히 풀 수 있다고 할 수는 없다. 더욱이 문제는 지금까지는 $\theta$가 미소하다고 생각하고 계산해 왔지만, 원래 진자운동을 정확히 알기 위해서는 ①의 미분방정식(113페이지)

$$\frac{d^2\theta}{dt^2} = -\frac{g}{l}\sin\theta$$

으로 되돌아가서 풀지 않으면 안 될 것이다. 그러나 이 미분방정식은 간단해 보여도 보통 수단으로는 안 될 것 같다. 어떤가? 이 방정식을 풀 수 있겠는가?

유감이지만 초등함수(주16)로는 풀 수 없다. 특수함수인 **타원적분**을 이용해야만 한다. 따라서, 장을 바꿔서 생각해 보기로 하고, 여기서는 언급하지 않겠다. 간단하다고 생각했던 진자운동조차 이렇다. 좀 더 복잡한 미분방정식을 풀려고 한다면 오싹할 정도이다.

주16) 삼각함수와 지수함수 등 혹은 그 조합.

미분방정식은 정말 풀기 어렵다. 사실은 타원적분으로 하든 그 외의 특수함수와 라플라스 변환 등의 수법으로 하든, 어떻게 해서라도 미분방정식을 풀려는 많은 학자들의 시도가 있었다.

이상 몇 가지 미분방정식을 살펴봤는데, 「이봐, 전혀 통일성이 없잖아. 정형적인 해법 같은 건 없나?」라고 생각할지도 모르지만 그런 건 없다. 하지만 '절대로 없다'고도 말할 수는 없다. 예를 들면, 단진자 2계 편미분방정식 같은 것은 몇 가지 형태에 의해 분류되고, 그 방침에 따라 풀면 된다. **미분연산자법**이라는 테크닉을 사용할 수도 있다. 이것은 미분기호 $\frac{d}{dx}$를 연산기호 $D$(미분연산자)로 치환하고 $\frac{d}{dx}y = Dy$ 라는 형으로 풀어 가는 방법이다. 혹은 급수나 **특수함수**를 이용한다거나 앞에서 언급했던 **라플라스 변환** 같은 방법을 사용하기도 한다. 그러나 풀리지 않는 미분방정식이 압도적으로 많기 때문에, 스스로 문제에 부딪혔을 때 조사하는 수밖에 없다.

왠지 무책임해 보이지만 말이다.

그렇다고는 하지만, 앞에서 예를 들었듯이 기본적인 해법을 접해 두지 않으면 간단히 풀 수 있는 것도 풀지 못하는 경우가 있기 때문에, 일단은 미분방정식의 양서들을 읽고 연습을 쌓을 필요가 있다.

미분방정식은 역시 많은 문제를 풀어 보는 것이 제일인 것 같다.

제4장

# 벡터 해석

고등학교에서 벡터라는 것은 「방향과 크기를 가진 선분」 정도로밖에
배우지 않는다. 그렇기 때문에, 역학에 이용할 수 있다는 것은 알지만,
그 이상 '어떤 도움이 되지?' 하는 의문을 가졌음에 틀림없다. 결국,
지루하다는 느낌도 가졌을지 모른다. 그런데 웬걸, 벡터는 함수로서 다룸으로 해서
엄청나게 유용한 도구가 된다. 그 유효 범위는 다양해서 역학, 전자기학 등에
그치지 않고, 공학에서도 없어서는 안 될 도구이다.
특히 전자기학 같은 것은 벡터 해석에 대한 지식이 없으면 전혀 감당할 수가 없다.
대체로 전자기학의 기초 방정식인 맥스웰의 방정식 자체가 벡터 해석의 선물이다.
전자기학 자체도 벡터 해석의 응용편과 같은 것이다.
이 멋진 도구를 반드시 마음대로 쓸 수 있도록 해 주었으면 한다.

# 4-1 grad, div, rot란 무엇인가?

　미분 적분의 기본적인 이해가 끝난 시점에서 이번에는 그 개념을 벡터까지 확장해 간다. 이에 따라, 한번에 동시에 다루어야 하는 양 − 벡터가 그 대표지만 − 에 대한 이해를 깊게 하고, 물론 멋진 도구를 손에 넣는 일이 된다.

　일반적인 함수와 같이 벡터의 세계에서도 「함수」를 생각할 수가 있다. 벡터의 성분을 변수로 하면 되는 것이다. 예를 들면, 벡터의 장에서 거론한 힘 $\mathbf{F}$를 위치에 따라 변화시켜도 좋고, 실제 그런 경우가 많을 것이다. 구체적으로 예를 들면, 공간상에 벡터 $\mathbf{A} = (A_x, A_y, A_z)$이 있다고 하고, 이 성분이 $x, y, z$인 함수, 즉,

$$\begin{cases} A_x(x, y, z) \\ A_y(x, y, z) \\ A_z(x, y, z) \end{cases} \qquad \text{벡터 함수(벡터장)}$$

라고 생각하는 것이다.

　이것을 $\mathbf{A}(x, y, z)$라고 쓰고, **벡터 함수** 또는 **벡터장**이라고 부른다. 다시 말해, 전 공간의 임의의 점에서 크기와 방향을 가지는 양을 생각할 수 있다는 것이다.

　힘이 관계하고 있는 현상은 그 힘의 「크기」뿐만 아니라, 힘이 작용하는 「방향」을 생각하지 않으면 이야기가 안 된다. 앞서 언급했듯이 아무리 강한 펀치(큰 힘)라도 맞지 않으면(방향) 아무렇지 않다는 말이다. 이 두 가지 양을 하나로 다루는 것이 벡터라는 것이다.

　❋ **은밀한 소리** : 두 개로 모자라는 경우는 어떻게 하지?

　그렇다. 분명히 한번에 다루고자 하는 양이 세 개 네 개가 되는 경우도 물론 있다.

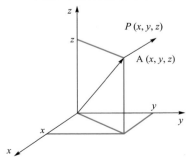

벡터장(벡터함수)을 생각해 보자

그런 경우에 활약하는 것이 **텐서**(tensor)라는 개념이다. 예를 들면, **응력**[주1](tension)은 그 대표적인 예로, 텐서의 어원이기도 하다. 벡터는 텐서의 일종이라고 생각해도 좋다.[주2]

## ● 벡터 함수의 미분

함수라고 하면 미분이든 적분이든 하고 싶어진다. 분명 하고 싶을 것이다. 그 정도로 미분, 적분은 강력한 도구라는 말이다.

그런데 벡터 함수 $\mathbf{A}(x, y, z)$을 $x$방향으로 $\varDelta x$만큼 살짝 이동했을 때, 함수는 어떻게 변화하는지 조사해보자.

우선, $\mathbf{A}(x+\Delta x, y, z)$를 성분으로 써 보면 $(A_x(x+\Delta x, y, z), A_y(x+\Delta x, y, z), A_z(x+\Delta x, y, z))$라는 점에 주의하고, 통상의 미분과 마찬가지로 $\dfrac{\mathbf{A}(x+\Delta x, y, z) - \mathbf{A}(x, y, z)}{\Delta x}$를 생각하고 이것이 $\varDelta x \to 0$이 될 때 값(극한값)이 존재하면

$$\frac{\partial \mathbf{A}}{\partial x} = \left( \frac{\partial A_x}{\partial x}, \frac{\partial A_y}{\partial x}, \frac{\partial A_z}{\partial x} \right)$$

라고 쓸 수 있다.

이 지식들을 전제로 벡터 함수(벡터장)에서 중요한 grad, div, rot의 개념을 도출해 보자.

## ● grad(기울기, gradient)에 대해서

grad( gradient : 기울기)는 $\nabla = \left( \dfrac{\partial}{\partial x}, \dfrac{\partial}{\partial y}, \dfrac{\partial}{\partial z} \right)$라는[주3] **미분연산자**[주4]를 도입하고, 3차원 스칼라 함수[주5] $\varphi(x, y, z)$에 $\nabla \varphi$로 작용시켜 얻을 수 있다.

❖ 은밀한 소리 : 그런 설명 가지고는 모르겠는걸.

지금 보충설명 하려고 했는데! 다시 말해, $xyz$ 축 각 방향의 단위 벡터를 $\mathbf{i}, \mathbf{j}, \mathbf{k}$라고 하면, $\mathrm{grad}\,\varphi$ 즉,

> **grad (기울기)**
>
> $$\mathrm{grad}\,\varphi = \nabla \varphi = \left( \frac{\partial \varphi}{\partial x}, \frac{\partial \varphi}{\partial y}, \frac{\partial \varphi}{\partial z} \right) = \frac{\partial \varphi}{\partial x}\mathbf{i} + \frac{\partial \varphi}{\partial y}\mathbf{j} + \frac{\partial \varphi}{\partial z}\mathbf{k}$$

주1) 응력을 tension이라고 하는 것은 프랑스어. 영어로는 stress라고 합니다. 영어로 tension은 장력인데, 이것도 응력의 한 종류입니다.

주2) 역사적으로는 물론 벡터가 확장되어 텐서가 되었습니다.

주3) Hamilton의 연산자라고 하며, nabra(나브라 : 그리스어로 하프를 의미한다. 모양이 비슷한 데서 유래), 혹은 atled(애틀레드:delta를 거꾸로), del(델:delta에서 파생되었다?)이라고 불려집니다.

주4) 연산자(operator)란 함수 등에 작용시켜 새로운 함수를 만들기 위한 조작 지시. 작용 요소. 정확히는 함수 공간 사이의 사상.

주5) 벡터 함수가 크기와 방향을 고려하는 데 대해 크기만이 문제가 되는 함수. 즉, 통상적인 함수

로 표현된다.

grad의 조작을 「기울기」라 부르는 이유

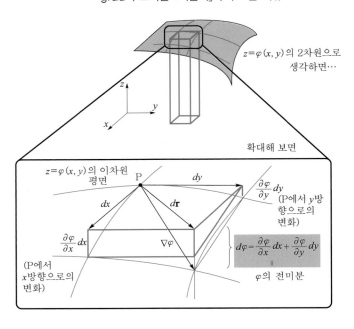

$z=\varphi(x, y)$의 2차원으로 생각하면…

확대해 보면

$z=\varphi(x, y)$의 이차원 평면

(P에서 $y$방향으로의 변화)

$\dfrac{\partial \varphi}{\partial x}dx$ (P에서 $x$방향으로의 변화)

$\dfrac{\partial \varphi}{\partial y}dy$

$\nabla\varphi$

$d\varphi=\dfrac{\partial \varphi}{\partial x}dx+\dfrac{\partial \varphi}{\partial y}dy$

$\varphi$의 전미분

여기서 중요한 것은 이 조작의 의미이다. 왜 이것이 「기울기」라는 의미를 가지게 된 것인지 알아야만 한다. 의미를 이해하지 못하면 사용할 수 없는 것이다.

그래서, 갑자기 3차원의 묘사를 하는 것은 어렵기 때문에, 2차원 $\varphi(x, y)$로 살펴보자. 점 $(x, y)$에 대응하는 $\varphi$상의 점을 P라고 한다. 이 점에서 $x$방향으로 $dx$만큼 비켜 놓았을 때의 $\varphi$의 변화는 $\dfrac{\partial \varphi}{\partial x}dx$ 로 표현된다[주6]. 마찬가지로 $y$방향을 생각하면, $\dfrac{\partial \varphi}{\partial y}dy$ 가 된다. 따라서, 그림에서도 알 수 있듯이 $dx, dy$ 모두 변화했을 때의 $\varphi$의 변화는 $\dfrac{\partial \varphi}{\partial x}dx+\dfrac{\partial \varphi}{\partial y}dy$가 된다. 이것을 「$\varphi$의 **전미분**」이라고 하고, $d\varphi$라고 쓰는 것이었다. 그래서 형식면에서 살펴보면,

$$d\varphi = \frac{\partial \varphi}{\partial x}dx+\frac{\partial \varphi}{\partial y}dy = \left(\frac{\partial \varphi}{\partial x}, \frac{\partial \varphi}{\partial y}\right)\cdot\left(dx, dy\right) = \nabla\varphi\cdot\mathbf{r}$$

(여기에서    $d\mathbf{r}=\left(dx, dy\right)=dx\mathbf{i}+dy\mathbf{j}$)

이라고 하면

$$\nabla\varphi=\left(\frac{\partial \varphi}{\partial x}, \frac{\partial \varphi}{\partial y}\right)=\frac{\partial \varphi}{\partial x}\mathbf{i}+\frac{\partial \varphi}{\partial y}\mathbf{j}\,)\ 가\ 된다.$$

여기서 $\nabla\varphi$를 기울기(gradient)라고 한다. 물론, 지금까지 의논은 2차원이라고는 하지만 특수한 것을 다룬 것은 아니므로, 용이하게 3차원으로 확장할 수 있다. 다시 말해 $\nabla\varphi$는 $d\mathbf{r}$에 있어서의 「변화율과 그 방향」을 보여 주고 있다고 생각해도 좋다.

※ **은밀한 소리** : 아무래도 구체적인 이미지가 떠오르지 않는데..

그런가? 그럼 아래 그림과 같은 등고선을 생각해 보자. 이 그림에서 $\varphi$ 위에 있는 점 $P$에서부터 $\varphi+d\varphi$ 위에서 가장 가까운 점 $Q$($R$도 $S$도 아닌)로의 방향과 크기가 $\nabla\varphi$가 된다. 즉, 틀림없이 최대 구배(기울기)를 표시하고 있는 것이다.

등고선으로 생각해 본 grad( $\nabla\varphi$ : 구배)

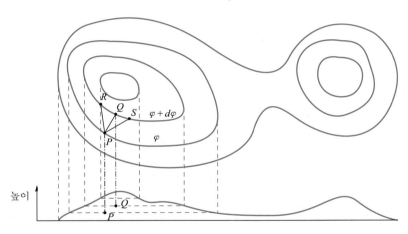

## ● div(발산)에 대해서

다음으로 **div**(divergence : **발산**)이다. 이것은 벡터 해석 교과서라면 어디에나 자세히 써 있으므로 이해는 쉬울 것이라 생각하지만, 이번에는 그 물리적 의미도 함께 이야기해 보자.

발산은 벡터 함수 $\mathbf{A}(x, y, z)$를 생각했을 때,

---

**div(발산)의 정의**

$$\mathrm{div}\mathbf{A} = \nabla \cdot \mathbf{A}(x,y,z) = \left( \frac{\partial}{\partial x}, \frac{\partial}{\partial y}, \frac{\partial}{\partial z} \right) \cdot \left( A_x, A_y, A_z \right) = \frac{\partial A_x}{\partial x} + \frac{\partial A_y}{\partial y} + \frac{\partial A_z}{\partial z}$$

---

에서 주어진 양이다. 식의 형식은 알았는데, 그렇다면 이것은 벡터 함수의 도대체 무엇을 의미하는 것일까?「발산」이라고 이름을 내세운 이상 그에 어울리는 의미가 있어야 할 것이다.

### div의 조작이 「발산」이라고 불리는 이유

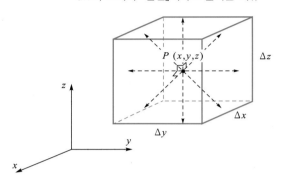

공간에 각각의 변이 $\Delta x$, $\Delta y$, $\Delta z$라는 미소 입체를 상정한다. 그 중심점을 $P(x, y, z)$라고 하고, 그곳에서의 벡터 함수 $\mathbf{A}(x, y, z)$를 생각해 보자. 여기에서 이 함수가 이 미소 입체를 나갈 때, 어떠한 변화가 일어나는가를 생각해 보자는 것이다.

이미지상으로는 예를 들어 $P$에 방사선원[주7]이 있으면, 이곳에서 방사선이 사방팔방으로 흩어져 갈 것이다. 혹은 좀 더 알기 쉬운 예로는 사방으로 구멍이 나 있는 구형(球形) 물뿌리개에 호스를 연결해서 물을 뿜어내는 이미지도 좋을 듯하다.

이런 때에 주변의 상태를 생각해 보자.

여기서 한번에 세 방향을 생각하는 것은 힘들고, 그럴 필요도 없기 때문에 여기에서는 그림에서 보기 쉬운 $y$방향을 생각한다.(물론, $x$방향이나 $z$방향으로 생각해도 된다.)

주7) 그다지 적절한 비유는 아니지만, 무언가 뿜어낸다는 이미지를 포착하고자 예로 들었습니다.

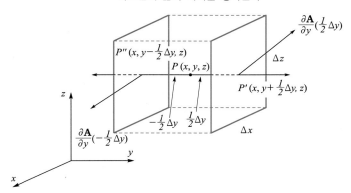

미소면의 넓이 벡터를 생각한다

점 $P(x, y, z)$에서 벡터 함수는 $\mathbf{A}(x, y, z)$이므로, 점 $P'(x, y + \frac{1}{2}\Delta y, z)$

$P''(x, y - \frac{1}{2}\Delta y, z)$에서는 각각 $\dfrac{\partial \mathbf{A}}{\partial y}\left(\dfrac{1}{2}\Delta y\right)$, $\dfrac{\partial \mathbf{A}}{\partial y}\left(-\dfrac{1}{2}\Delta y\right)$라고 해도 좋다.

여기에서 점 $P'$를 포함하는 미소면 $\Delta x \Delta z$에 있어서 바깥으로 향하는 법선[주8] 방향의 넓이 벡터를 생각해 보자.

주8) 입체 속에서 바깥으로 향하는 면에 대해서 수직인 방향

이것을 $\Delta \mathbf{S}_y = (0, \Delta x \Delta y, 0)$라고 하면, 점 $P'$를 포함하는 미소면의 넓이 벡터는 $-\Delta \mathbf{S}_y = (0, -\Delta x \Delta y, 0)$가 되는 것은 좋은 것일까? 미소 입체의 각 면에서 나오는 방향을 +로 잡는 것이 관례이기 때문이다.

자, 이 넓이 벡터들과 앞에서 얻은 벡터의 내적을 취해 보자.

$$\frac{\partial \mathbf{A}}{\partial y}\left(\frac{1}{2}\Delta y\right) \cdot \Delta \mathbf{S}_y = \left(\frac{1}{2}\Delta y\right)\left(\frac{\partial A_x}{\partial y}, \frac{\partial A_y}{\partial y}, \frac{\partial A_z}{\partial y}\right) \cdot (0, \Delta z \Delta x, 0)$$

$$= \frac{1}{2}\frac{\partial A_y}{\partial y}\Delta x \Delta y \Delta z$$

이것은 벡터 함수가 미소면의 법선 방향으로 기여하는 양이다. 마치 여름과 겨울에 태양광선의 세기가 다른 것[주9]을 이미지화해도 좋을 것이다.(다음 페이지 참조)

주9) 정확히는 태양광선의 입사각이 다르다는 것입니다.

넓이 벡터의 크기는 여름·겨울의 태양광선과 같은 이치

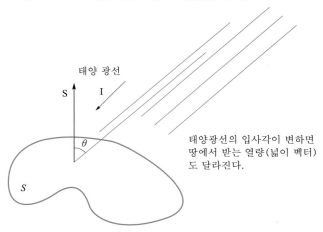

태양광선의 입사각이 변하면
땅에서 받는 열량(넓이 벡터)
도 달라진다.

지면에서 잡은 면적 $S$의 영역에 주어지는 열의 양은 $\theta$가 0(즉, 바로 위)이면 최고가 된다. 다시 말해, 태양광의 열의 세기와 방향을 벡터 $\mathbf{I}$(크기 $I$)라고 나타 내면, 지면을 가열하는 데 기여하는 양은 $I\cos\theta$라고 생각할 수 있으므로 면적 $S$의 전체 영역에서는 $SI\cos\theta$의 열을 받아들이는 것이 된다. 그래서 면적 $S$의 영역에 대해 법선 방향을 이루고 또한 그 크기를 넓이라고 하는 벡터 $\mathbf{S}$(이것을 **넓이 벡터**라고 한다)를 생각하면, 앞에서 나온 양은 $\mathbf{I}\cdot\mathbf{S}$라고 하면 된다. 이 경우 마이너스가 되는데, 이것은 영역에서 나가는 방향을 플러스로 잡았기 때문이다.

이야기를 원래대로 돌려 보자. 앞에서 $\dfrac{1}{2}\dfrac{\partial A_y}{\partial y}\Delta x\Delta y\Delta z$ 를 얻었는데, 다른 한 방향의 면도 마찬가지로 생각해서,

$$\frac{\partial \mathbf{A}}{\partial y}\left(-\frac{1}{2}\Delta y\right)\cdot(-\Delta \mathbf{S}_y) = \frac{1}{2}\frac{\partial A_y}{\partial y}\Delta x\Delta y\Delta z$$

가 된다는 것을 알 수 있다. 따라서 $y$방향 전체에서는 이 합을 취하면 되기 때문에

$$\frac{1}{2}\frac{\partial A_y}{\partial y}\Delta x\Delta y\Delta z + \frac{1}{2}\frac{\partial A_y}{\partial y}\Delta x\Delta y\Delta z = \frac{\partial A_y}{\partial y}\Delta x\Delta y\Delta z \quad \cdots\cdots y \text{ 방향 전체}$$

가 된다.

마찬가지로 나머지 두 미소면($x$방향, $y$방향)에서 수행하고, 미소 입체 $\Delta x\Delta y\Delta z$ 전체에서는 이 합이 되므로,

$$\left(\frac{\partial A_x}{\partial x} + \frac{\partial A_y}{\partial y} + \frac{\partial A_z}{\partial z}\right)\Delta x\Delta y\Delta z$$

가 되어 div**A**=∇·**A**가 나온다. 마지막의 $\Delta x \Delta y \Delta z$가 신경이 쓰이니

$$\lim_{\Delta x \Delta y \Delta z \to 0} \frac{\left( \dfrac{\partial A_x}{\partial x} + \dfrac{\partial A_y}{\partial y} + \dfrac{\partial A_z}{\partial z} \right) \Delta x \Delta y \Delta z}{\Delta x \Delta y \Delta z} = \frac{\partial A_x}{\partial x} + \frac{\partial A_y}{\partial y} + \frac{\partial A_z}{\partial z}$$

라고 해서, **미소 입체를 극한까지 작게 했을 때 div A로** 수렴된다고 생각하면 될 것이다.

이 정도면 「발산」으로 이름을 내세운 의미에 대해 이해했으리라 생각한다.

## ● rot(회전)에 대해서

다음은 **rot**(rotation : 회전)[주10]이다. 이것 역시 「회전」이라고 이름 붙여진 것을 보니 뭔가 회전에 관한 의미가 있을 것이다.

우선 rot의 정의는,

주10) 미국에서는 rot 대신에 curl을 사용하는 것 같습니다. 이런 것 정도는 통일해도 좋을 텐데 말이죠.

> **rot(회전의 정의)**
>
> $$\mathbf{rot A} = \nabla \times \mathbf{A}(x,y,z) = \left( \frac{\partial A_z}{\partial y} - \frac{\partial A_y}{\partial z} ,\ \frac{\partial A_x}{\partial z} - \frac{\partial A_z}{\partial x} ,\ \frac{\partial A_y}{\partial x} - \frac{\partial A_x}{\partial y} \right)$$

이다. 형식상으로 벡터의 외적의 형태로 되어 있기 때문에, **rot는 벡터**이다.

그러면, 이 양을 생각하는 물리적 이미지는 무엇일까?

rot 조작을 「회전」이라고 부르는 이유

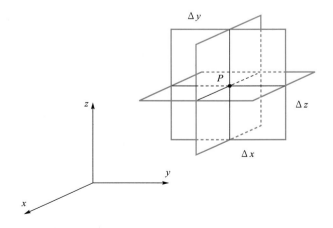

● 4-1 grad, div, rot란 무엇인가? 125

공간의 어떤 점 $P(x, y, z)$을 상정하여, 그곳에 다음 페이지의 위쪽 그림과 같은 미소 평면을 생각한다. 왜 이런 평면을 생각하는 것인지는 곧 알 수 있다. 예에 따라, 보기 쉬운 평면을 하나 생각하자. 다음 페이지의 아래 그림처럼 $xy$ 평면에서 생각한다.

이 미소 평면에 대해 회전을 생각해 보자(회전의 방향은 변에 화살표를 그려서 방향을 잡는 것으로 한다). 자, 다음 페이지 그림의 점 $P_1$에 있어서의 벡터 함수의 변화는 $\dfrac{\partial \mathbf{A}}{\partial y}\left(-\dfrac{1}{2}\Delta y\right)$로 주어지는데, 이 벡터(「힘」으로 파악하면 이해하기 쉽다)가 미소 평면을 그림의 방향으로 회전시키는 데 기여하는 성분을 생각해 보자. 이것은 점 $P_1$을 포함하는 변의 방향, 다시 말해 $(\Delta x, 0, 0)$이라는 벡터와의 내적이 되는 것이다. 따라서, 점 $P_1$에서

$$\frac{\partial \mathbf{A}}{\partial y}\left(-\frac{1}{2}\Delta y\right)\cdot(\Delta x,0,0)=\left(-\frac{1}{2}\Delta y\right)\left(\frac{\partial A_x}{\partial y},\frac{\partial A_y}{\partial y},\frac{\partial A_z}{\partial y}\right)\cdot(\Delta x,0,0)=-\frac{1}{2}\frac{\partial A_x}{\partial y}\Delta x\Delta y$$

가 된다. 마찬가지로, 점 $P_2$, $P_3$, $P_4$에서 동일한 것을 생각해 보면,

$$P_2 \text{ 에서 } \frac{\partial \mathbf{A}}{\partial x}\left(\frac{1}{2}\Delta x\right)\cdot(0,\Delta y,0)=\frac{1}{2}\frac{\partial A_y}{\partial x}\Delta x\Delta y$$

$$P_3 \text{ 에서 } \frac{\partial \mathbf{A}}{\partial y}\left(\frac{1}{2}\Delta y\right)\cdot(-\Delta x,0,0)=-\frac{1}{2}\frac{\partial A_x}{\partial y}\Delta x\Delta y$$

$$P_4 \text{ 에서 } \frac{\partial \mathbf{A}}{\partial x}\left(-\frac{1}{2}\Delta x\right)\cdot(0,-\Delta y,0)=\frac{1}{2}\frac{\partial A_y}{\partial x}\Delta x\Delta y$$

가 되므로 전체적으로는 이 「힘」들을 만족시키면 될 것이다. 따라서,

$$\left(\frac{\partial A_y}{\partial x}-\frac{\partial A_x}{\partial y}\right)\Delta x\Delta y$$

가 된다. 따라서, 극한에서는

$$\lim_{\substack{\Delta x\Delta y\to 0\\ or\\ \Delta x\Delta y\Delta z\to 0}} \frac{\left(\dfrac{\partial A_y}{\partial x}-\dfrac{\partial A_x}{\partial y}\right)\Delta x\Delta y}{\Delta x\Delta y}=\frac{\partial A_y}{\partial x}-\frac{\partial A_x}{\partial y}$$

라고 하면 된다는 것을 알 수 있다.

공간의 점 P의 미소 평면에서의 회전을 생각한다

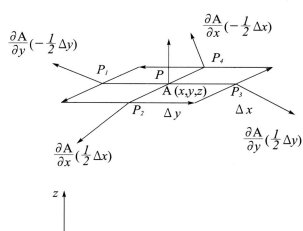

$\frac{\partial A}{\partial y}(-\frac{1}{2}\Delta y)$

$\frac{\partial A}{\partial x}(-\frac{1}{2}\Delta x)$

$\frac{\partial A}{\partial x}(\frac{1}{2}\Delta x)$

$\frac{\partial A}{\partial y}(\frac{1}{2}\Delta y)$

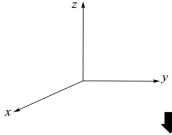

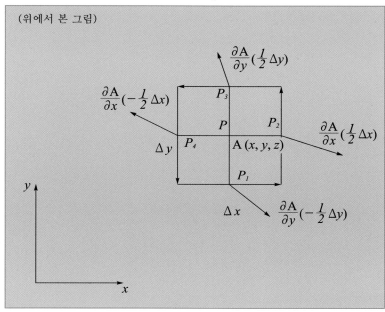

(위에서 본 그림)

$\frac{\partial A}{\partial y}(\frac{1}{2}\Delta y)$

$\frac{\partial A}{\partial x}(-\frac{1}{2}\Delta x)$

$\frac{\partial A}{\partial x}(\frac{1}{2}\Delta x)$

$\frac{\partial A}{\partial y}(-\frac{1}{2}\Delta y)$

이번에는 이 "힘"의 방향 문제인데, 이것은 오른쪽으로 돌리면 앞으로 나아가는 「오른나사」와 같이 생각하면 적당하므로[주11], $\Delta x \Delta y$가 만드는 미소 평면과 직각을 이루는 방향[주12], 다시 말해, $z$방향의 성분으로 하면 된다.

**rot의 힘의 방향은 「오른나사」와 같이 생각한다.**

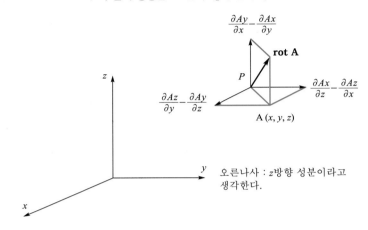

오른나사 : $z$방향 성분이라고 생각한다.

주11) 고등학교 수학에서 극좌표를 배우는데, 이 때 반시계 방향 회전을 정방향으로 생각한다고 배웠습니다. 하지만, 이유는 듣지 못했습니다. 물론, 어느 쪽이나 정방향으로 잡아도 좋지만 전자기학에서 「오른나사의 법칙」이라는 것이 있기 때문에, $x$에서 $y$방향으로 회전하는 경우, 진행 방향을 $z$축으로 잡는 편이 적합할 것 같아 그렇게 하는 것입니다.

주12) 이것을 「법선」이라고 합니다.

이상의 조작을 남은 두 평면($yz$ 평면, $zx$ 평면)에서도 수행하면, 마찬가지로 $x$, $y$ 방향의 성분을 얻을 수 있으므로, 이 성분들이 만드는 벡터를 벡터 $\mathbf{A}(x, y, z)$의 「회전」이라고 생각하는 것은 타당한 일이다.

가우스의 정리는 div의 의미를 알아버리면 조금 거칠어질지도 모르겠지만 거의 자동적으로 이해할 수 있는 정리라고 생각한다. 그 정리란

---

**가우스의 정리**

$$\int_V \nabla \cdot \mathbf{A}\, dV = \int_{\partial V} \mathbf{A} \cdot d\mathbf{S}$$

($V$은 벡터장을 포함하는 어떤 영역, $\partial V$는 $V$의 전표면(주13)을 나타내고, $d\mathbf{S}$는 표면의 바깥쪽으로 향하는 법선의 면적 요소 벡터)

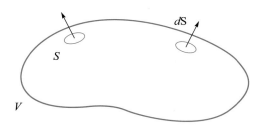

---

○ 주13) $\partial$를 "라운드 (round)"라고 읽기 때문이겠지요.

이다. 이것은, div **부피 적분이 면적 적분으로 변해버리는** 중요한 정리이다. 엄밀한 증명은 수학 교과서에 자세히 써 있기 때문에, 여기에서는 그 이미지를 얻는 일에 힘을 써 보자.

### 미소 입체(1~3)와 점 P의 변화량

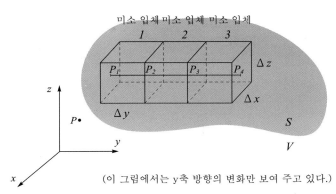

(이 그림에서는 y축 방향의 변화만 보여 주고 있다.)

우선, 영역 $V$ 내에 미소 입체(과장되어 있어, 아무래도 「미소」로는 보이지 않지만..)를 앞 페이지와 같이 상정한다. 예에 따라 보기 편한 방향을 살펴보자. 이 경우 $y$축 방향이다. 미소 입체1에 주목을 해서, 점 $P_1$에서의 $y$의 변화량을 살펴보면 $\left(\dfrac{\partial \mathbf{A}}{\partial y}\Delta y\right) \cdot (0, \Delta x \Delta z, 0) = \dfrac{\partial A_y}{\partial y}\Delta x \Delta y \Delta z$ 가 된다.

미소 입체 1에서 본 P의 변화량

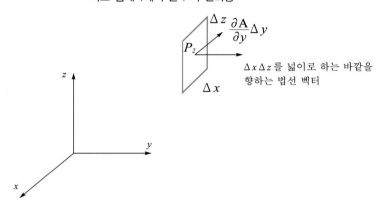

그런데, 같은 점 $P_1$이라도 미소입체 2에서 보면 바깥으로 향하는 법선이 앞의 결과와 반대가 되기 때문에 $\left(\dfrac{\partial \mathbf{A}}{\partial y}\Delta y\right) \cdot (0, -\Delta x \Delta z, 0) = -\dfrac{\partial A_y}{\partial y}\Delta x \Delta y \Delta z$ 가 되고, 앞의 결과와 합하면 이 양은 사라져 버린다.

같은 P의 변화량도 미소 입체 2에서 보면 상쇄된다.

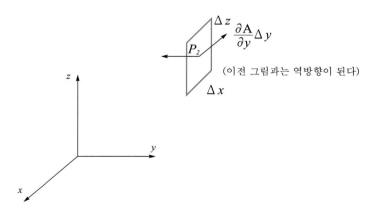

다시 말해, 최종적으로 남는 것은 영역 $V$의 표면에서 뿐이라는 것이다.

$x$축, $y$축 방향에 대해서도 똑같이 말할 수 있으므로, $\int_V \nabla \cdot \mathbf{A}dV$라는 적분은

$$\int_V \nabla \cdot \mathbf{A}dV = \int_{x\,방향에\,수직으로\,자른\,면적} \int_x \left(\frac{\partial \mathbf{A}}{\partial x}dx\right) \cdot (dydz, 0, 0)$$
$$+ \int_{y\,방향에\,수직으로\,자른\,면적} \int_y \left(\frac{\partial \mathbf{A}}{\partial y}dy\right) \cdot (0, dxdz, 0)$$
$$+ \int_{z\,방향에\,수직으로\,자른\,면적} \int_z \left(\frac{\partial \mathbf{A}}{\partial z}dz\right) \cdot (0, 0, dxdy)$$

$$= \int_{x\,방향에\,수직으로\,자른\,면적} \left(\int_x \frac{\partial A_x}{\partial x}dx\right) dydz$$
$$+ \int_{y\,방향에\,수직으로\,자른\,면적} \left(\int_y \frac{\partial A_y}{\partial y}dy\right) dxdz$$
$$+ \int_{z\,방향에\,수직으로\,자른\,면적} \left(\int_z \frac{\partial A_z}{\partial z}dz\right) dxdy$$

$$= \int_{x\,방향에\,수직으로\,자른\,면적} A_x \, dydz$$
$$+ \int_{y\,방향에\,수직으로\,자른\,면적} A_y \, dxdz$$
$$+ \int_{z\,방향에\,수직으로\,자른\,면적} A_z \, dxdy$$

가 된다. 결국 이것은, $d\mathbf{S} = (dydz, dxdz, dxdy)$ 라고 할 때

### 가우스의 정리

$$\int_V \nabla \cdot \mathbf{A}dV = \int_{\partial V} \mathbf{A} \cdot d\mathbf{S}$$

가 되어[주14], 가우스의 정리가 도출되었다.

주14) 지금 행했던 방법을 증명이라고는 생각하지 않도록! 수학적으로는 지나치게 거친 방법이기 때문에, 본격적으로는 벡터 교과서에서 찾아보세요.

# 4-3 스토크스(Stokes)의 정리

가우스의 정리와 나란히 유명한 **스토크스의 정리**도 설명해 두겠다. 교과서에 따라서는 이쪽을 사용해서 rot의 정의라고 하는 것도 있다. 여기서도 엄밀한 증명은 교과서에 맡기고 오로지 이미지가 떠오르도록 하자.

스토크스의 정리와 그 이미지

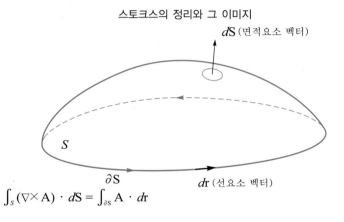

$$\int_s (\nabla \times A) \cdot d\mathbf{S} = \int_{\partial S} A \cdot d\mathbf{r}$$

$d\mathbf{S} = (dS_x, dS_y, dS_z)$는 바깥쪽으로 향하는 **면적 요소 벡터**. $\partial S$는 영역 $S$의 테두리 부분이고, $d\mathbf{r}$은 테두리의(위 그림과 같은) 접선 방향으로의 방향을 갖는 **선 요소 벡터**. 이것은 rot의 면적 적분이 선분의 적분으로 바뀐다는 것이다.

벡터 A를 폐곡선 PQRS에 따라서 생각한다

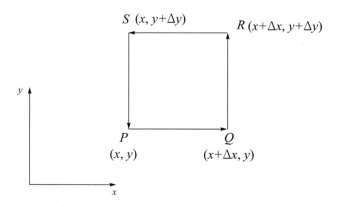

예에 따라 보기 쉽게 $xy$ 평면으로 생각한다. 빙 한 바퀴 돌아 벡터 $\mathbf{A}$를 폐곡선 $PQRS$에 따라서 계산해 본 것인데 이것은 rot의 설명 부분에서 이미 계산했으며 $(\mathbf{A} \cdot \Delta \mathbf{r})$의 경로 $PQRS$의 한바퀴 돈 합$= \left( \dfrac{\partial A_y}{\partial x} - \dfrac{\partial A_x}{\partial y} \right) \Delta x \Delta y$ $(\Delta \mathbf{r} = (\Delta x, \Delta y, \Delta z))$였다.

서로 인접하는 면적 → 상쇄 → 테두리 부분만 남는다

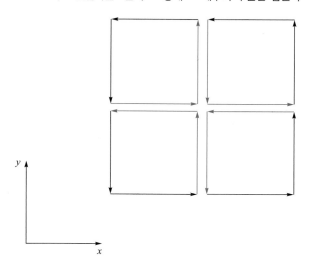

또한 위 그림에서 알 수 있듯이 보다 큰 영역을 상정하고, 더욱 더 미소 구획으로 나누어 보면 결국 서로 인접한 부분의 계산은 서로 지워지고 테두리 부분에 관한 계산 결과만 남는다는 것이다.

식의 마지막에 $\Delta x \Delta y$가 붙어 있는 점에서 눈치를 챘겠지만, 여기에 적분이 등장할 여지가 있다. 실제로 $(\mathbf{A} \cdot \Delta \mathbf{r})$의 경로 $PQRS$에 대해서 생각해 보면 $\Delta x \Delta y$라는 미소 면적이 등장하게 된다. 이것이 특정한 크기와 형을 지닌 영역에서는 어떻게 되는지 생각해 보면 적분이 된다. 그리고 일반적으로는

$$\int_S (\nabla \times \mathbf{A}) \cdot d\mathbf{S} = \int_{\partial S} \mathbf{A} \cdot d\mathbf{r} \quad \text{여기서} \quad d\mathbf{r} = (dx, dy, dz)$$

가 성립한다.

자, 여기에서 본문과는 떨어져서 이전부터 들락날락 하면서 얼굴을 내밀고 있는 **법선 벡터**에 대해서 생각해 보자. 법선 벡터 $\mathbf{n}$은 생각하고 있는 면에 대해서 바깥 방향으로 면에 수직인 단위 벡터라고 하는 것이므로, 면적 요소 벡터 $d\mathbf{S}$는 $\mathbf{n}dS$ ($dS$는 면적 요소)라고 표현되기 때문이다.

법선 벡터와 평행사변형

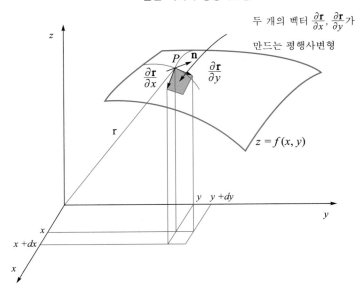

그림과 같이 곡면 $z = f(x, y)$를 생각해 본다. 여기에서 벡터 $\mathbf{r} = (x, y, f(x, y))$는 곡면을 나타내는 벡터 방정식인데, 이 때 벡터 $\dfrac{\partial \mathbf{r}}{\partial x}$와 벡터 $\dfrac{\partial \mathbf{r}}{\partial y}$는 곡면상의 점 $P = (x, y, f(x, y))$의 각각 $x$방향 $y$방향으로의 접선 벡터가 되므로 2개의 벡터 $\dfrac{\partial \mathbf{r}}{\partial x}, \dfrac{\partial \mathbf{r}}{\partial y}$가 만드는 평행사변형은 점 $P$에 있어서의 접면으로 생각할 수 있다. 그래서 이 평행 사변형의 바깥으로 향하는 수직 방향이 법선 벡터가 된다. 벡터가 만드는 평행사변형이라면 외적이 머리에 떠오를 것이므로(떠올라야 한다!) 결국 법선 벡터 $\mathbf{n}$이라는 것은

$$\mathbf{n} = \frac{1}{\left| \dfrac{\partial \mathbf{r}}{\partial x} \times \dfrac{\partial \mathbf{r}}{\partial y} \right|} \frac{\partial \mathbf{r}}{\partial x} \times \frac{\partial \mathbf{r}}{\partial y}$$

로 주어진다는 것을 알 수 있다. 여기서

$$\frac{\partial \mathbf{r}}{\partial x} = \left( \frac{\partial x}{\partial x}, \frac{\partial y}{\partial x}, \frac{\partial z}{\partial x} \right) = \left( 1, 0, \frac{\partial z}{\partial x} \right)$$

$$\frac{\partial \mathbf{r}}{\partial y} = \left( \frac{\partial x}{\partial y}, \frac{\partial y}{\partial y}, \frac{\partial z}{\partial y} \right) = \left( 0, 1, \frac{\partial z}{\partial y} \right)$$

이므로,

$$\frac{\partial \mathbf{r}}{\partial x} \times \frac{\partial \mathbf{r}}{\partial y} = \begin{vmatrix} \mathbf{i} & \mathbf{j} & \mathbf{k} \\ 1 & 0 & \dfrac{\partial z}{\partial x} \\ 0 & 1 & \dfrac{\partial z}{\partial y} \end{vmatrix} = \left( -\frac{\partial z}{\partial x}, -\frac{\partial z}{\partial y}, 1 \right)$$

이고, 따라서 법석 벡터 $\mathbf{n}$은

$$\mathbf{n} = \frac{1}{\sqrt{\left(\dfrac{\partial z}{\partial x}\right)^2 + \left(\dfrac{\partial z}{\partial y}\right)^2 + 1}} \left( -\frac{\partial z}{\partial x}, -\frac{\partial z}{\partial y}, 1 \right)$$

이 된다는 것을 알 수 있다

**방향 코사인과 법선 벡터 n**

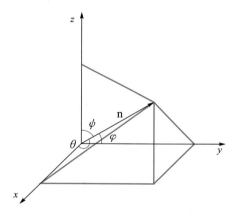

우선, 그림처럼 각도를 잡으면 법선 벡터 $\mathbf{n}$은 $\mathbf{n} = (\cos\theta, \cos\varphi, \cos\psi)$라고 할 수 있다. (이것을 **방향 코사인**이라고 한다) 따라서

$$\int_S (\nabla \times \mathbf{A}) \cdot \mathbf{n} \, dS = \int_{\partial S} \mathbf{A} \cdot d\mathbf{r}$$

이 된다. 이 식의 좌변을 전개하면

$$\int_S \left( \left( \frac{\partial A_z}{\partial y} - \frac{\partial A_y}{\partial z} \right) \cos\theta \, dS + \left( \frac{\partial A_x}{\partial z} - \frac{\partial A_z}{\partial x} \right) \cos\varphi \, dS + \left( \frac{\partial A_y}{\partial x} - \frac{\partial A_x}{\partial y} \right) \cos\psi \, dS \right)$$

$$= \int_{\partial S} \left( A_x dx + A_y dy + A_z dz \right)$$

이며, 또한 좌변은

$$\int_{S}\left(\frac{\partial A_{z}}{\partial y}\cos\theta dS - \frac{\partial A_{y}}{\partial z}\cos\theta dS + \frac{\partial A_{x}}{\partial z}\cos\varphi dS - \frac{\partial A_{z}}{\partial x}\cos\varphi dS + \frac{\partial A_{y}}{\partial x}\cos\psi dS - \frac{\partial A_{x}}{\partial y}\cos\psi dS\right)$$

$$=\int_{S}\left(\frac{\partial A_{x}}{\partial z}\cos\varphi dS - \frac{\partial A_{x}}{\partial y}\cos\psi dS + \frac{\partial A_{y}}{\partial x}\cos\psi dS - \frac{\partial A_{y}}{\partial z}\cos\theta dS + \frac{\partial A_{z}}{\partial y}\cos\theta dS - \frac{\partial A_{z}}{\partial x}\cos\varphi dS\right)$$

$$=\int_{S}\left(\left(\frac{\partial A_{x}}{\partial z}\cos\varphi - \frac{\partial A_{x}}{\partial y}\cos\psi\right)dS + \left(\frac{\partial A_{y}}{\partial x}\cos\psi - \frac{\partial A_{y}}{\partial z}\cos\theta\right)dS + \left(\frac{\partial A_{z}}{\partial y}\cos\theta - \frac{\partial A_{z}}{\partial x}\cos\varphi\right)dS\right)$$

라고 할 수 있기 때문에[주15]

주15) 왜 이렇게 변형 했냐구요? 물론 $A_x$, $A_y$, $A_z$별로 정리하고 싶었 기 때문입니다.

$$\begin{cases} \int_{S}\left(\frac{\partial A_{x}}{\partial z}\cos\varphi - \frac{\partial A_{x}}{\partial y}\cos\psi\right)dS = \int_{\partial S}A_{x}dx & \cdots\cdots① \\[3mm] \int_{S}\left(\frac{\partial A_{y}}{\partial x}\cos\psi - \frac{\partial A_{y}}{\partial z}\cos\theta\right)dS = \int_{\partial S}A_{y}dy & \cdots\cdots② \\[3mm] \int_{S}\left(\frac{\partial A_{z}}{\partial y}\cos\theta - \frac{\partial A_{z}}{\partial x}\cos\varphi\right)dS = \int_{\partial S}A_{z}dz & \cdots\cdots③ \end{cases}$$

라는 것을 증명하면 될 것이다. 여기서 제일 위의 식인 ①을 증명할 수 있으면 나머지 ②, ③ 식은 동일한 과정으로 하면 될 것이므로, ①만 증명해 보자.

**n**$dS$의 $xy$평면으로의 사영

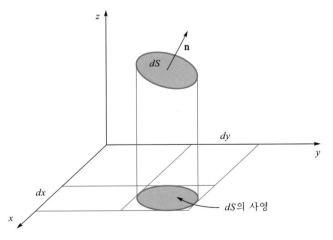

$dS$의 사영

우선 위 그림에서 **n**$dS$의 $xy$면으로의 사영($z$방향에서 원점을 향해 빛을 비췄을 때 $xy$ 평면에 생기는 그림자)은 **n**$dS = (\cos\theta\,dS, \cos\varphi\,dS, \cos\psi\,dS)$이므로, $xy$면의 면적 요소 $dxdy$는

$$dxdy = \cos\psi dS$$

가 된다.

❖ 은밀한 소리 : 이봐. 면적 요소 $dS$의 사영은 $dxdy$의 사영으로는 안 보이는걸!

꼭 그렇다기보다, 이 사영된 면적을 거꾸로 $dxdy$라고 생각해도 좋다는 것이다. 그림은 좀 이상하지만..

그런데 여기서, $\cos\psi = \dfrac{1}{\sqrt{\left(\dfrac{\partial z}{\partial x}\right)^2 + \left(\dfrac{\partial z}{\partial y}\right)^2 + 1}}$ 이었으므로,

$$dS = \sqrt{\left(\frac{\partial z}{\partial x}\right)^2 + \left(\frac{\partial z}{\partial y}\right)^2 + 1}\; dxdy \partial S$$

가 된다.

사영된 넓이를 dxdy라고 생각한다

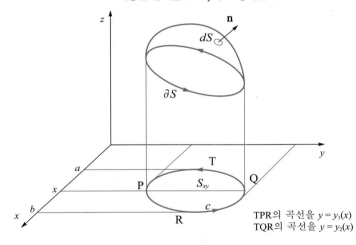

TPR의 곡선을 $y = y_1(x)$
TQR의 곡선을 $y = y_2(x)$

따라서 식①의 좌변은

$$\int_S \left( \frac{\partial A_x}{\partial z}\cos\varphi - \frac{\partial A_x}{\partial y}\cos\psi \right) dS$$

$$= \int_{S_{xy}} \left( \frac{\partial A_x}{\partial z}\left(-\frac{\partial z}{\partial y}\right) - \frac{\partial A_x}{\partial y} \right) dxdy$$

$$= -\int_{S_{xy}} \left( \frac{\partial A_x}{\partial z}\frac{\partial z}{\partial y} + \frac{\partial A_x}{\partial y} \right) dxdy$$

가 된다. 여기서 $F(x, y) = A_x(x, y, z(x, y))$라고 하면,

$$\frac{\partial F}{\partial y} = \frac{\partial A_x}{\partial y} + \frac{\partial A_x}{\partial z}\frac{\partial z}{\partial y}$$

가 되므로,

$$-\int_{S_{xy}}\left(\frac{\partial A_x}{\partial z}\frac{\partial z}{\partial y}+\frac{\partial A_x}{\partial y}\right)dxdy = -\int_{S_{xy}}\frac{\partial F}{\partial y}dxdy$$

가 된다.

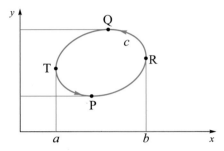

c는 TPRQ를 도는 폐곡선

이 그림에서 TPR 곡선을 $y=y_1(x)$, TQR 곡선을 $y=y_2(x)$라고 하면, 위의 식은 적분이 가능하므로

$$-\int_{S_{xy}}\frac{\partial F}{\partial y}dxdy = -\int_a^b\left(\left[F(x,y)\right]_{y=y_1(x)}^{y=y_2(x)}\right)dx$$

$$= -\int_a^b\left(F(x,y_2(x))-F(x,y_1(x))\right)dx$$

$$= \int_a^b F(x,y_1(x))dx+\int_b^a F(x,y_2(x))dx$$

$$= \oint_C F(x,y)dx$$

$$= \oint_C A_x(x,y,z(x,y))dx$$

$$= \oint_{\partial S} A_x(x,y,z)dx$$

가 된다. 따라서 식①을 증명할 수 있다. 마찬가지로 식②, ③에 대해서 수행하면

$$\int_S(\nabla\times\mathbf{A})\cdot d\mathbf{S} = \int_{\partial S}\mathbf{A}\cdot d\mathbf{r}$$

이 성립함을 알 수 있다.

❖ **은밀한 소리** : 맨 뒤에서 두 번째 줄과 맨 마지막 식은 어떻게 된 거지? 왜 적분로 $c$에서 $\partial S$으로 바뀐다고 생각해도 되나?

바뀌어도 된다는 것보다는 그것이 **선적분**의 정의라고 하는 것인데 자세한 것은 다음 페이지의 그림을 봐 주기 바란다.

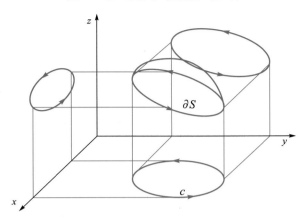

적분로 ∂S는 3평면의 적분값을 더한 것

공간상에 있는 적분로 ∂S는 $xy$ 평면에 사영된 적분로(이 경우 $c$)에서 피적분함수인 $xy$ 평면상의 성분(이 경우 $A_x$)으로 적분한 것과, 똑같이 한 $yz$ 평면, $zx$ 평면상의 적분값을 더하면 된다. 이번 경우

$$\oint_{\partial S} A_x(x,y,z)dx$$

는, 당연히 피적분함수는 $A_x$(벡터 **A**의 $x$ 성분, 다시 말해 $xy$ 평면상의 함수)밖에 없으므로

$$\oint_c A_x(x,y,z(x,y))dx$$

와 같은 것이 된다.

자, 조금 까다로웠지만, 이상으로 스토크스의 정리를 증명할 수가 있었다. 덧붙여 말하면, 지금 구한 식에서부터 그대로

$$\int_S \left( \frac{\partial F}{\partial x} - \frac{\partial F}{\partial y} \right) dxdy = \oint_{\partial S} (F(x,y)dx - F(x,y)dy)$$

라는 관계식이 나온다. 이것도 **스토크스의 정리**라고 한다.

# 4-4 연속 방정식

벡터 해석의 마지막 장을 매듭지으며 중요한 **연속 방정식**을 구해 둔다. 지금 질량밀도가 $\rho$(로)인 유체 내에 놓여진 부피 $V$를 가지는 폐곡면 $S$를 생각한다. 이 폐곡면의 미소넓이 $dS$를 통해 이 유체가 나간다고 하자.

미소면적 dS를 통해 유체가 나간다

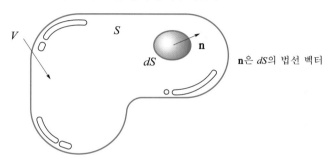

**n**은 $dS$의 법선 벡터

그러면, 유체가 단위시간에 나가는 부피는 $dS$의 법선 벡터를 **n**이라고 하고, 유체의 유출속도를 $v$라고 하면, $v \cdot \mathbf{n}dS$이기 때문에, 단위시간 내에 유출되는 질량은 $\rho v \cdot \mathbf{n}dS$이다. 따라서, 폐곡면 전체에서는 이 적분을 생각하면 된다. 즉,

$$\int_S \rho v \cdot \mathbf{n}dS$$

이다.

또한 동시에 이 $S$내에서 유출되는 유체는 이 내부에 있어서의 미소부피를 $dv$라고 하면 그 질량의 시간적 변화는 $-\dfrac{\partial \rho}{\partial t}dv$로 표현할 수 있다. 따라서 부피 $V$에서는 이것을 적분하면 된다. 따라서, 폐곡면에서 나가는 질량은 이 유출되는 질량과 같으므로

$$\int_S \rho v \cdot \mathbf{n}dS = -\int_V \frac{\partial \rho}{\partial t}dv$$

이다. 이 식의 좌변을 꼼꼼히 살펴보면, 이미 알고 있겠지만 가우스의 정리를 사용하고 싶어진다(싫어져야 한다! 이거 하나뿐이지만). 그러면

$$\int_S \rho v \cdot \mathbf{n}dS = \int_V \operatorname{div}(\rho v)dv = -\int_V \frac{\partial \rho}{\partial t}dv$$

가 되기 때문에

$$\int_V \left\{ \mathrm{div}(\rho v) + \frac{\partial \rho}{\partial t} \right\} dv = 0$$

인 것을 알 수 있다. 따라서,

$$\mathrm{div}(\rho v) + \frac{\partial \rho}{\partial t} = 0$$

이 되는 것을 알 수 있다. 이것을 **연속 방정식**이라고 한다.

어쨌든 이것으로 벡터 해석의 장은 마치려고 한다. 벡터 해석에는 다른 흥미로운 토픽들이 아주 많이 있다. 특히 전자기학을 공부하기 위해서는 필수 과목이므로 이것을 이해할 수 없으면 아무것도 할 수 없다. 만약 벡터 해석에 서툴다면, 하루 빨리 자신 있는 과목으로 해 둘 필요가 있다.

좋은 책을 「반복하고 또 반복해서…」 읽는 것이 제일 좋은 것이다!

제5장

# 복소함수론 입문

복소수도 고등학교에서 배우기는 배우지만
그다지 흥미를 가질 수 있는 분야는 아니었다. $r$이 어떻다느니,
$\arg \theta$이 어떻다느니 하는 이야기만 해서는 분명 흥미를 잃는다 해도 어쩔 수 없고,
이래선 학생들에게 있어서도 교사에게 있어서도 의미가 없다. 그러나,
흥미를 잃어버리기에는 아까운 분야다. 왜냐 하면, 복소수를 함수로 생각하므로
인해 실공간에서 생각할 수 없는 아주 재미있는 현상(특히 적분!)이
일어나기 때문이다. 독자 여러분은 다행히도
(고등학교 선생님들에게는 실례지만..) 무미건조하고 거의 의미가 없는 것만
배운 뒤에 기다리고 있던 정말 재미있는 부분에 도착할 수가 있었다.
이제부터는 부디 그 재미에 푹 빠져 보라!

고등학교에서 2차 방정식을 풀 때, 맨 처음에는 인수분해로 풀었지만 어떤 때부터인가 **근의 공식**이라는 것을 배운 덕분에 「충분히 풀 수 있다」고 기뻐했을 것이다. 그리고 마음대로 근의 공식을 적용하다 보니, 제곱근 안이 마이너스가 되는 경우가 생겼다. 글쎄 이것을 어떻게 해야 하나? 하는 상황에서 여기에 강제적으로 의미를 붙인 것 – 그것이 복소수였다. 다시 말해, 루트 안이 마이너스가 되어도 상관없도록 $i=\sqrt{-1}$이 되도록 $i$를 정의[주1]하고, 수를 **복소수**(complex number), 즉 $z = \alpha + i\beta (\alpha, \beta \in R)$[주2]까지 확장한 것이었다.

그러면,

$$ax^2 + bx + c = 0$$

의 **판별식** $D = b^2 - 4ac$가 $D \geq 0$만이 아니라, $D < 0$인 경우에도 성립하고 2차 방정식의 근은

$$x = \frac{-b \pm \sqrt{D}}{2a} \qquad (단, D = b^2 - 4ac)$$

가 되어, 모든 경우에 풀 수 있게 된다.

뭐 이런 식으로 고등학교 수업에서는 가르쳤을 것이고, 다음은 오래도록 복소수에 대한 설명과 연습이 있었음에 틀림없다. 수학상에서는 「실수 → 복소수」로 수의 확장이라는 의미로, 본래 감동의 눈물로 목이 메일(?) 정도의 사건이지만, 선생님들도 오랜 세월 같은 것을 반복해서 가르치느라 질린 탓인지, 좀처럼 정렬적으로 가르쳐 주지 않는다. 그래서 솔직한 이야기로 고작 이런 건가 하고 생각하지 않았을까?

물론 복소수를 이처럼 정의하였으니 의미는 알 수 있겠지만, 뭔가 어렴풋한 느낌이 사라지지 않을 것이다. 하지만 이것은 어쩔 수 없는 일이다. 새로운 개념을 배울 때, 피할 수 없는 일로 수많은 복소수를 다루어 보고 경험을 늘리는 수밖에 없다. 금방 익숙해지므로 걱정할 필요 없다.

하지만 오해하면 곤란한 것인데 복소수라는 것은 틀림없이 수학에서 실체가

주1) 이것을 허수 단위 (imaginary unit)라고 부르는 것이었다.

주2) $\alpha$, $\beta \in R$은 「$\alpha$, $\beta$는 실수의 요소」, 혹은 「$\alpha$, $\beta$는 실수」라는 의미. R은 실수를 나타내고, C는 복소수를 나타낸다고 합니다.

있는 것이라는 사실을 잊지 않도록 해야 한다. **허수**(虛數)라고 하는 괴상하게 번역된 말에서 받는 이미지 탓인지 때때로 「상상 속의 것으로 편의상의 약속일 것이다」라는 오해를 하고 있는 사람도 있다. 그렇게 보면 실수(實數)는 물론이요 수학 그 자체도 상상의 산물이 되어 버린다. 여기서 정확히 머리에 담아 두기 바란다. 복소수란 수라는 개념을 확장한 것이다.

물론 많은 독자분들에게 있어서는 말하지 않아도 되겠지만, 물리에서도 사정은 같아서, 「복소수 같은 수학상의 것으로 상상 속의 수이므로 본질적으로는 관계없다」고 얄보게 되면 발목을 잡히게 된다.

놀랍게도 복소수는 단순한 수학상의 테크닉이 아니라 물리학에서도 본질적인 것이다. 예를 들면 양자역학 수준의 세계에서는 복소수가 아니면 표현할 길이 없다. 애초에 전자를 이해하려고 한다면 복소수를 도입하지 않고서는 끝이 나지 않는다. 이에 대해서는 양자역학 교과서나 졸저 「Aha! 양자역학이 이해된다!」를 보면 알 수 있을 것이라고 생각한다.

그런데 양자역학까지 갈 것도 없이 복소수는 전자기학에서도 대활약을 한다. 물론 이는 양자역학처럼 그 본질이 복소수라는 것은 아니다.(주3) 전자기학에서는 일단 복소수의 세계로 들어가면 계산을 통일적으로 다룰 수 있거나, 실수 범위에서는 도저히 풀 수 없었던 것 같은 적분을 풀 수 있거나 하는 등 계산이 아주 쉬워지게 된다. 마치 역학에서 벡터가 대활약을 하는 것과 마찬가지로 복소수의 성질이 전자기학에서 다루는 전기장, 자기장에 잘 매치된다. 느낌으로는 벡터에다 더 유익한 성질이 더해진 느낌정도일까!

자, 이제 복소수를 변수로 가지는 함수 – **복소함수**의 미분과 적분을 생각하면 (여기서도 적분이 나온다!), 실함수에서는 생각할 수 없던 재미있는 성질이 몇 개나 나타나게 된다.

게다가 실수 세계에서 온갖 고생을 해서 나온 다양한 정리가 복소수의 세계에서 바라보는 것으로 보다 통합되고, 깔끔한 형태로 이해할 수 있다.(주4) 이건 정말 모르면 손해다.

이 성질들 가운데에서도 특히 주목해야 할 것은 적분해 관해서일 것이다. 수많은 성질 중에서 두드러지고, 깊은 맛이 있다고 해도 좋다. 덤으로 실수의 영역에서는 도무지 풀 수 없던 적분이 아주 간단히 풀리곤 한다. (주5)

주3) 물론 모든 물리 현상의 본질은 복소수 이지만 여기에서 생각 하는 것은 고전 전자기 학의 이야기입니다.

주4) 이런 일은 꽤 많아서 고등학교에서는 의미가 확실치 않았던 것이 대학에서 수학을 배우게 되면, 가르치는 쪽이 의도했던 의미를 알게 되는 것입니다.

주5) 덤으로 오는 것이 실제로 도움되거나 하지요.

복소함수는 이처럼 흥미를 가질 수 있는 분야이지만 문제도 있다. 그것은 $x+iy$ 라고 표현되는 것에서 알 수 있듯이 변수가 기본적으로 두 개 존재하므로 이것을 시각적 이미지로 파악하기가 조금 곤란하다는 점이다. 그러나 이런 일은 많은 수학 분야에서 당연한 듯이 일어나는 일이고, 고도로 추상화된 체계에서는 당연한 결과이기도 하다. 추상화되어 있다는 것이야말로 다양한 경우에 이용할 수 있는 것이라고도 할 수 있다. 따라서, 우리들이 해야만 할 것은 추상적 사고에 익숙해지는 것이고, 복소수를 배운다는 것은 추상적 사고에 익숙해진다는 의미에서는 아주 좋은 훈련 중 하나이다.

서론은 이 정도로 하고, 어서 복소수의 세계로 들어가 보자. 복소수가 만들어진 동기는 2차 방정식의 판별식에 있는데[주6], 이것은 원래대로 한다면 정확히 정의해야만 하는 부분이다. 뭐라 하든 일단 「수」를 확장하는 큰 일이므로 당연하다.

그러나 여기서는 그런 딱딱한 작업은 제쳐 두고 고등학교에서 배웠던 것처럼 순진하게 복소수가 정의되었다고 하자. 예를 들어 복소수 $z$는 $x$, $y$를 실수로 하여 $z=x+iy$로 표현된다거나, 극좌표 식에서 $z=r(\cos\theta+i\sin\theta)$라고 표현된다는 것은 그 자리에서 알 수 있다. 더욱이 여기에서는 한 발 더 나아가, 오일러의 공식만은 재빨리 끝내 두도록 하자.[주7] 그렇지 않으면 나중에 고생하기 때문이다.

오일러의 공식은 테일러의 전개 부분에서 이미 등장했었는데 다시 실어 보면,

> **오일러의 공식**
>
> $$e^{i\theta} = \cos\theta + i\sin\theta$$

였다. 이것은 테일러 전개의 응용으로 나왔었는데 여기서는 다른 방법으로 도출해 보기로 한다.

우선 $A(\theta)=\cos\theta+i\sin\theta$라고 하고, 이것을 $\theta$로 미분하면,

$$\frac{dA}{d\theta} = -\sin\theta + i\cos\theta$$
$$= i(i\sin\theta + \cos\theta)$$
$$= iA$$

이므로

주6) 실제로 그러했는지는 알 수 없습니다. 그러나 적어도 고등학교에서는 그렇게 배웠습니다.

주7) 오일러의 공식을 「재빨리 끝내버린다」는 것은 신중하지 못한 말이지만, 실제로 그렇게 하지 않으면 앞으로 나가지 않습니다.

$$A(\theta) = A_0 e^{i\theta} \qquad (A_0 \text{는 적분상수})$$

가 된다. 이 적분상수를 구하기 위해서 $\theta = 0$일 경우를 생각하자. 그러면

$$A(0) = A_0 e^{i \cdot 0} = A_0 = \cos 0 + i \sin 0 = 1$$
$$\therefore A_0 = 1$$

이므로

$$e^{i\theta} = \cos\theta + i\sin\theta$$

임을 알 수 있다[주8]. 그래서 복소수의 극좌표 형식은 $z = re^{i\theta}$가 된다. 앞으로 이「인류의 보물」이라고 할 수 있는 오일러의 공식을 종횡무진 사용하게 될 것이다.

그런데 복소수를 변수로 하는 함수를 생각한다는 것은 고등학교에서는 배우지 않았지만, 이것을 생각하지 않으면 미분도 적분도 생각할 수 없다. 그래서 여기서부터 **복소해석**으로 들어가기로 한다.

## ● 복소함수의 정의와 미분

복소수 $z = x + iy$ $(x, y \in R)$가 있고, 이 $z$를 변수로 갖는 함수 $f(z) = u(x, y) + iv(x, y)$ $(u, v \in R)$를 생각해 보자. 이것을 **복소함수**(complex function)라고 한다. 이렇게 하면, 실함수와 마찬가지로 미분을 생각해 볼 수 있다. 다시 말해

$$f'(z) = \lim_{h \to 0} \frac{f(z+h) - f(z)}{h} \qquad (\text{단, } h\text{는 복소수, 즉 } h \in C)$$

이다. 형식적으로는 실함수와 차이가 없기 때문에, 실함수에 있어서의 미분의 성질은 그대로 계승된다(예를 들어, $(f(z)g(z))' = f'g + fg'$ 등). 단 실함수의 미분과 다른 점도 있다.

다시 말해, $h$가 복소수이기 때문에, 어떠한 $h$에 대해서도 이 극한이 수렴되지 않으면 안 되기 때문에 실함수보다 제약이 심하다는 것은 알 것이다. 이것을 조사해 보자.

우선, 어떤 정의역 $D$에서 $f(z)$가 미분이 가능하다고 하고, $h$가 실수인 경우와 순허수인 경우로 나누어 생각해 본다.

（Ⅰ） $h \in R$인 경우

$z+h = x+iy+h$는 $z+h = (x+h)+iy$이므로,

$$f'(z) = \lim_{h \to 0} \frac{f(z+h)-f(z)}{h}$$

$$= \lim_{h \to 0} \frac{\big(u(x+h,y)+iv(x+h,y)\big) - \big(u(x,y)+iv(x,y)\big)}{h}$$

$$= \lim_{h \to 0} \frac{\big(u(x+h,y)-u(x,y)\big) + i\big(v(x+h,y)-v(x,y)\big)}{h}$$

$$= \lim_{h \to 0} \frac{u(x+h,y)-u(x,y)}{h} + i \lim_{h \to 0} \frac{v(x+h,y)-v(x,y)}{h}$$

이고, 이것은 실로 편미분의 정의 그 자체이므로,

$$= \frac{\partial u}{\partial x} + i \frac{\partial v}{\partial x}$$

가 된다.


（Ⅱ） $h$가 순허수, 다시 말해, $h=ik\,(k \in R)$로 될 경우

$z+h = x+iy+ik$는 $z+h = x+i(y+k)$이므로,

$$f'(z) = \lim_{h \to 0} \frac{f(z+h)-f(z)}{h}$$

$$= \lim_{k \to 0} \frac{\big(u(x,y+k)+iv(x,y+k)\big) - \big(u(x,y)+iv(x,y)\big)}{ik}$$

（실수와 허수를 하나로 모아） $$= \lim_{k \to 0} \frac{\big(u(x,y+k)-u(x,y)\big) + i\big(v(x,y+k)-v(x,y)\big)}{ik}$$

$$= \lim_{k \to 0} \frac{i\big(u(x,y+k)-u(x,y)\big)}{i \cdot ik} + \lim_{k \to 0} \frac{v(x+k,y)-v(x,y)}{k}$$

$$= -i \lim_{k \to 0} \frac{u(x,y+k)-u(x,y)}{k} + \lim_{k \to 0} \frac{v(x+k,y)-v(x,y)}{k}$$

이고, 이것도 방금 전과 마찬가지로 편미분의 정의 그 자체이므로,

$$= -i \frac{\partial u}{\partial y} + \frac{\partial v}{\partial y} = \frac{\partial v}{\partial y} - i \frac{\partial u}{\partial y}$$

가 된다.

　어떤 경우에도 미분은 가능해야 하므로 $f'(z) = \dfrac{\partial u}{\partial x} + i \dfrac{\partial v}{\partial x} = \dfrac{\partial v}{\partial y} - i \dfrac{\partial u}{\partial y}$ 가 되어야 한다. 다시 말해

라는 식을 만족시킨다. 이것을 **코시 · 리만의 관계식**(Cauchy−Riemann relations)이라고 한다.

역으로, 이 관계식이 성립하면

$$\frac{\partial u}{\partial x} + i\frac{\partial v}{\partial x} = \frac{\partial v}{\partial y} - i\frac{\partial u}{\partial y}$$

라고 할 수 있으므로, 이전의 논의 과정을 역으로 더듬어 가면,

$$f'(z) = \frac{\partial u}{\partial x} + i\frac{\partial v}{\partial x} = \frac{\partial v}{\partial y} - i\frac{\partial u}{\partial y}$$

가 된다는 것을 알 수 있다. 다시 말해, 코시·리만의 관계식은 복소함수 $f(z)$가 미분가능하기 위한 필요충분조건이라는 것이다. 그리고 영역 $D$에서 정의된 복소함수 $f(z)$가 미분가능일 때 **정칙**[주 9](regular)이라고 하며, 그 복소함수를 **정칙함수**(regular function)라고 한다.

❋ **은밀한 소리** : 왜 일부러 「정칙」이라는 전문용어를 사용하는 거야? 「미분가능」이라는 말로 충분하잖아.

여기만 보면 그렇게 말할 수도 있다. 하지만 실은 복소함수의 경우 실함수보다 좀 더 멋진 일이 일어나서, 미분가능이라면 고차 미분의 가능성까지도 단순히 말할 수 있게 되어버린다(나중에 나옴). 그렇기 때문에 단순히 「미분가능」이라고 하는 것보다 좀 더 강한 표현이 당연히 있어야 하는데, 「정칙」이라는 말이 있는 편이 적절할 것이다.

여기에서 잠시 코시 · 리만 관계식을 사용하여, 정칙성을 조사해 보자. 예를 들면, $f(z) = nz$ ($n$은 정수)의 정칙성을 조사해 보면,

$$f(z) = nz = n(x + iy) = nx + iny$$

이므로,

$$\begin{cases} u = nx \\ v = ny \end{cases}$$

주9) 정형(holomorphic)이라고도 합니다. holo는 「완전한」, morphic은 「구조, 형」이라는 의미입니다. 그래서 「정돈된 형」이라고 번역된 것이겠지요.

가 된다. 이것들을 미분하면

$$\begin{cases} \dfrac{\partial u}{\partial x} = n, & \dfrac{\partial v}{\partial x} = 0 \\[2mm] \dfrac{\partial u}{\partial y} = 0, & \dfrac{\partial v}{\partial y} = n \end{cases}$$

이 된다. 따라서

$$\begin{cases} \dfrac{\partial u}{\partial x} = \dfrac{\partial v}{\partial y} = n \\[2mm] \dfrac{\partial v}{\partial x} = -\dfrac{\partial u}{\partial y} = 0 \end{cases}$$

이 되고, 코시·리만의 관계식을 만족시키므로 $f(z)$는 정칙이다.

# 5-2 복소함수에서의 적분

복소수 세계에서의 미분을 알아봤으므로, 다음 차례는 물론 적분을 알아볼 차례이다. 여기에서는 너무 엄밀하게 다루지 않고 형식적인 면에서 다루어 본다.

**복소수의 세계에서의 적분 = 복소적분**

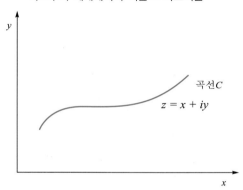

곡선 $C$
$z = x + iy$

실함수와 다른 점은 **복소적분**은 실함수에서 말하는 곳의 **선적분**이 된다는 것이다. 즉, 복소수 $z$를 생각했을 때, $z=x+iy$이므로, 결국 두 개의 자유롭게 움직이는 변수를 특정 곡선을 나타내도록 제한하고, 그 $z$에 대해서 함수 $f(z)$의 함수값이 정해지도록 하기 때문이다. 그래서 복소함수 $f(z)=u+iv$를 위의 그림과 같은 $z=x+iy$로 표현되는 곡선 $C$를 따라[주10] 적분한다고 하자.

○ 주10) 이것을 적분로라고 합니다.

$dz=dx+idy$임을 생각하면

$$\int_C f(z)dz = \int_C (u+iv)(dx+idy)$$

$$= \int_C (udx - vdy) + i\int_C (vdx + udy)$$

라고 할 수 있다.

자, 여기서 잠깐! 복소함수의 적분에서 두드러진 성질이 표현된다. 기점과 종점이 일치하는 곡선(폐곡선)[주11]을 **적분로**로 취해 보자.

그러면 아까와 마찬가지로 계산해서,

**적분로**
$C$

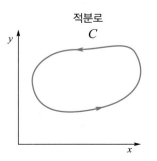

주11) 이 곡선에는 방향이 정해져 있어 그림과 같이 왼쪽으로 돌아가는 방향을 정방향으로 합니다.

$$\oint_C f(z)dz = \oint_C (u+iv)(dx+idy)$$

$$= \oint_C (udx - vdy) + \oint_C (vdx + udy)$$

가 된다. (여기에서 적분로가 빙글 한 바퀴 돌기 때문에 $\oint_C$ 라고 쓰는 것이다. 익숙하지 않을지도 모르지만 익숙해지도록 하자)

**폐곡선에서의 적분로**

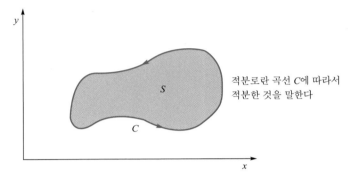

적분로란 곡선 $C$에 따라서 적분한 것을 말한다

그러나 여기에서 벡터해석 부분에서 나왔던 스토크스의 정리, 다시 말해

$\oint_C (udx + vdy) = \iint_S \left( \dfrac{\partial v}{\partial x} - \dfrac{\partial u}{\partial y} \right) dxdy$ 를 사용하여 면적적분으로 바꿀 수가 있다.

$$\oint_C f(z)dz = \oint_C (u+iv)(dx+idy)$$

$$= \oint_C (udx - vdy) + i\oint_C (vdx + udy)$$

$$= \iint_S \left( \frac{\partial(-v)}{\partial x} - \frac{\partial u}{\partial y} \right) dxdy + i\iint_S \left( \frac{\partial u}{\partial x} - \frac{\partial v}{\partial y} \right) dxdy$$

$$= -\iint_S \left( \frac{\partial v}{\partial x} + \frac{\partial u}{\partial y} \right) dxdy + i\iint_S \left( \frac{\partial u}{\partial x} - \frac{\partial v}{\partial y} \right) dxdy$$

가 되는데, 아니, 이것은 설마 방금 149페이지에서 했던 코시·리만의 관계식이 아닌가. 즉, $f(z)$가 정칙이라면 물론,

$$\begin{cases} \dfrac{\partial u}{\partial x} = \dfrac{\partial v}{\partial y} \\[2mm] \dfrac{\partial v}{\partial x} = -\dfrac{\partial u}{\partial y} \end{cases}$$

라는 관계가 성립하므로,

$$\oint_C f(z)dz = 0$$

이 된다. 뭐랄까, $f(z)$가 정칙인 것만으로, 빙글 한 바퀴 적분시키는 것만으로 0이 되는 것이다. 깜짝 놀랄 일이다. 이것을 **코시의 (적분) 정리**[주12]라고 한다. 중요한 내용이니 박스 안에다 써 둔다.

주12) 혹은 코시·구르 사(Goursat)의 정리라 고도 합니다.

> **코시의 (적분) 정리**
>
> $f(z)$가 임의의 폐곡선 $C$ 내에서 정칙일 때, $C$에 따라 적분하면 그 적분값은 0이 된다. 다시 말해,
>
> $$\oint_C f(z)dz = 0$$
>
> 이다.

이 코시의 적분 정리로부터 그 자리에서 기점, 종점이 일치하는 어느 적분로를 잡아도 $f(z)$가 정칙이면 그 적분값은 일치한다는 것을 알 수 있다.

**코시의 정리란**

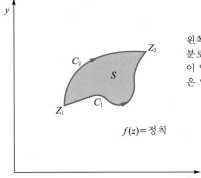

왼쪽 그림에서는 $C_1$과 $C_2$의 어떤 적 분로를 잡아도 기점($Z_1$)과 종점($Z_2$) 이 일치한다. 이 때 $C_1$과 $C_2$의 적분값 은 일치한다.

다시 말해,

$$\oint_{C_1} f(z)dz = \oint_{C_2} f(z)dz$$

가 된다. 역으로 이러한 관계가 성립하면 $f(z)$는 정칙이 된다.

$$\oint_{C_1} f(z)dz = \oint_{C_1}(udx - vdy) + i\oint_{C_1}(vdx + udy)$$

$$\oint_{C_2} f(z)dz = \oint_{C_2}(udx - vdy) + i\oint_{C_2}(vdx + udy)$$

여기에서, $\oint_{C_1} f(z)dz = \oint_{C_2} f(z)dz$ 이므로

$$\oint_{C_1}(udx - vdy) - \oint_{C_2}(udx - vdy) + i\left\{\oint_{C_1}(vdx + udy) - \oint_{C_2}(vdx + udy)\right\} = 0$$

$$\oint_{C_1}(udx - vdy) + \oint_{-C_2}(udx - vdy) + i\left\{\oint_{C_1}(vdx + udy) + \oint_{-C_2}(vdx + udy)\right\} = 0$$

$$\oint_C(udx - vdy) + i\oint_C(vdx + udy) = 0 \qquad (C=C_1+(-C_2)\text{라고 했다})$$

이 된다. 여기서 **그린의 정리**를 사용하면,

$$\iint_S\left(\frac{\partial(-v)}{\partial x} - \frac{\partial u}{\partial y}\right)dxdy + i\iint_S\left(\frac{\partial u}{\partial x} - \frac{\partial v}{\partial y}\right)dxdy = 0$$

이므로

$$\begin{cases} \dfrac{\partial v}{\partial x} + \dfrac{\partial u}{\partial y} = 0 \\[2mm] \dfrac{\partial u}{\partial x} - \dfrac{\partial v}{\partial y} = 0 \end{cases}$$

이 된다. 이것은 코시·리만의 관계식이므로 $f(z)$는 정칙이 된다. 이것을 **모레라 (Morera)의 정리**라고 한다. 조금 말을 바꿔 써 보면 다음과 같다.

> ### 모레라의 정리
> 복소평면상의 어떤 영역 $D$에서, 임의의 폐곡선 $C$에 따라
> $$\oint_C f(z)dz = 0$$
> 이면, $f(z)$는 영역 $D$에서 정칙이다.

정칙인 영역에 어떤 두 개의 점 $z_1$, $z_2$가 있을 때, 이 두 점을 잇는 어떤 경로라도 적분값이 일치한다는 점에서 뭔가 떠오르지 않는가? (떠올려 보라!) 그렇다. 위치 에너지(포텐셜 에너지)이다. 예를 들어, 산 중턱에서 정상까지 어떤 길을 택해도 일 자체는 변하지 않는 것과 비슷하다.

모레라의 정리는 위치 에너지와 같은 발상

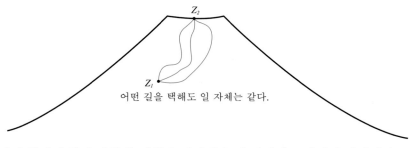

어떤 길을 택해도 일 자체는 같다.

이런 성질이 있기 때문에, 적분을 생각했을 때 재미있는 성질이 나타난다.

## ● 코시의 적분 정리

또 다시 중요한 정리를 구해 보자. 복소해석은 중요한 정리, 공식들이 밀치락 달치락 많이 등장하는데, 이해해 두면 그 은혜는 헤아릴 수 없다! 그러므로, 조금 더 참고 따라와 주기 바란다.

폐곡선 $C$의 내부 영역 $D$에서 정칙인 함수 $f(z)$를 생각하고, 그 영역 내에 점 $a$를 잡아, $\oint_C \dfrac{f(z)}{z-a}dz$ 라는 적분을 생각한다.

폐곡선 $C$의 가운데에 점 $a$가 있다

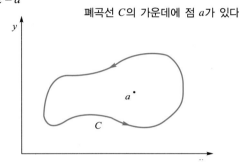

$\oint_C \dfrac{f(z)}{z-a}dz$ 는 어떻게 될까?

여기서 점 $a$를 중심으로 해서 반지름 $r$인 원을 생각하고, 이것을 $\Gamma$ (감마)가 되는 적분로를 생각한다. 그러면, 다음 그림과 같이 $C$와 $\Gamma$를 조합하여, 깜쪽같이 $a$를 회피하는 적분로 $C'$ 을 생각할 수 있다.

$a$점을 회피하는 적분로 $C'$ 을 생각한다

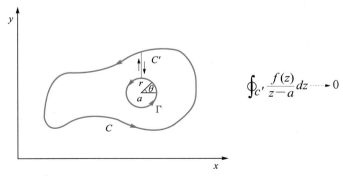

$$\oint_{C'} \frac{f(z)}{z-a}dz \dashrightarrow 0$$

이렇게 하면, $\oint_{C'} \dfrac{f(z)}{z-a}dz = 0$ 인 것은 자명하다. 또한 적분로는 $C' = C + (-\Gamma)$이기 때문에,

$$\oint_{C'} \frac{f(z)}{z-a}dz = \oint_C \frac{f(z)}{z-a}dz - \oint_\Gamma \frac{f(z)}{z-a}dz = 0$$

이 되고, 결국

$$\oint_C \frac{f(z)}{z-a}dz = \oint_\Gamma \frac{f(z)}{z-a}dz$$

가 되므로, 적분로는 $\Gamma$에 대해서 생각하면 된다는 것을 알 수 있다. 여기서 이 $\Gamma$는 $z-a=re^{i\theta}$ (점 $a$를 중심으로 하는 반지름 $r$인 원의 방정식)으로 표현되기 때문에, $dz = ire^{i\theta}d\theta$가 되고,

$$\oint_\Gamma \frac{f(z)}{z-a}dz = \int_0^{2\pi} f(a+re^{i\theta}) \cdot \frac{1}{re^{i\theta}} ire^{i\theta} d\theta$$

$$= i\int_0^{2\pi} f(a+re^{i\theta})d\theta$$

라고 할 수가 있다. 여기서 $r$은 물론 임의의 값이므로 $r \to 0$이라는 극한을 생각했을 때, $f(a+re^{i\theta}) \to f(a)$가 되기 때문에

$$i\int_0^{2\pi} f(a+re^{i\theta})d\theta = if(a)\int_0^{2\pi} d\theta = 2\pi if(a)$$

가 된다. 따라서

$$\oint_C \frac{f(z)}{z-a}dz = 2\pi if(a)$$

$$f(a) = \frac{1}{2\pi i} \oint_C \frac{f(z)}{z-a}dz$$

가 됨을 알 수 있다. 여기서 변수를 바꾸면

$$f(z) = \frac{1}{2\pi i} \oint_C \frac{f(\xi)}{\xi - z}d\xi$$

라고 할 수 있으므로 결국, 영역 $D$에서 $f(z)$는 적분의 형태로 표현되는 것이다. 이 정리를 **코시의 적분 공식**이라고 한다. 이것도 중요한 공식이므로 박스로 강조해 두자.

---

**코시의 적분 공식**

영역 $D$에서 정칙인 함수 $f(z)$는

$$f(z) = \frac{1}{2\pi i} \oint_C \frac{f(\xi)}{\xi - z}d\xi$$

라고 표현할 수 있다.

---

이 코시의 적분 공식을 사용하여 미분을 적분으로 표현할 수 있다는 것을 보여주자.

이 식의 양변을 $z$로 미분하면

$$f'(z) = \frac{1}{2\pi i} \oint_C \frac{f(\xi)}{(\xi - z)^2} d\xi$$

$$f''(z) = \frac{2}{2\pi i} \oint_C \frac{f(\xi)}{(\xi - z)^3} d\xi$$

.........................

라고 할 수 있으므로 영역 $D$에서 정칙인 함수 $f(z)$는 정칙이라는 사실만으로 원하는 만큼 미분할 수 있다(정칙인 고차 도함수를 가진다)는 것이다.

와~, 놀라운 일이다. 정칙인 복소함수는 아주 좋은 성질을 가지고 있는 것이다. 이 식을 **구르사의 공식**이라고 한다.

---

**구르사의 공식**

$$f^{(n)}(z) = \frac{n!}{2\pi i} \oint_C \frac{f(\xi)}{(\xi - z)^{n+1}} d\xi$$

---

# 5-3 유수(留數)

복소해석에는 중요한 정리와 공식들이 많이 나오는데, 뭐가 가장 어려운가를 생각한다면 **유수**(留數)가 아닐까 한다. 유수 자체에 대한 설명은 뒤로하고 일단 잘 들어 보기 바란다.

적분이 미분과 극한 두 가지로 표현되어 버린다.

뭐? 들리지 않았다고? 그럼 한 번 더. 「적분이 미분과 극한 두 가지로 표현되어 버린다.」

※ **은밀한 소리** : 그런 게 있었나? 하지만 미분과 적분은 역연산 관계 아닌가?

하지만 그런 게 있다. 백문이불여일견. 직접 알아보기로 하자.

우선 어떤 점 $a$ 이외의 영역 $D$에서 정칙인 함수를 생각해 본다. 여기서 적분 $\oint_C f(z)dz$ 를 생각해 보는데, 이것은 폐곡선 $C$의 내부에 정칙이 아닌 점 $a$(이것을 **특이점**(singurlar point)이라고 한다)가 있으므로 약간은 연구가 필요하다.

**특이점 ($a$)가 폐곡선 $C$의 내부에 있는 경우**

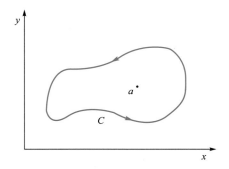

그래서 점 $a$를 중심으로 하여 반경 $r$인 원을 생각하고, 이것을 $\Gamma$ (감마)라고 하자. 그러면 159p 그림처럼 $C$와 $\Gamma$를 조합하여 능숙하게 $a$를 회피하는 적분로 $C'$를 생각할 수가 있다.

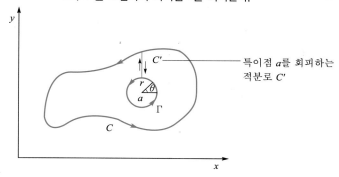

$C$와 $\Gamma$를 조합하여 특이점 $a$를 회피한다.

특이점 $a$를 회피하는
적분로 $C'$

이렇게 하면, 적분로 내에 특이점은 없기 때문에, $\oint_{C'} f(z)dz = 0$ 이라는 것은 명확하다. 또한 적분로는 $C' = C + (-\Gamma)$이므로[주13]

○ 주13) 그림 속의 ↑↓ 부분의 적분은 물론 0이 되기 때문.

$$\oint_{C'} f(z)dz = \oint_C f(z)dz - \oint_\Gamma f(z)dz = 0$$

이 되고, 결국

$$\oint_C f(z)dz = \oint_\Gamma f(z)dz$$

가 되므로 적분로는 $\Gamma$에 대해 생각하면 된다는 것을 알 수 있다. 여기서 이 $\Gamma$는 $z - a = re^{i\theta}$(점 $a$를 중심으로 하는 반지름 $r$인 원의 방정식)로 표현된다. 그러므로 $dz = ire^{i\theta}d\theta$가 되어

$$\oint_C f(z)dz = \oint_\Gamma f(z)dz = \oint_\Gamma f(z)\frac{z-a}{z-a}dz$$
$$= \int_0^{2\pi} f(a + re^{i\theta}) \cdot \frac{z-a}{re^{i\theta}}ire^{i\theta}d\theta$$
$$= i\int_0^{2\pi} f(a + re^{i\theta}) \cdot (z-a)d\theta$$

라고 할 수 있다. 여기서 $\dfrac{z-a}{z-a}$ 라고 하는 것이 좀 하기 어려운 테크닉이다. 이렇게 하면 $r$은 물론 임의의 값이므로 $r \to 0$이라는 극한을 생각했을 때, 가령 $f(z)(z-a) \to A$라는 극한값(이것은 물론 $\lim_{z \to a}(f(z)(z-a)) = A$와 같다)이 존재한다면,

$$i\int_0^{2\pi} f(a + re^{i\theta}) \cdot (z-a)d\theta = iA\int_0^{2\pi} d\theta = 2\pi iA$$

라고 할 수 있다. 이 극한값 $A$를 유수(residue)라고 하며, $\mathrm{Res}[f, a]$라고 쓴다. 이 것에서

$$\oint_C f(z)dz = 2\pi i\lim_{z \to a}(f(z)(z-a)) = 2\pi i\mathrm{Res}[f, a]$$

가 된다. 자, 이제 적분이 극한으로 표현되었다.

일반적으로 영역 내에 복수의 특이점($A_k (1 \leq k \leq n)$)이 있는 경우에는

$$\oint_C f(z)dz = 2\pi i \sum_{k=1}^{n} A_k$$

가 된다는 것은 간단히 알 수 있다. 이것을 **유수정리**(residue theorem)라고 한다.

양 화살표( ⇌ ) 부분의 적분은 모두 「0」이 된다

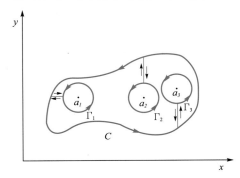

지금 여기에서 생각한 특이점은 $z-a$를 생각하는 것으로 쉽게 풀렸지만, 이것은 1위의 **극**(pole)이라고 불리는 것으로, $m$위의 극, 즉 $\left( \dfrac{1}{(z-a)^m} \times 정칙함수 \right)$ 라는 형태의 특이점을 가지고 있을 때는

$$\text{Res}[f,a] = \frac{1}{(m-1)!} \lim_{z \to a} \frac{d^{m-1}}{dz^{m-1}} \{(z-a)^m f(z)\} \qquad (a \neq \infty)$$

가 된다.

다만, 이것을 도출해 내기 위해서는 약간의 준비가 필요하다.

## ● 테일러 전개와 로랑 전개

우선, 이것이 없다면 미적분에서는 해가 뜨지 않는 것과 같을 것이다. **테일러 전개**를 생각해 보자.

영역 $D$에서 정칙인 함수 $f(z)$는 임의의 적분로 $C$에서

$$f(z) = \frac{1}{2\pi i} \oint_C \frac{f(\xi)}{\xi - z} d\xi$$

라고 나타낼 수가 있었다. 여기서 폐곡선 $C$의 내부의 점 $a$를 생각하여, 이 식을

변형해 보자.

폐곡선 $C$와 내부의 점 $a$에서 테일러 전개를 생각한다

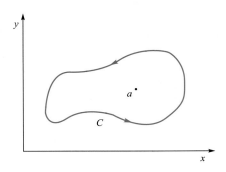

$f(z) = \dfrac{1}{2\pi i} \oint_C \dfrac{f(\xi)}{\xi - z}\, d\xi$ 를 변형한다.

$$f(z) = \frac{1}{2\pi i} \oint_C \frac{f(\xi)}{\xi - z} d\xi$$

$$= \frac{1}{2\pi i} \oint_C \frac{f(\xi)}{\xi - a + a - z} d\xi$$

$$= \frac{1}{2\pi i} \oint_C \frac{f(\xi)}{\xi - a} \cdot \frac{1}{\left(1 - \dfrac{z - a}{\xi - a}\right)} d\xi$$

$$\because \ \xi - a + a - z = (\xi - a) + (a - z)$$

$$= (\xi - a)\left(1 + \frac{a - z}{\xi - a}\right) = (\xi - a)\left(1 - \frac{z - a}{\xi - a}\right)$$

상당히 자의적으로 풀어가고 있기 때문에 당황할지도 모르지만, 이것도 '발견되었다'고 생각하고 로직에 문제가 없다면, 그대로 인정하는 편이 편할 것이다. 물론 벡터 해석의 rot와 같이 이 정의 자체가 문제가 될 때에는 그 의미를 이해할 필요가 있겠지만, 지금의 경우는 그와는 다르니까 말이다.

자, 이야기를 다시 원래대로 돌려 보자. 여기서 생각해야 할 것은 고등학교에서 배운 **무한등비급수**이다. 그 때문에 이런 자의적인 일을 했던 것이다.

**무한등비급수의 공식**

$$(단, |a| < 1)$$

라는 것이 있었다. 그래서 $\left|\dfrac{z-a}{\xi-a}\right|<1$ 이면

$$\frac{1}{2\pi i}\oint_{C}\frac{f(\xi)}{\xi-a}\cdot\frac{1}{\left(1-\dfrac{z-a}{\xi-a}\right)}d\xi=\frac{1}{2\pi i}\oint_{C}\frac{f(\xi)}{\xi-a}\cdot\sum_{n=0}^{\infty}\left(\frac{z-a}{\xi-a}\right)^{n}d\xi$$

$$=\sum_{n=0}^{\infty}(z-a)^{n}\cdot\frac{1}{2\pi i}\oint_{C}\frac{f(\xi)}{(\xi-a)^{n+1}}d\xi$$

$$=\sum_{n=0}^{\infty}\frac{1}{n!}f^{(n)}(a)(z-a)^{n}$$

$$(\because 157\text{페이지 구르사의 공식에서 } f^{(n)}(z)=\frac{n!}{2\pi i}\oint_{C}\frac{f(\xi)}{(\xi-z)^{n+1}}d\xi)$$

이 된다. 이것은 바로 테일러의 공식 그 자체이다.

그런데 여기까지는 실수일 때와 차이가 없지만(물론 형식적으로지만), 이번에는 복소함수 특유의 전개를 생각해 보자.

영역 $D$에서 점 $a$ 이외에서 정칙인 함수 $f(z)$는 적분로 A→$\Gamma_{1}$→A→B－$\Gamma_{2}$→B→A($=\Gamma_{1}-\Gamma_{2}$)를 생각하면 $f(z)$는 이 폐곡선으로 에워싸인 부분(그림의 음영 부분)에서는 정칙이므로

$$f(z)=\frac{1}{2\pi i}\oint_{\Gamma_{2}}\frac{f(\xi)}{\xi-z}d\xi-\frac{1}{2\pi i}\oint_{\Gamma_{1}}\frac{f(\xi)}{\xi-z}d\xi$$

가 된다.

지금 $\Gamma_{2}$상에 $\xi$가 있다고 하면, $|\xi|\geq|z|$이므로,

$$\frac{1}{\xi-z}=\frac{1}{\xi-a+a-z}=\frac{1}{(\xi-a)-(z-a)}$$

$$=\frac{1}{\xi-a}\left(\frac{1}{1-\dfrac{z-a}{\xi-a}}\right)$$

$$=\frac{1}{\xi-a}\sum_{n=0}^{\infty}\left(\frac{z-a}{\xi-a}\right)^{n}=\sum_{n=0}^{\infty}\frac{(z-a)^{n}}{(\xi-a)^{n+1}}$$

이 된다. 여기서

$$1+\alpha+\alpha^{2}+\alpha^{3}+\cdots=\frac{1}{1-\alpha}$$

$$(\text{단, } |\alpha|<1)$$

특이점($a$)을 가질 때의 주요부 구조

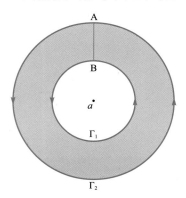

을 사용했다.

다음으로 $\Gamma_1$상에 $\xi$가 있다고 하면, $|\xi| \leq |z|$이므로

$$-\frac{1}{\xi - z} = \frac{-1}{\xi - a + a - z} = \frac{1}{(z-a) - (\xi - a)}$$

$$= \frac{1}{z-a}\left(\frac{1}{1 - \dfrac{\xi - a}{z - a}}\right) = \frac{1}{z-a}\sum_{n=0}^{\infty}\left(\frac{\xi - a}{z - a}\right)^n = \sum_{n=0}^{\infty}\frac{(\xi - a)^n}{(z-a)^{n+1}}$$

이 된다. 따라서 이상의 결과를 이용하면

$$f(z) = \frac{1}{2\pi i}\oint_{\Gamma_2}\frac{f(\xi)}{\xi - z}d\xi - \frac{1}{2\pi i}\oint_{\Gamma_1}\frac{f(\xi)}{\xi - z}d\xi$$

$$= \sum_{n=0}^{\infty}\frac{1}{2\pi i}(z-a)^n\oint_{\Gamma_2}\frac{f(\xi)}{(\xi - a)^{n+1}}d\xi + \sum_{n=0}^{\infty}\frac{1}{2\pi i}(z-a)^{-(n+1)}\oint_{\Gamma_1}f(\xi)(\xi - a)^n d\xi$$

이고, 여기서

$n \geq 0$에 대해서

$$c_n = \frac{1}{2\pi i}\oint_{\Gamma_2}\frac{f(\xi)}{(\xi - a)^{n+1}}d\xi \qquad \cdots\cdots①$$

$n \geq 1$에 대해

$$c_{-n} = \frac{1}{2\pi i}\oint_{\Gamma_1}f(\xi)(\xi - a)^{n-1}d\xi \qquad \cdots\cdots②$$

로 하면

$$f(z) = \sum_{n=0}^{\infty}c_n(z-a)^n + \sum_{n=1}^{\infty}c_{-n}(z-a)^{-n} \qquad \cdots\cdots③$$

이 된다는 것을 알 수 있다. 여기서 우변의 제2항이 테일러 전개일 때에는 보이지 않기 때문에, 특이점을 내부에 가질 때의 특징적인 항이다. 이 부분을 **주요부**라고 한다.

이것으로 분명 특이점 $a$를 포함하는 영역에서 $f(z)$를 전개할 수 있지만, 이것으로는 아직 모양새가 나쁘다. 그래서 $\Gamma_1$, $\Gamma_2$는 임의였으니까 $\Gamma$로 해 버린다.

❖ **은밀한 소리**：「해 버린다」라니, 그 한마디로 끝나는 거야?

괜찮다. 이해하기 어려웠다면 $\Gamma_2$를 $\Gamma_1$으로 서서히 접근시키는 이미지를 떠올려 보는 것은 어떨까?

자 이야기를 원래대로 돌려 보면, ①, ②는

$$c_n = \frac{1}{2\pi i} \oint_{\Gamma} \frac{f(\xi)}{(\xi - a)^{n+1}} d\xi \qquad (\, n = 0, \pm 1, \pm 2, \pm 3, \cdots \,)$$

라고 통일적으로 표기할 수 있다. 또한 ③도

$$f(z) = \sum_{n=-\infty}^{\infty} c_n (z - a)^n$$

이 되고 이것으로 깔끔해졌다. 이것을 **로랑(Laurent) 전개**라고 한다.

여기에서 조금 재미있는 것을 알 수 있다. 뭐냐 하면,

$$c_{-1} = \frac{1}{2\pi i} \oint_{\Gamma} \frac{f(\xi)}{(\xi - a)^{-1+1}} d\xi = \frac{1}{2\pi i} \oint_{\Gamma} f(\xi) d\xi$$

이다. 음, 이것은 $f(z)$의 적분 그 자체(2$\pi i$로 나누고 있긴 하지만)가 아닌가? 즉,

$$\oint_{\Gamma} f(z) dz = 2\pi i c_{-1} = 2\pi i \mathrm{Res}[f, a]$$

라는 관계가 있다는 것을 알 수 있다. 이것이 앞에서 등장한 **유수**가 된다는 것은 일목요연하다. 하지만, 이런 관계가 있다는 것을 안 것만으로 $c_{-1}$을 어떤 방법으로 이해할 수 없다는 것은 토톨로지[주14]이므로 어쩔 수가 없다. 그래서 이상의 지식을 구사하여 유수를 도출해 보기로 하자.

주14) tautology.동어 반복. 즉, 같은 내용을 말을 바꿨을 뿐이라는 것입니다.

## ● 유수에 재도전

그러므로 다른 방법으로 유수를 구해 보자. 아니 구한다기보다 특이점(극)이 있을 때의 적분을 생각해 보기로 하자.

우선 복소수 $f(z)$가 적분 영역 내에 특이점 $a$를 가지고, 그것이 $m$위의 극, 다시 말해 $g(z)$를 정칙관계라고 했을 때 $f(z) = \dfrac{g(z)}{(z - a)^m}$ 라고 표현되는 것을 생각한다. 여기서 $g(z)$가 정칙이라는 사실이 중요하다. 여기서 단서가 되는 것이 $\dfrac{g(z)}{(z - a)^m}$ 라는 형이다. 뭔가 생각나지 않는가? 바로 구르사의 공식이다.

이것은 폐곡선 $C$ 내부에서 정칙일 때

$$\frac{d^n}{dz^n} g(z) = \frac{n!}{2\pi i} \oint_C \frac{g(\xi)}{(\xi - z)^{n+1}} d\xi$$

였으므로, 적분 내부와 방금 전 식을 비교해 보면

$$\frac{d^{m-1}}{dz^{m-1}} g(z) = \frac{(m-1)!}{2\pi i} \oint_C \frac{g(\xi)}{(\xi - z)^m} d\xi$$

가 되기 때문에 희망을 가질 수 있을 것 같다. 여기에서 예에 따라, 특이점 $a$ ( $f(z)$에 있어서의)를 끌어내 보자. 즉,

$$\frac{1}{\xi-z} = \frac{1}{\xi-a+a-z} = \frac{1}{\xi-a} \cdot \frac{1}{\left(1-\dfrac{z-a}{\xi-a}\right)}$$

이므로

$$\frac{d^{m-1}}{dz^{m-1}} g(z) = \frac{(m-1)!}{2\pi i} \oint_C \frac{g(\xi)}{(\xi-a)^m} \cdot \frac{1}{\left(1-\dfrac{z-a}{\xi-a}\right)^m} d\xi$$

$$2\pi i \left\{ \frac{1}{(m-1)!} \frac{d^{m-1}}{dz^{m-1}} g(z) \right\} = \oint_C \frac{g(\xi)}{(\xi-a)^m} \cdot \frac{1}{\left(1-\dfrac{z-a}{\xi-a}\right)^m} d\xi$$

$$2\pi i \left[ \frac{1}{(m-1)!} \frac{d^{m-1}}{dz^{m-1}} \left\{ (z-a)^m f(z) \right\} \right] = \oint_C f(\xi) \cdot \frac{1}{\left(1-\dfrac{z-a}{\xi-a}\right)^m} d\xi$$

가 된다는 것을 알 수 있다. 여기서 $z \to a$라고 했을 때

$$\frac{z-a}{\xi-a} \to 0$$

이므로[주15], 결국

$$2\pi i \left[ \frac{1}{(m-1)!} \lim_{z \to a} \frac{d^{m-1}}{dz^{m-1}} \left\{ (z-a)^m f(z) \right\} \right] = \oint_C f(\xi) d\xi = \oint_C f(z) dz$$

가 되고, 좌변과 우변을 바꿔 놓으면

$$\oint_C f(z) dz = 2\pi i \left[ \frac{1}{(m-1)!} \lim_{z \to a} \frac{d^{m-1}}{dz^{m-1}} \left\{ (z-a)^m f(z) \right\} \right] = 2\pi i \mathrm{Res}[f,a]$$

라면 잘 된 것이다. 중요하므로 박스로 강조해 두자.

> **$m$위의 극일 때의 유수**
> 복소함수 $f(z)$가 있는 영역에서 특이점 $a$를 가지고, 그것이 $m$위의 극인 경우의 유수는
> $$\mathrm{Res}[f,a] = \frac{1}{(m-1)!} \lim_{z \to a} \frac{d^{m-1}}{dz^{m-1}} \left\{ (z-a)^m f(z) \right\}$$
> 로 주어진다.

이것으로 앞에서 예를 들었던 수수께끼의 식이 해명된 셈이다.

주15) 왜냐하면 아무리 바둥바둥해도 적당한 양수 $M$을 취하면, $|\xi-a| < M$이기 때문에.

# 5-4 실적분에의 복소적분 응용

복소함수 장을 마무리하면서 복소적분을 사용하여 실적분을 푸는 방법을 생각해 보도록 하자. 뭐라 해도 복소 해석을 배우는 하나의 동기였으니 말이다. 실수 세계만으로는 좀처럼 풀 수 없었던 적분을 일단 복소수의 세계로 끌어옴으로 인해 이용할 수 있는 다양한 정리, 공식을 이용하여 구하고자 하는 적분을 생각할 수 있게 되었다. 아주 강력한 도구를 손에 넣게 된 것이다.

이 넓이(적분)를 복소적분으로 생각해 보자.

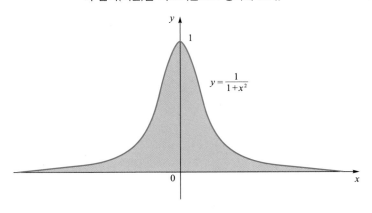

자, 예를 들면 $\int_{-\infty}^{\infty} \frac{1}{1+x^2} dx$ 라는 적분을 생각해 보자. 이것을 실수만의 세계에서 생각하는 것은 싫다. 그래서 우선 이 적분을

$$\int_{-\infty}^{\infty} \frac{1}{1+x^2} dx = \lim_{r \to \infty} \int_{-r}^{r} \frac{1}{1+x^2} dx$$

라고 생각하고, 복소수의 세계로 들어가기로 하자. 복소수의 세계에서는

$$\oint_C \frac{1}{1+z^2} dz$$

라는 적분을 생각하면 된다는 것은 알지만, 문제는 「적분로 $C$를 어떻게 잡을 것인가」이다. 적분을 제대로 풀 수 있을지 없을지는 이 적분로를 어떻게 잡느냐에 달려 있다.

문제의 $\dfrac{1}{1+z^2}$ 은 $\dfrac{1}{(z+i)(z-i)}$ 이라고 할 수 있고, 특이점은 $i$, $-i$이므로, 그림과 같이 적분로를 잡는 것이 좋을 것이다. 여기서 실직선을 적분로에 포함하는 것이 특색이다.

**실직선을 포함하는 적분로**

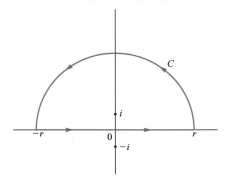

이렇게 하면

$$\oint_C \frac{1}{1+z^2}\,dz = \int_{-r}^{r} \frac{1}{1+z^2}\,dz + \int_{\text{반원}} \frac{1}{1+z^2}\,dz$$

라고 할 수가 있다. 여기서 먼저 좌변의 적분을 구해 두자. 이것은 물론 유수를 사용하여

$$\text{Res}\left[\frac{1}{1+z^2}, i\right] = \lim_{z\to i}(z-i)\cdot \frac{1}{1+z^2} = \lim_{z\to i}(z-i)\cdot \frac{1}{(z-i)(z+i)} = \frac{1}{2i}$$

이므로,

$$\oint_C \frac{1}{1+z^2}\,dz = 2\pi i \cdot \text{Res}\left[\frac{1}{1+z^2}, i\right] = 2\pi i \cdot \frac{1}{2i} = \pi$$

가 됨을 알 수 있다. 이번에는 우변이다.

$$\int_{-r}^{r} \frac{1}{1+z^2}\,dz + \int_{\text{반원}} \frac{1}{1+z^2}\,dz = \int_{-r}^{r} \frac{1}{1+x^2}\,dx + \int_{\text{반원}} \frac{1}{1+z^2}\,dz$$

가 되는 것은 이해할 것이다. 제1항은 실직선상의 적분이기 때문이다. 제2항째는 $z = re^{i\theta}$라고 하면, $dz = ire^{i\theta}\,d\theta$이므로

$$\int_{\text{반원}} \frac{1}{1+z^2}\,dz = \int_{0}^{2\pi} \frac{1}{1+r^2 e^{i2\theta}}\cdot ire^{i\theta}\,d\theta$$
$$= \int_{0}^{2\pi} \frac{ie^{i\theta}}{\dfrac{1}{r} + re^{i2\theta}}\,d\theta$$

가 된다. 이 적분은

$$\lim_{r \to \infty} \int_0^{2\pi} \frac{ie^{i\theta}}{\frac{1}{r} + re^{i2\theta}} d\theta = 0$$

이 되므로, 결국

$$\int_{-\infty}^{\infty} \frac{1}{1+x^2} dx = \lim_{r \to \infty} \int_{-r}^{r} \frac{1}{1+x^2} dx = \pi$$

가 됨을 알 수 있을 것이다.

지금까지 좀처럼 뜻대로 풀 수 없던 적분을 어쨌든 풀 수 있다는 것만으로도 복소수는 고마운 것이지만, 복소해석의 효용은 여기에 그치지 않는다. 그러나, 너무 많은 지식을 흡수해서 소화불량이 걸려도 곤란하니, 일단 적분을 풀 수 있다는 기쁨으로 만족하면서 이 장을 마치도록 한다. 나머지는 독자 여러분이 각자 실천(연습)을 통해 실력을 쌓아가길 바란다.

제6장

# 특수함수

특수함수가 생겨난 배경 가운데 하나는 간단해 보이는 적분이
좀처럼 풀리지 않아 곤란했기 때문이 아닌가 생각한다.
이 적분을 풀린 체하고 설정한 특수함수의 성질을 철저하게 조사해서
간접적으로 적분을 푼 것처럼 하고 싶었던 것이 아닐까?
물론 모든 특수함수가 그렇지는 않지만 동기의 하나임에는 틀림없다.
이 장에서는 타원함수, 감마함수라는 물리에서도 친숙한 대표적인
특수함수를 예로 들었다. 이 이외에도 예로 들고 싶었지만,
소화시키지 못할 정도의 지식을 머리에 담아 두는 것은 바람직하지 않고,
또한 한정된 지면 관계상 생략할 수밖에 없었다.
흥미가 있는 분은 꼭 관계 서적을 읽어 주기 바란다.

# 6-1 감마함수

특수함수라는 것을 생각하게 된 것은 적분이 일반적으로 매우 곤란하기 때문에 「우선 어떤 함수로 치환하고 나서, 나중에 그 함수의 성질을 조사하려고 했던」 사정도 있지 않았을까? 탁 터놓고 말하면, 푸는 척하고 실제로는 특수함수에게 다 맡겨버린다는 것이다. 물론 실제로 풀 수 없으니까, 다른 각도에서 생각해 보려고 시도한 이 방법에는 일리가 있다. 다음 단계로서 그 함수의 성질을 연구하면 되기 때문이다. 적분으로서도 전망이 좋아진다는 장점도 있다.

특수함수는 또한 지금 예를 든 의미만이 아닌, 기존 개념의 확장일 경우도 있다. 이제부터 예를 들 **감마함수** 등이 실제로 그런 경우일 거라고 생각한다. 이것은 계승(factorial)의 개념의 정수로부터 실수, 또한 복소수에의 확장이라고 생각할 수 있다.

어쨌든 적분이 곤란한 경우에는 특수함수의 힘을 빌리지 않으면 안 되므로, 그 테크닉을 여기에서 마스터해 두자. 그래서 특수함수의 실마리로서 그 감마함수를 생각해 보자. 그러면 지금 $a>0$일 때 다음 적분을 생각해 본다.

$$\int_0^\infty e^{-ax}dx = -\frac{1}{a}\left[e^{-ax}\right]_0^\infty = -\frac{1}{a}(0-1) = \frac{1}{a}$$

이 되는데, 이 양변을 $a$에 대해 미분해 보자. 그러면

$$\frac{d}{da}\left(\int_0^\infty e^{-ax}dx\right) = \frac{d}{da}\left(\frac{1}{a}\right)$$

$$\int_0^\infty \frac{d}{da}\left(e^{-ax}\right)dx = -\frac{1}{a^2}$$

$$\int_0^\infty \left(-xe^{-ax}\right)dx = -\frac{1}{a^2}$$

$$\therefore \int_0^\infty xe^{-ax}dx = \frac{1}{a^2}$$

이 되고, 또한 $a$에 대해서 미분을 계속해 가면

$$\frac{d}{da}\left(\int_0^\infty xe^{-ax}dx\right) = \frac{d}{da}\left(\frac{1}{a^2}\right)$$

$$\int_0^\infty \frac{d}{da}\left(xe^{-ax}\right)dx = \frac{d}{da}\left(a^{-2}\right)$$

$$\int_0^\infty \left(-x^2 e^{-ax}\right)dx = -2a^{-3}$$

$$\therefore \int_0^\infty x^2 e^{-ax}dx = 2a^{-3}$$

이고, 다시 한 번

$$\int_0^\infty \frac{d}{da}\left(x^2 e^{-ax}\right)dx = \frac{d}{da}\left(2a^{-3}\right)$$

$$\int_0^\infty \left(-x^3 e^{-ax}\right)dx = -2\cdot 3 a^{-4}$$

$$\therefore \int_0^\infty \left(x^3 e^{-ax}\right)dx = 2\cdot 3 a^{-4}$$

이 된다. 따라서 일반적으로

$$\int_0^\infty x^{n-1} e^{-ax}dx = 1\cdot 2\cdot 3\cdot 4\cdots\left(n-1\right)a^{-n} \qquad (n=1,2,3,\cdots)$$

$$= \left(n-1\right)! \, a^{-n}$$

이라고 할 수 있다. 여기서 $a=1$이라고 하면,

$$\int_0^\infty x^{n-1} e^{-x}dx = \left(n-1\right)! \qquad (n=1,2,3,\cdots)$$

이 된다. 자, 이제 **계승을 적분으로 표현**할 수 있게 되었다!

　그 다루기 어려운 계승이 적분이 되었다는 것은 – 물론 이 적분 또한 간단해 보이진 않지만 – 다른 각도에서 계승을 보는 수단을 얻게 되었다는 것이다. 이것은 대단한 일이다. 게다가 계승을 확장할 수 있는 가능성이 생기게 되었다. 지금의 식에서 $n$을 실수 $t(>0)$로 치환해 보면 되므로, 이런 표현은 없지만 「실수의 계승」을 정의할 수도 있다는 것이다.

　그래서 지금의 식의 $n$을 실수 $t$로 치환한 식을 감마함수라고 정의하자.

---

### (오일러의) 감마 함수의 정의

$$\Gamma(t) \equiv \int_0^\infty x^{t-1} e^{-x}dx \qquad (t>0)$$

---

「계승을 확장할 수 있다!」고 기뻐하며 담담히 감마함수의 정의까지 도출했지만 냉정하게 잘 생각해 보면 상당한 문제를 안고 있는 것 같다. 적분영역에 무한대가 포함되어 있어 과연 이 적분이 수렴되는지 발산되는지, 아니 그 전에 애초

부터 이렇게 적분영역을 생각해도 될 것인지 하는 의문들이 부글부글 끓어오를 것이다.

적분 영역에 무한대를 넣어도 되지만(그다지 부자연스럽지 않으므로) 적분이 발산하는지 수렴하는지는 중요한 문제라고 생각한다. 발산하는 적분에서는 그다지 재미없을 것이다. 그렇지만 어떤 함수라도 감각적으로 생각하면, 가령 감소 함수라도 무한히 더해 가면 넓이는 무한대가 될 것 같다. 수렴된다고 생각하는 편이 신기한 느낌마저 든다. 티끌 모아 태산이라고 하지 않는가?

그러나, 이 감각적이라는 것이 문제이다 . 지금 같은 경우 분명 발산하는 것은 당연하고, 생각해 보면 $y = nx\,(n > 0)$과 같은 함수를 떠올릴 수 있으므로 그래프로 표현해 보면 알 수 있듯이 적분(넓이)는 무한대가 된다는 것이다.

무한대로 되는지의 여부 – 그것이 문제로다

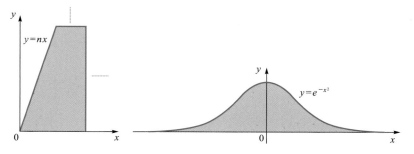

그런데, $y = e^{-x^2}$이라는 함수를 생각해 보면, 확실히 그래프에서 보더라도 넓이가 도저히 무한대가 될 것처럼 보이지 않는다.

실제로 이 적분은 간단히 할 수 있어

$$I = \int_{-\infty}^{\infty} e^{-x^2} dx$$

라고 하고, 변수를 그대로 바꾸면

$$I = \int_{-\infty}^{\infty} e^{-y^2} dy$$

라고 해도 되므로, 이것들을 곱해서

$$I^2 = \int_{-\infty}^{\infty} \int_{-\infty}^{\infty} e^{-x^2} e^{-y^2} dxdy$$

$$= \int_{-\infty}^{\infty} \int_{-\infty}^{\infty} e^{-(x^2+y^2)} dxdy$$

라고 할 수 있을 것이다. 여기서

$$\begin{cases} x = r\cos\theta \\ y = r\sin\theta \end{cases}$$

라고 변수를 변환하면 $dxdy = rdrd\theta$이고, 적분 범위는 $0 \leq r \leq \infty$, $0 \leq \theta \leq 2\pi$로 바뀌므로,

$$I^2 = \int_{r=0}^{\infty} \int_{\theta=0}^{2\pi} re^{-r^2} dr d\theta$$

$$= \left[ -\frac{1}{2} e^{-r^2} \right]_0^{\infty} [\theta]_0^{2\pi}$$

$$= \left( 0 + \frac{1}{2} \right) (2\pi - 0)$$

$$= \pi$$

$$\therefore I = \sqrt{\pi}$$

가 되어 확실히 발산은 하고 있지 않음을 알 수 있다.

과연 적분 영역이 가령 무한대라도 함수에 따라서 적분이 수렴하는 것이다. 그렇다면 이 같은 적분을 생각하는 의미는 충분히 있을 것이다. 그래서 이것을 **광의의 적분**(특이적분, improper integral)[주1]이라고 한다.

그런데 한편으로 감마함수 $\Gamma(t) \overset{\text{def}}{\equiv} \int_0^{\infty} x^{t-1} e^{-x} dx$ $(t > 0)$는 과연 수렴하는 것일까? 조금 신경이 쓰인다. 그래서 우선 $\Gamma(t+1)$을 생각하고, 이것을 부분 적분해 보자.

$$\Gamma(t+1) = \int_0^{\infty} x^t e^{-x} dx \qquad \cdots\cdots \textcircled{1}$$

$$= \left[ x^t \left( -e^{-x} \right) \right]_0^{\infty} - \int_0^{\infty} tx^{t-1} \left( -e^{-x} \right) dx$$

$$= \left[ x^t \left( -e^{-x} \right) \right]_0^{\infty} + t \int_0^{\infty} x^{t-1} e^{-x} dx$$

$$= \left[ x^t \left( -e^{-x} \right) \right]_0^{\infty} + t \Gamma(t)$$

문제는 우변의 좌측 항, 구체적으로 쓰면 $\lim_{x \to \infty} x^t e^{-x}$ 부분이다. 이것을 조사해 보자.

$$x^t e^{-x} = \frac{x^t}{e^x}$$

$$= \frac{x^t}{1 + x + \frac{1}{2!} x^2 + \frac{1}{3!} x^3 + \cdots} \qquad \left( \because e^x = 1 + x + \frac{1}{2!} x^2 + \frac{1}{3!} x^3 + \cdots \right)$$

$$< \frac{x^k}{1 + x + \frac{1}{2!} x^2 + \frac{1}{3!} x^3 + \cdots} \qquad (k \text{는 } t \text{보다 크고 가장 가까운 정수})$$

$$= \frac{x^k}{1 + x + \frac{1}{2!} x^2 + \frac{1}{3!} x^3 + \cdots + \frac{1}{k!} x^k + \cdots}$$

주1) 정확히는 반개 구간 $[a, b)$로 정의된 함수 $f(x)$에 있어서, 임의의 $\varepsilon > 0$에 대해 $\lim_{\varepsilon \to 0} \int_a^{b-\varepsilon} f(x) dx$가 존재할 때 이것을 $f(x)$의 $[a, b)$에 있어서의 광의의 적분이라고 합니다. 덧붙여 말하면, $[a, b)$의 의미는 [ 는 $a$를 포함하고, )는 $b$를 포함하지 않는다는 것을 의미합니다. 즉, $a \leq x < b$이라는 말이지요.

물리수학

$$< \frac{x^k}{\frac{1}{k!}x^k} = k! = M$$

따라서, $x^t e^{-x} = \dfrac{x^t}{e^x}$ 은 어떤 양의 정수($M$)보다 작으므로

$$\lim_{x \to \infty} x^t e^{-x} = 0$$

이 됨을 알 수 있다.

$y = x^t e^{-x}$ 이라고 하고 함수를 그래프로 그려 보면 「과연 그렇군」 하고 이해할 수 있다. 결국 $x^t$이 증가하도록 해도 $e^{-x}$의 0 방향으로 끌려 들어가는 쪽이 크고, 최종적으로는 0으로 수렴하게 된다.

그래프로 표현하면, 아래 그림과 같이 된다. 그러므로 ①에 의해 결국

$$\Gamma(t+1) = t\Gamma(t) \qquad (t > 0) \qquad \cdots\cdots ②$$

라고 하는 흥미로운 관계식이 나온 것이다. 이것으로부터

그래프로 그리면 「수렴한다!」는 것을 알 수 있다

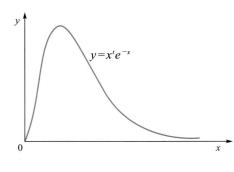

$$\begin{aligned}
\Gamma(t+1) &= t\Gamma(t) = t(t-1)\Gamma(t-1) \\
&= t(t-1)(t-2)\Gamma(t-2) \\
&\cdots\cdots \\
&= t(t-1)(t-2)\cdots 3 \cdot 2 \cdot \Gamma(1) \\
&= t(t-1)(t-2)\cdots 3 \cdot 2 \cdot 1 = t! \cdots ③
\end{aligned}$$

이 나온다. 물론 $\Gamma(n+1) = n!$ 이라는 것은 말할 것도 없다.

자, ②에서 $\Gamma(t) = \dfrac{\Gamma(t+1)}{t}$ 이라고 할 수 있으므로

$$\lim_{t \to 0} \Gamma(t) = \lim_{t \to 0} \frac{\Gamma(t+1)}{t} = \infty$$

가 된다. 왜냐하면 분자 $\Gamma(n+1)$은 $\Gamma(1) = 1$에 근접하는데, 분모는 0에 가까워지기 때문에 발산해 버리는 것이다.

게다가 $\Gamma(t) = \dfrac{\Gamma(t+1)}{t}$ 을 보면 $t$가 마이너스가 되는 경우에도 잘 확장할 수 있을 것 같다.

가령 $t$에 $-0.5$를 넣어 보면 우변은 $\dfrac{\Gamma(-0.5+1)}{-0.5}=-2\Gamma(0.5)$가 되므로, 감마함수의

정의를 벗어나지 않고 있다. 따라서 $\Gamma(-0.5)=-2\Gamma(0.5)$가 되므로, $\Gamma(t)=\dfrac{\Gamma(t+1)}{t}$

은 $t$가 $(-1<t<0)$ 마이너스인 경우의 정의식이라고도 생각할 수 있다. 이것을

실마리로 하면, 예를 들어

$$\Gamma(-1.5)=\frac{\Gamma(-1.5+1)}{-1.5}=-\frac{2}{3}\Gamma(-0.5)$$

가 되므로, 결국

$$\Gamma(-1.5)=-\frac{2}{3}\Gamma(-0.5)=-\frac{2}{3}(-2\Gamma(0.5))=\frac{4}{3}\Gamma(0.5)$$

라는 식으로 할 수 있으므로, 줄줄이 $t$가 마이너스인 값에 대해 정의할 수 있는 것이다. 그러므로 감마함수의 그래프를 예로 들어 보자.

또한 $-n$($n$은 양의 정수) 부분에서 발산하고 있는 점에 주의해야 한다.

마지막으로 감마 함수에 대해 중요한 결론의 하나인 스타링의 공식을 소개한다. 이것은 이전에 $n!$을 대수함수로 근사했지만 그보다도 정밀도가 높은 것이다.

감마함수는 이런 형태가 된다.

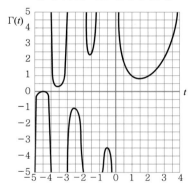

$\Gamma(t)$ 의 그래프[주2]

③ 식에서,

$$\Gamma(t+1)=t!=\int_0^\infty x^t e^{-x}dx$$

가 되지만, 여기에서 $x^t=e^{t\log x}$이므로[주3],

$$\Gamma(t+1)=t!=\int_0^\infty x^t e^{-x}dx$$

$$=\int_0^\infty e^{t\log x-x}dx$$

가 된다.

주2) 「이와나미 수학공식 3 특수함수」, 모리구치 한이치, 우타가와, 카즈 마쯔노부, 이와나미서점, 1960, p3에서 전재.

주3) 대수의 정의를 보면 명확하지만, 양변의 대수를 떼 보면 명확하다. 즉, 대수를 취한 좌변 = $\log x^t$=$t\log x$, 대수를 취하지 않은 우변 =$\log(e^{t\log x})$=$t\log x$와 같아집니다.

여기서 $x=t+\sqrt{t}\xi$라는 변수 변환을 한다.

❖ 은밀한 소리 : 왜 이렇게 변환한 거지?

글쎄, 시행착오를 거듭한 결과, 이렇게 하면 좋겠다는 결론에 도달한 것이 아닐까?

설명에 불만인가? 그렇기는 하지만, 발견이라는 것은 생각건대 이러한 일도 있을 것이다. 여기서 염두에 두어야 하는 것은 이렇게 하는 것이 논리적으로 맞는가 하는 것이다.

자, 이상과 같이 변수 변환을 하면 $dx=t+\sqrt{t}\,d\xi$에서, $\xi$의 적분 구간은 $-\sqrt{t}$부터 $\infty$가 된다. 따라서,

$$t! = \int_{-\sqrt{t}}^{\infty} e^{t\log\left(t+\sqrt{t}\,\xi\right)-\left(t+\sqrt{t}\,\xi\right)}\sqrt{t}\,d\xi \quad \cdots\cdots ④$$

여기서,

$$\log\left(t+\sqrt{t}\,\xi\right) = \log t\left(1+\frac{\sqrt{t}\,\xi}{t}\right)$$
$$= \log t\left(1+\frac{\xi}{\sqrt{t}}\right)$$
$$= \log t + \log\left(1+\frac{\xi}{\sqrt{t}}\right) \quad (\because \text{대수의 성질}, \log ab=\log a+\log b\text{에서})$$

가 된다. 여기서

$$\log(1+x) = \sum_{n=1}^{\infty}(-1)^{n-1}\frac{x^n}{n} = x-\frac{1}{2}x^2+\frac{1}{3}x^3-\frac{1}{4}x^4+\cdots \quad (-1<x\leq 1)$$

이라는 테일러 전개에서, $t$는 매우 큰 수이므로 $\frac{\xi}{\sqrt{t}}$는 위의 식을 적용할 수 있는 자격이 있다. 그래서,

$$\log\left(t+\sqrt{t}\,\xi\right) = \log t + \log\left(1+\frac{\xi}{\sqrt{t}}\right)$$
$$= \log t + \frac{\xi}{\sqrt{t}}-\frac{1}{2}\left(\frac{\xi}{\sqrt{t}}\right)^2+\cdots$$
$$= \log t + \frac{\xi}{\sqrt{t}}-\frac{\xi^2}{2t}+\cdots$$

이 되므로, 따라서, ④식은 아래와 같이 근사할 수 있을 것이다.

$$t! \approx \int_{-\sqrt{t}}^{\infty} e^{t\left(\log t + \frac{\xi}{\sqrt{t}} - \frac{\xi^2}{2t}\right) - \left(t + \sqrt{t}\xi\right)} \sqrt{t} d\xi$$

$$= \int_{-\sqrt{t}}^{\infty} e^{t\log t + \sqrt{t}\xi - \frac{\xi^2}{2} - t - \sqrt{t}\xi} \sqrt{t} d\xi$$

$$= \int_{-\sqrt{t}}^{\infty} e^{t\log t - \frac{\xi^2}{2} - t} \sqrt{t} d\xi$$

$$= \int_{-\sqrt{t}}^{\infty} e^{t\log t - t} e^{-\frac{\xi^2}{2}} \sqrt{t} d\xi$$

$$= e^{t\log t - t} \sqrt{t} \int_{-\sqrt{t}}^{\infty} e^{-\frac{\xi^2}{2}} d\xi$$

$$= e^{t\log t} e^{-t} \sqrt{t} \int_{-\sqrt{t}}^{\infty} e^{-\frac{\xi^2}{2}} d\xi$$

$$= t^t e^{-t} \sqrt{t} \int_{-\sqrt{t}}^{\infty} e^{-\frac{\xi^2}{2}} d\xi \qquad (e^{t\log t} = t^t \text{는 조금 전과 같다})$$

여기서 $t$가 클 때는 $\int_{-\sqrt{t}}^{\infty} e^{-\frac{\xi^2}{2}} d\xi$ 는 $\int_{-\infty}^{\infty} e^{-\frac{\xi^2}{2}} d\xi$ 라고 근사해도 좋을 것이다. 그리고, 이 적분은 간단히 할 수 있다 (조금 전에 같은 적분을 하고 있지만 확인 삼아 한 번 더 해 보자).

$$I = \int_{-\infty}^{\infty} e^{-\frac{\xi^2}{2}} d\xi$$

여기서 변수를 바꿔서,

$$I = \int_{-\infty}^{\infty} e^{-\frac{\eta^2}{2}} d\eta$$

이것들을 곱하여

$$I^2 = \int_{-\infty}^{\infty} \int_{-\infty}^{\infty} e^{-\frac{1}{2}\left(\xi^2 + \eta^2\right)} d\xi d\eta$$

라고 한다.

여기서

$$\begin{cases} \xi = r\cos\theta \\ \eta = r\sin\theta \end{cases}$$

라고 하면, $d\xi d\eta = r dr d\theta$, 적분 범위는 $r$은 0에서 $\infty$, $\theta$는 0에서 $2\pi$로 된다.

따라서

$$I^2 = \int_{r=0}^{\infty} \int_{\theta=0}^{2\pi} e^{-\frac{r^2}{2}} r\,dr\,d\theta$$

$$= \left[ -e^{-\frac{r^2}{2}} \right]_0^{\infty} \left[ \theta \right]_0^{2\pi}$$

$$= \left\{ 0 - (-1) \right\} (2\pi - 0)$$

$$= 2\pi$$

$$I = \sqrt{2\pi}$$

따라서

$$t\,! \approx t^t e^{-t} \sqrt{t} \cdot \sqrt{2\pi} = \sqrt{2\pi t}\, t^t e^{-t}$$

이 된다는 것을 알 수 있다. 중요한 공식이므로 박스처리로 강조해 둔다.

---

### 스털링의 공식

$$t\,! \approx \sqrt{2\pi t}\, t^t e^{-t} \qquad (t>0 \text{ 이고 아주 크다})$$

물론 $t$는 아주 큰 양의 정수 $n$으로 치환해도 좋다.

$$n\,! \approx \sqrt{2\pi n}\, n^n e^{-n}$$

---

이상으로 감마함수에 대한 장을 마치도록 하자.

사실 타원적분과 타원함수를 다루는 것은 약간 망설였다. 왜냐하면 수학적으로는 재미있을지도 모르지만 공학이나 물리의 세계에서는 고작 단진자 관련 부분에서밖에 나오지 않기 때문이다. 더구나 단진자의 노른자는 미소진동, 다시 말해 단진자의 흔들림이 그다지 크지 않고, 앞에서 말했듯이 $\sin\theta$가 $\theta$로 근사할 수 있는 영역이기 때문이다.

그렇기는 하지만 적어도 공학, 특히 이론물리를 지망한다면, 한번은 통과해야만 한다는 사실도 분명하다.

그러면 단진자의 미분방정식을 다시 적어보면 (113 페이지 참조),

$$\frac{d^2\theta}{dt^2} = -\frac{g}{l}\sin\theta$$

였다. 여기서 미소진동의 경우는

$$\sin\theta = \theta - \frac{1}{3!}\theta^3 + \frac{1}{5!}\theta^5 - \frac{1}{7!}\theta^7 + \cdots$$

이므로, 첫 번째 항목만 남겨 $\sin\theta$를 $\theta$로 근사할 수 있었다. 이것을 근사하지 않고 풀어 보는 것을 생각해 보자. 식은 간단할 것 같지만 귀찮은 일이 될 듯하다.

우선 앞에서 처리했던 것과 같이 양변에 $\frac{d\theta}{dt}$를 곱하면

$$\frac{d\theta}{dt}\frac{d^2\theta}{dt^2} = -\frac{g}{l}\sin\theta\frac{d\theta}{dt}$$

$$\frac{1}{2}\frac{d}{dt}\left(\frac{d\theta}{dt}\right)^2 = -\frac{g}{l}\sin\theta\frac{d\theta}{dt} \quad (\because \frac{d}{dt}\left(\frac{d\theta}{dt}\right)^2 = 2\frac{d\theta}{dt}\frac{d^2\theta}{dt^2})$$

이 된다. 이것은 간단히 적분할 수 있다.

$$\left(\frac{d\theta}{dt}\right)^2 = 2\frac{g}{l}\cos\theta + C \quad (C는 적분상수)$$

여기서 적분상수를 결정하고 싶지만, 그 전에 단진자 운동에 대해 생각하고 있으므로 일단 회전 운동이 될 듯한 경우는 생각하지 않기로 하자. 다시 말해, $\theta$는 $-\pi$에서 $\pi$ 사이에서 운동한다고 생각한다.

게다가 운동은 대칭이 되므로 사실상 0에서 $\pi$까지 생각하면 족하다(물론, $\theta$가 $\frac{\pi}{2}$를 넘을 때는 진자의 끈은 무게가 없고 늘어나지 않는 튼튼한 것이라고 가정할 필요가 있지만 말이다!)

**적분상수 $C$를 결정한다**

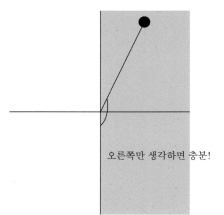

오른쪽만 생각하면 충분!

자, 적분상수를 결정하기 위해서는 진자가 정지했을 때의 $\theta$값을 $\theta_m$이라고 하자. 그러면,

$$0 = 2\frac{g}{l}\cos\theta_m + C$$

$$\therefore C = -2\frac{g}{l}\cos\theta_m$$

따라서,

$$\left(\frac{d\theta}{dt}\right)^2 = 2\frac{g}{l}\cos\theta - 2\frac{g}{l}\cos\theta_m$$

$$= 2\frac{g}{l}\left(\cos\theta - \cos\theta_m\right)$$

그러면 이제부터 그림의 오른쪽만을 생각하면 되기 때문에,

$$\frac{d\theta}{dt} = \sqrt{2\frac{g}{l}\left(\cos\theta - \cos\theta_m\right)}$$

이라고 할 수 있으므로 결국

$$dt = \frac{d\theta}{\sqrt{2\frac{g}{l}\left(\cos\theta - \cos\theta_m\right)}} = \sqrt{\frac{l}{g}}\frac{d\theta}{\sqrt{2\left(\cos\theta - \cos\theta_m\right)}}$$

이고, $\theta$는 0에서 $\pi$까지를 생각하고 있다. 이것을 진자가 정지하는 위치의 각도 $\theta_m$까지 적분하고, 바로 밑에서부터 이 위치까지 오는 시간을 $t_m$이라고 하면(진자의 주기를 $T$라고 하면 주기란 왕복 시간이므로 $T = 4t_m$이면 될 것이다) ,

$$t_m = \int_0^{t_m} dt = \sqrt{\frac{l}{g}}\int_0^{\theta_m}\frac{d\theta}{\sqrt{2\left(\cos\theta - \cos\theta_m\right)}}$$

가 되지만, 이것으로 끝이다. 이 이상 나아가지 못한다. 실은 이 적분 자체가 이미 **타원적분**으로 부르게 되어 있기 때문이다.

실제로는 조금 더 변형할 수 있다는 사실이 알려져 있는데, 그렇게 하기 위해서는 약간의 테크닉을 사용해야만 한다.

그것은,

$$\sin\frac{\theta}{2} = \sin\frac{\theta_m}{2}\sin\varphi$$

라고 하자는 것이다.

❖ **은밀한 소리** : 뭐야~! 쉽게 풀 수 있다더니! 그렇다면 답이 아니었어?

이해한다. 하지만 변명같이 들리겠지만 적분의 경우 변수 변환에서 시행착오를 하는 경우가 많고, 이 경우에는 이러면 된다 저러면 된다는 정형성(定型性)이 없다. 따라서 이렇게 변수 변환을 하면 된다고 발견한 사람이 이기는 것이다. 그러므로 여기서는 그대로 이와 같이 변수 변환을 해 보자.

아마 이처럼 변수 변환을 했던 발상으로는 어쨌든 '제곱근이 싫다'는 것이다. 그런 이유로 이것을 벗기고 싶다. 그래서 $\cos\theta = 1 - 2\sin^2\frac{\theta}{2}$ 라는 관계식이 있으므로 (삼각함수에서 말하는 「반각의 공식」이다. 잊으신 분은 부록 4를 참조), $\frac{\theta}{2}$가 가능했을 것이다. 분명히!

우선, 변수의 범위는 $0 \le \theta_m \le \pi$이고,

$$\sin\frac{\theta_m}{2} = \sin\frac{\theta_m}{2}\sin\varphi$$
$$1 = \sin\varphi$$

이므로,

$$0 \le \varphi \le \frac{\pi}{2} \ (\theta = \theta_m)$$

라고 하면 된다.

다음으로 양변을 미분하면,

$$\frac{1}{2}\cos\frac{\theta}{2}d\theta = \sin\frac{\theta_m}{2}\cos\varphi d\varphi$$

가 된다. 여기서 $\sin\frac{\theta}{2} = \sin\frac{\theta_m}{2}\sin\varphi$의 양변을 제곱하여

$$\sin^2\frac{\theta}{2} = \sin^2\frac{\theta_m}{2}\sin^2\varphi$$
$$1 - \cos^2\frac{\theta}{2} = \sin^2\frac{\theta_m}{2}\sin^2\varphi$$
$$\cos^2\frac{\theta}{2} = 1 - \sin^2\frac{\theta_m}{2}\sin^2\varphi$$

$$\therefore \cos\frac{\theta}{2} = \sqrt{1 - \sin^2\frac{\theta_m}{2}\sin^2\varphi} \quad (\because 0 \le \theta \le \pi \text{에서} \cos\frac{\theta}{2} \ge 0)$$

따라서,

$$\therefore d\theta = \frac{2\sin\frac{\theta_m}{2}}{\sqrt{1 - \sin^2\frac{\theta_m}{2}\sin^2\varphi}}\cos\varphi d\varphi$$

원래의 적분 쪽도 변형해 두자.

$$\cos\theta = 1 - 2\sin^2\frac{\theta}{2}, \cos\theta_m = 1 - 2\sin^2\frac{\theta_m}{2}$$

이므로, 원래 적분의 분모는

$$\sqrt{2(\cos\theta - \cos\theta_m)} = \sqrt{2\left(2\sin^2\frac{\theta_m}{2} - 2\sin^2\frac{\theta}{2}\right)}$$

$$= 2\sin\frac{\theta_m}{2}\sqrt{1 - \frac{\sin^2\frac{\theta}{2}}{\sin^2\frac{\theta_m}{2}}}$$

($\sin\frac{\theta}{2} = \sin\frac{\theta_m}{2}\sin\varphi$ 라고 했으므로)

$$= 2\sin\frac{\theta_m}{2}\sqrt{1 - \sin^2\varphi}$$

$$= 2\sin\frac{\theta_m}{2}\sqrt{\cos^2\varphi}$$

$$= 2\sin\frac{\theta_m}{2}\cos\varphi$$

따라서, 원래 적분은 이상의 결과를 사용하면

$$t_m = \sqrt{\frac{l}{g}}\int_0^{\theta_m}\frac{d\theta}{\sqrt{2(\cos\theta - \cos\theta_m)}}$$

$$= \sqrt{\frac{l}{g}}\int_0^{\frac{\pi}{2}}\frac{\dfrac{2\sin\frac{\theta_m}{2}}{\sqrt{1 - \sin^2\frac{\theta_m}{2}\sin^2\varphi}}\cos\varphi d\varphi}{2\sin\frac{\theta_m}{2}\cos\varphi}$$

$$= \sqrt{\frac{l}{g}}\int_0^{\frac{\pi}{2}}\frac{d\varphi}{\sqrt{1 - \sin^2\frac{\theta_m}{2}\sin^2\varphi}}$$

여기서,

$$K\left(\sin\frac{\theta_m}{2}\right) = \int_0^{\frac{\pi}{2}} \frac{d\varphi}{\sqrt{1 - \sin^2\frac{\theta_m}{2}\sin^2\varphi}}$$

라고 하고, 이것을 **(르장드르 형식의) 제1종 완전타원적분**(Complete (Legendre of forms of) Elliptic integral of the first kind)이라고 한다. 조금 더 알기 쉽게 써보면,

$$K(k) = \int_0^{\frac{\pi}{2}} \frac{d\varphi}{\sqrt{1 - k^2\sin^2\varphi}} \qquad (k = \sin\xi,\ 0 \le \xi \le \frac{\pi}{2} \text{ 혹은 } 0 \le k \le 1)$$

이다. 제1종이 있으니까 제2종도 있을 것 같지 않은가? 그렇다. 그것은

$$E(k) = \int_0^{\frac{\pi}{2}} \sqrt{1 - k^2\sin^2\varphi}\,d\varphi \qquad (k = \sin\xi,\ 0 \le \xi \le \frac{\pi}{2} \text{ 혹은 } 0 \le k \le 1)$$

일부러 「르장드르 형식의」로 쓰고 있는 것은, 실은 그 이외의 형식도 있다는 것이다. 예를 들면 위의 식에 있어서 $x = \sin\varphi$라고 하면,

$$dx = \cos\varphi\, d\varphi$$
$$dx = \sqrt{1 - \sin^2\varphi}\,d\varphi$$
$$\therefore d\varphi = \frac{dx}{\sqrt{1 - x^2}}$$

이고, $\varphi = \frac{\pi}{2}$ 일 때 $x = 1$이므로,

$$K(k) = \int_0^{\frac{\pi}{2}} \frac{d\varphi}{\sqrt{1 - k^2\sin^2\varphi}} = \int_0^1 \frac{dx}{\sqrt{1 - x^2}\sqrt{1 - k^2 x^2}} \quad (k\text{에 대한 조건은 위와 같다})$$

$$E(k) = \int_0^{\frac{\pi}{2}} \sqrt{1 - k^2\sin^2\varphi}\,d\varphi = \int_0^1 \sqrt{\frac{1 - k^2 x^2}{1 - x^2}}\,dx \quad (k\text{에 대한 조건은 위와 같다})$$

이것을 각각 **(야코비 형식의) 제1종 완전 타원적분**(Complete (Jacobi forms of) Elliptic integral the first kind), **(야코비 형식의) 제2종 완전 타원적분** (Complete (Jacobi forms of) Elliptic integral of the second kind)이라고 한다.

❖ **은밀한 소리** : 그럼 완전이 있으면 불완전도 있겠군!

이제 제법 빨라졌군! 불완전이라고는 하지 않지만 있기는 있다.

$$\begin{cases} F(k, \varphi) = \int_0^\varphi \frac{d\varphi}{\sqrt{1 - k^2\sin^2\varphi}} & (k\text{에 대한 조건은 위와 같다}) \\[2ex] E(k, \varphi) = \int_0^\varphi \sqrt{1 - k^2\sin^2\varphi}\,d\varphi & (k\text{에 대한 조건은 위와 같다}) \end{cases}$$

물리수학

앞 페이지의 위가 (르장드르 형식의) 제1종 타원적분(Legendre forms of Elliptic integral of the kind)이고, 아래가 제2종이라는 것이다. 야코비 형식도 마찬가지로,

$$F(k,\varphi) = \int_0^x \frac{dx}{\sqrt{1-x^2}\sqrt{1-k^2x^2}} \qquad (k\text{에 대한 조건은 위와 같다})$$

$$E(k,\varphi) = \int_0^x \sqrt{\frac{1-k^2x^2}{1-x^2}}\,dx \qquad (k\text{에 대한 조건은 위와 같다})$$

가 된다.

이상에서 제1종 완전 타원적분의 그래프를 그려 보면 아래와 같이 된다.

주4) 「이와나미 수학 공식 3 특수함수」 p.263의 표를 참조하여 작성했습니다.

제1종 완전 타원적분 그래프 [주4]

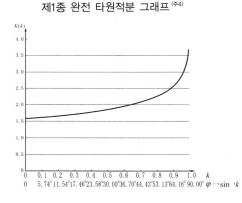

여기서 $k=1$일 때는 $K(k)$는 무한대가 된다. 왜냐하면

$$K(1) = \int_0^{\frac{\pi}{2}} \frac{d\varphi}{\sqrt{1-\sin^2\varphi}}$$

$$= \int_0^{\frac{\pi}{2}} \frac{d\varphi}{\cos\varphi}$$

아니? 이 적분은? 그런 고로, 곤란할 때의 수학공식으로 이것을 이용하여 조사해 보니[주5], 있었다.

주5) 「이와나미 수학 공식 1 미분적분·평면곡선」 p.178에 있습니다.

$$= \left[\log\left|\tan\left(\frac{\varphi}{2}+\frac{\pi}{4}\right)\right|\right]_0^{\frac{\pi}{2}}$$

$$= \log\left|\tan\left(\frac{\pi}{4}+\frac{\pi}{4}\right)\right| - \log\left|\tan\frac{\pi}{4}\right|$$

$$= \log\left|\tan\frac{\pi}{2}\right|$$

$$= \infty$$

이렇게 되어 무한대가 된다.

이상에서 진자의 주기 $T$는 $T=4t_m$이므로

$$T = 4t_m = 4\sqrt{\frac{l}{g}}K\left(\sin\frac{\theta_m}{2}\right)$$

이 된다는 것을 알았다. 결국, $\dfrac{\theta_m}{2}$이 $\dfrac{\pi}{2}$에 가까워지면 가까워질수록(다시 말해 $\theta_m$이 바로 위($\pi$)가 될 정도), 주기는 무한대에 접근한다. 이것으로 진자의 동시성이 성립하는 것은 진폭이 작을 경우일 때뿐이라는 것을 알 수 있다.

「진자는 동시성이 있는 것이다.」라고 의기양양한 얼굴로 말하는 얄미운 녀석은 찍소리 못하게 말해 주자. 단, 자신이 그런 얄미운 녀석이 될 우려가 있으므로 주의하지 않으면 안 된다.

## ● 타원함수

타원적분은 조금 재미있는 성질을 가지고 있는데 이것을 말해 보자.
그 전에,

$$y = \int_0^x \frac{dx}{\sqrt{1-x^2}}$$

라는 적분을 살펴보고 싶은데, 이거 뭔가 알 수 있을 것 같지 않은가?

❖ **은밀한 소리** : 뭔데. 아닌 밤중에 홍두깨야!

아니 아니, 약간의 포석이다. 다시 말해 $x = \sin\varphi$라고 하면,
$\varphi = \sin^{-1}x$이고, $dx = \cos\varphi d\varphi$이므로,

$$y = \int_0^x \frac{dx}{\sqrt{1-x^2}} = \int_0^{\sin^{-1}x} \frac{\cos\varphi d\varphi}{\sqrt{1-\sin^2\varphi}} = \int_0^{\sin^{-1}x} d\varphi = \sin^{-1}x$$

다시 말해, $\sin^{-1}x$는 적분 형식으로는 이렇게 나타낼 수 있는 것이다. 이것을 머리에 넣어 두었으면 한다.

그래서 야코비 형식의 제1종 타원적분을 살펴보면,

$$y = F(k, \varphi) = \int_0^x \frac{dx}{\sqrt{1-x^2}\sqrt{1-k^2x^2}}$$

이므로, $\sqrt{1-k^2x^2}$은 여분이지만, $\sin^{-1}x$와 닮아 있다! 그래서

$$y = \int_0^x \frac{dx}{\sqrt{1-x^2}\sqrt{1-k^2x^2}} = \mathrm{sn}^{-1}x$$

라고 하기로 한다. sn은 그냥 「에스엔」이라고 읽는다.(그대로다!)

일부러 삼각함수와 비슷한 기호를 사용한 것이므로 삼각함수와 비슷한 성질이 있을 것이라고 추측했다면 훌륭하다. 조금 닮았다.(이봐, 약간?)

르장드르 형식에서 야코비 형식으로 변환할 때, $x = \sin\varphi$라고 했는데, 이 $\varphi$가 중요한 역할을 한다. 이것은 $y$의 진폭(amplitude)이라고 하고, $\varphi = \mathrm{amp}\, y$라고 쓴다. 이것을 사용하면

$$\mathrm{sn}\, y = x = \sin\varphi = \sin(\mathrm{amp}\, y)$$

가 된다. 여기서 sin과 비슷한 sn이 있다면, cos과 비슷한 뭔가가 있을 것이라고 생각하는 편이 자연스럽다. 그래서 이것을 cn이라고 하자. 읽는 법은 그대로 「시엔」이다. 그것을

$$\mathrm{cn}\, y = \cos\varphi$$

라고 정의하는 것은 자연스러운 일이다. 이렇게 하면,

$$\mathrm{cn}\, y = \cos\varphi = \sqrt{1 - \sin^2\varphi} = \sqrt{1 - x^2} = \sqrt{1 - \mathrm{sn}^2 y}$$

가 되고, 과연 삼각함수와 동일한 성질이 있음을 알 수 있다.

하나 더, 이것은 삼각함수에는 없지만, dn이라는 함수가 있다. 이 정의는

$$\mathrm{dn}\, y = \frac{d\varphi}{dy} = \frac{1}{\dfrac{dy}{d\varphi}} = \sqrt{1 - k^2 \sin^2\varphi} = \sqrt{1 - k^2 \mathrm{sn}^2 y} = \sqrt{1 - k^2 x^2}$$

$$\left(\text{물론,}\quad \frac{dy}{d\varphi} = \frac{d}{d\varphi}\left(\int_0^\varphi \frac{d\varphi}{\sqrt{1 - k^2 \sin^2\varphi}}\right) = \frac{1}{\sqrt{1 - k^2 \sin^2\varphi}}\ \right)$$

이고, sn, cn, dn을 **야코비의 타원함수**(Jacobi's elliptic function)라고 부른다.

마지막으로 이 함수들을 미분했을 때의 함수를 들어 둔다.

$$\begin{cases} \dfrac{d}{dy}(\mathrm{sn}\, y) = \dfrac{d}{dy}(\sin\varphi) = \cos\varphi\, \dfrac{d\varphi}{dy} = \mathrm{cn}\, y\, \mathrm{dn}\, y \\[2mm] \dfrac{d}{dy}(\mathrm{cn}\, y) = \dfrac{d}{dy}(\cos\varphi) = -\sin\varphi\, \dfrac{d\varphi}{dy} = \mathrm{sn}\, y\, \mathrm{dn}\, y \end{cases}$$

이 절을 마치고 보니 약간 수학에 치우쳤다는 느낌을 부정할 수 없을 것 같다.

제7장

# 해석역학

뉴턴의 역학 법칙은 아주 심플하고 이해하기 쉽지만.
이중진자 등 현상이 복잡해지면 이 심플함이 덫이 되는 경우도 종종 있다.
이 뉴턴의 역학 법칙을 추상화해서 온갖 문제에 대처할 수 있도록 한 것이
라그랑주 함수이다. 이것은 근대물리학에서는 없어서는 안 될 개념이다.
이것을 더욱 추상화한 해밀턴의 정준 방정식은 실제 현장에서 사용하기에는
너무 추상화된 것인지는 모르겠지만, 이 고도의 추상화 덕택으로 양자역학의
기초이론을 구축하는 데 유감 없이 실력을 발휘했던 것이다.
양자역학 설립의 공로자의 한 사람인 것은 틀림없다.
뉴턴의 역학 법칙이 어떻게 추상화되는지 여기서는 만족할 수 있기를 바란다.

# 7-1 최속강하선(브라키스토크론 : brachistochrone[주1]) 문제

해석역학에서 배우는 것은 소박한 뉴턴의 방정식을 보다 고도의 문제에 대처할 수 있도록 역학 현상을 새로운 시점으로 재조명하는 것이다. 뉴턴의 방정식은 기본적으로는 직교좌표계에서 다루어지기 때문에, 다른 좌표계(극좌표, 원주좌표 등)라면 조금 다루기 어렵다.

물론 다루기 어렵다고 해서 뉴턴의 업적이 사라지지는 않겠지만 복잡한 역학 현상을 좀 더 손쉽게 다룰 수 있는 방법은 학문적으로, 실용적으로도 필요한 것이다. 학문적으로는 추상화[주2]를 통해 보다 많은 현상을 설명하거나 더욱 아름다운 형으로 체계화하려는 요구(욕구?)가 있고, 실용적으로는 보다 간단히 현실적인 현상을 풀어, 그것을 응용하려는 요구가 있다.

실제로 해석역학은 이 요구들에 응해 **고전역학**[주3]의 한 가지 귀결로서 부동의 것이 되어 있다. 게다가 그 추상성으로부터 **양자역학**을 해명하는 하나의 실마리가 되었다는 성과도 올리게 되었다.

> **답을 찾습니다!**
> 지상(중력만이 작용한다)의 어떤 점 A에서 그 보다 낮은 점 B를 잇는 곡선에서, 마찰이 전혀 없이 물체가 미끄러져 떨어질 때 가장 빠른 것은 무엇일까?

이런 문제가 현상금이 붙어 출제되었던 것은 뉴턴이 활약하고 있던 때였다고 생각한다. 그리고 이 문제를 최초로 풀었던 것도 뉴턴이었다고 생각한다.

❋ **은밀한 소리** : 「라고 생각한다」라니…책을 쓰려면 좀 더 제대로 조사하시지!

미안하지만 과학사를 문제로 삼고 있는 것도 아니고, 이 문제가 「문제」이기 때문에 용서를 구하고 싶다.[주4]

그런 이유로 일단 이 문제를 생각해 보기로 하자.

주1) 그리스어로 「가장 짧은 시간, 최단시간」을 의미합니다.

주2) 추상화한다는 것은 폭(영역)을 넓힌다는 것으로 일반화라고도 할 수 있겠지요. 예를 들어 「귤」보다 「감귤류」라고 하는 편이 개념적으로 추상성이 높은 것입니다. 당연한 말이지만 노파심에서…

주3) 고전역학이라는 것은 양자역학에 대응하는 용어로, 낡아서 전혀 쓸모가 없다는 의미는 아닙니다.

주4) 그렇긴 하지만, 기분이 나쁠지도 모르기 때문에 설명해 두겠습니다. 이 문제는 장 베르누이(Bernoulli, Jean, 1677~1748, 스위스 수학자, Johann 또는 John이라고도 불린다)가 1696년에 출제했습니다(단, 현상금이 붙었는지 아닌지는 모름). 베르누이 일가는 수재가 많아 어느 베르누이인지 혼란스러울 정도입니다. 이 문제는 베르누이 형제와 뉴턴, 라이프니츠, 로비탈 등이 풀었다고 합니다.

앗, 뭐라고? 답은 「A와 B를 잇는 직선일 것이다」라고? 어째서? 직관? 직관도 중요하지만 서둘러 결론을 내지 말고 찬찬히 생각해 보기로 하자. 게다가 지금의 직관은 반드시 틀린 것은 아니다. AB가 연직선상에 있다면 이것은 확실히 성립한다. 하지만 이건 도무지 일반적인 곡선이라고 말하기는 어렵다. 물론 구하는 곡선은 AB가 이와 같은 조건일 때는 직선이 되겠지만 말이다.

이렇게 말만해 봐야 아무런 결론도 나지 않으므로 일단 진도를 나가 보기로 하자.

AB가 그림과 같은 위치에 있을 때는 A에서 B에 이르는 곡선은 물론 무수히 존재한다. 이 중에서 문제의 조건을 충족시키는 곡선을 찾아내야만 한다. AB가 연직선상에 있을 때는 직선이 되기 때문에 B를 조금씩 어긋나게 하면 곡선도 그쪽으로 끌려가게 될 것이다. 초등학생에게 실험을 시킨다면, 찰흙으로 이 곡선(이 경우는 곡면이 되겠지만)을 만들게 하고, 누구 것이 제일 빨리 떨어지는지 시켜 보면 재미있겠지만[주5], 대학에서 점토 세공을 하는 것도 조금 모양새[주6]가 없는 이야기이므로, 좀 더 정확히 도출하는 방법, 다시 말해 수학적으로 표현하기 위해서는 어떻게 해야 좋을지 생각해 보자.

### A(높은 곳)에서 B(낮은 곳)에의 최속강하곡선

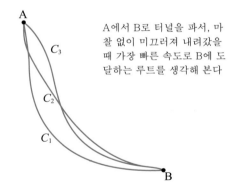

A에서 B로 터널을 파서, 마찰 없이 미끄러져 내려갔을 때 가장 빠른 속도로 B에 도달하는 루트를 생각해 본다

주5) 영리한 초등학생이라면 2점의 최단거리는 직선이라는 것은 알고 있기 때문에, 자신만만하게 AB를 연결하는 직선(평면)을 만들겠지요. 그러면 선생님은 싱긋 웃으면서 어째서 직선이 되지 않은지를 이해시켜 가는 선생님으로서는 행복(?)한 때를 보내는 것입니다!

주6) 사실은 중요하다고 생각합니다. 뭐라 해도 제일 중요한 것은 실제로 실감할 수 있는 것이니까요.

우선, 이 현상을 좌표로 옮겨 보자. 점 A를 $xy$좌표의 원점에 잡는다. 다른 한 점 B($x_1$, $y_1$)을 그림과 같이 잡는다. 중력은 감각적으로 「아래로 향하는 것」이므로, 굳이 좌표는 90° 회전시켜 두었다). 당연히 중력은 $+x$ 방향으로 향하고 있다고 하자.

여기서 곡선의 **선소**(線素)[주7]를 $ds$라고 하면,

$$ds^2 = dx^2 + dy^2$$

이므로

주7) 곡선의 미소 부분. $x$축상이라면 $dx$에 상당하는 것.

$$ds = \sqrt{1 + \left(\frac{dy}{dx}\right)^2}\, dx$$

$$= \sqrt{1 + y'^2}\, dx \qquad \cdots\cdots ①$$

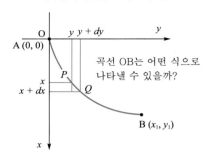

최속강하곡선을 그래프화하면

곡선 OB는 어떤 식으로 나타낼 수 있을까?

라고 변형해 둔다. 점 $P$에 있어서의 속도는 이 $ds$를 물체가 이동하는 시간으로 미분한 $v = \dfrac{ds}{dt}$ 이다. 원래 물체는 $x$축 방향으로「낙하하려」하지만, 곡선에 의해 강제적으로 $ds$방향으로 휘어져 버리는 것이다.

여기서 물체에는 중력 외의 힘이 작용하지 않고, 또한 곡선(실제로는 곡면이겠지만)으로부터 마찰도 받지 않기 때문에, 점 $P$에 있어서의 속도는 에너지 보존 법칙에서 알 수가 있다. 다시 말해, 점 $P$보다 점 A 쪽이 $x$만큼 높은 위치에 있기 때문에, 이 위치 에너지($mgx$) 전체가 운동 에너지($\frac{1}{2}mv^2$)로 변화했다고 하면 된다. 즉, $\frac{1}{2}mv = mgx$이므로, 속도 $v$는

$$v = \frac{ds}{dt} = \sqrt{2gx}$$

가 됨을 알 수 있다. 이것을 $\dfrac{ds}{\sqrt{2gx}} = dt$ 로 변형해서 ①에 대입하여 적분하면,

$$T = \int_A^B dt = \int_{x=0}^{x=x_1} \sqrt{\frac{1 + y'^2}{2gx}}\, dx$$

라고 할 수 있다. 여기서 $T$는 A에서 B까지 걸리는 시간이므로, 적분

$$\int_{x=0}^{x=x_1} \sqrt{\frac{1 + y'^2}{2gx}}\, dx = \frac{1}{\sqrt{2g}} \int_{x=0}^{x=x_1} \sqrt{\frac{1 + y'^2}{x}}\, dx$$

가 최소값이 되도록 하면 된다. 좀 더 말하면, $T$의 어긋남이 0이 되도록 하면 될 것이다.[주8] 그렇지만, 어떻게 하면 된다는 거지? 이 적분은?

실은 이것을 푸는 방법이 정확히 나와 있는 것이다. 그것이 오일러의 방정식이다. 다음으로 그 방정식을 도출해 보자.

주8) 물론 $T$에서부터의 어긋남이 0이라는 것만으로 $T$가 최대값이 되는지 최소값이 되는지 불분명하지만, 이 경우는 최소값이 되는 것이 명확하겠지요.

적분 $F = \int_{x_1}^{x_2} f(y, y', x)dx$ (단 $y' = \dfrac{dy}{dx}$ )가 **정류값**(stationary value)을 갖는 함수 $f$를 구한다고 하자[9]. 정류라는 것은 함수가 다소 허둥지둥 움직이더라도 어떤 일정한 함수값으로 수렴된다는 의미이다. 말로 하면 이렇지만, 수학적으로는 어떻게 표현하면 좋을까?

$f$를 $x_1$에서 $x_2$까지 적분할 때, $f$의 변수를 다소 변경하면 당연히 $F$의 값은 변하게 되지만, 그 때의 $f$의 차이를 $\delta f$라고 하고, 이 $\delta f$를 적분했을 때 0이 되도록 하면, 정류라는 의미가 될 것이다. 다시 말하면,

$$\delta F = \delta \int_{x_1}^{x_2} f(y, y', x)dx = \int_{x_1}^{x_2} \delta f(y, y', x)dx = 0$$

이다. 여기서 $\delta$(델타)는 **변분**(變分, variation)이라고 불리고, 이런 정류값을 구하는 방법을 **변분법**(calculus of variation)이라고 한다. 변분의 영어명 variation은 표현하기 묘한데 확실히 「배리애이션」, 많은 함수 중에서 목적에 맞는 함수를 찾아낸다는 뉘앙스가 있지 않을까!

### 미분과 변분의 차이를 실감해 보자!

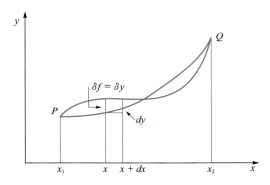

미분은 동일한 함수에 대해 수행함에 대해, 변분은 함수 그 자체를 미소하게 움직여 보자는 것이다. 여기서 $y$를 미소하게 조금 이동시킨 변수를 $Y$라고 하자. 그러면,

$$\delta y(x) \overset{def}{\equiv} Y(x) - y(x)$$

주9) 변수에 $y'$이 들어 있다니 이상하다고 생각할지도 모르지만, 이 것은 순간 순간의 곡선의 기울기 정보를 주고 있기 때문에 없으면 안됩니다.

라고 할 수 있다[주10].

여기서 미분과 변분 함수를 조사하면,

$$\delta\left(\frac{dy}{dx}\right) = \frac{dY}{dx} - \frac{dy}{dx} = \frac{d}{dx}(Y-y) = \frac{d}{dx}(\delta y)$$

가 되므로, $\frac{d}{dx}$와 $\delta$, 즉 **미분과 변분은 서로 바꿔 넣을 수 있다**는 것을 알 수 있다.

따라서,

$$\delta f \overset{def}{\equiv} f(Y,Y',x) - f(y,y',x)$$

라고 하면,

$$\delta f = f(y+\delta y, y'+\delta y', x) - f(y,y',x)$$
$$= \frac{\partial f}{\partial y}\delta y + \frac{\partial f}{\partial y'}\delta y'$$

이 된다. 여기서 좀 전의 의논으로부터

$$\int_{x_1}^{x_2} \delta f \, dx = 0$$

이 되도록 하면 된다. 이상의 결과를 대입하면,

$$\int_{x_1}^{x_2}\left(\frac{\partial f}{\partial y}\delta y + \frac{\partial f}{\partial y'}\delta y'\right)dx = \int_{x_1}^{x_2}\left(\frac{\partial f}{\partial y}\delta y + \frac{\partial f}{\partial y'}\frac{d}{dx}(\delta y)\right)dx$$

이다. 여기서

$$\int_{x_1}^{x_2}\left(\frac{\partial f}{\partial y'}\frac{d}{dx}(\delta y)\right)dx$$

를 **부분적분**[주11]해 보자. 그러면

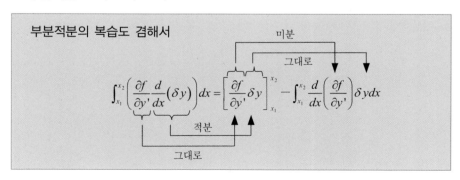

가 되는데, 곡선은 점 $P$, $Q$에서는 같은 값이므로 변분은 0, 다시 말해 $\delta y(x_1) = \delta y(x_2) = 0$이다. 따라서,

$$\delta F = \int_{x_1}^{x_2} \delta f dx = \int_{x_1}^{x_2} \left( \frac{\partial f}{\partial y} \delta y - \frac{d}{dx}\left( \frac{\partial f}{\partial y'} \right) \delta y \right) dx$$

$$= \int_{x_1}^{x_2} \left( \frac{\partial f}{\partial y} - \frac{d}{dx}\left( \frac{\partial f}{\partial y'} \right) \right) \delta y dx$$

가 된다.

여기에서 이 적분이 임의의 $\delta y$에 대해 0이 되어야만 하기 때문에

---

**오일러의 방정식**

$$\frac{\partial f}{\partial y} - \frac{d}{dx}\left( \frac{\partial f}{\partial y'} \right) = 0 \qquad \left( \text{물론 } \frac{d}{dx}\left( \frac{\partial f}{\partial y'} \right) - \frac{\partial f}{\partial y} = 0 \text{ 이라도 좋다} \right)$$

---

이어야만 한다.

이 식은 오일러가 맨 처음 푼 것으로, **오일러의 방정식**(Euler」s equation)이라고 한다.

## ● 브라키스토크론

오일러의 방정식을 이해하면, 브라키스트토크론의 문제를 풀 수 있다. 다시 말해, 조금 전의 식,

$$\int_{x=0}^{x=x_1} \sqrt{\frac{1+y'^2}{2gx}} dx = \frac{1}{\sqrt{2g}} \int_{x=0}^{x=x_1} \sqrt{\frac{1+y'^2}{x}} dx$$

에서, $f(y, y', x) = \sqrt{\dfrac{1+y'^2}{x}}$ 이라고 하면,

$$\frac{\partial f}{\partial y} = \frac{\partial}{\partial y}\left( \sqrt{\frac{1+y'^2}{x}} \right) = 0$$

$$\frac{\partial f}{\partial y'} = \frac{1}{2\sqrt{x}} \frac{1}{\sqrt{1+y'^2}} \cdot 2y' = \frac{y'}{\sqrt{x}\sqrt{1+y'^2}}$$

이므로 오일러의 방정식은

$$\frac{\partial f}{\partial y} - \frac{d}{dx}\left( \frac{\partial f}{\partial y'} \right) = -\frac{d}{dx}\left( \frac{y'}{\sqrt{x}\sqrt{1+y'^2}} \right) = 0$$

이 된다. 따라서, $\dfrac{y'}{\sqrt{x}\sqrt{1+y'^2}}=C$  ($C$는 상수)가 된다.

여기서 양변을 제곱하여 $y'$에 대해서 정리하면

$$y'=\frac{dy}{dx}=\pm\sqrt{\frac{C^2x}{1-C^2x}}=\pm\sqrt{\frac{x}{a-x}}\qquad(\,a=\frac{1}{C^2}\,\text{로 했다})$$

$$\therefore dy=\pm\sqrt{\frac{x}{a-x}}dx$$

가 된다. 여기서

$$x=a\sin^2\frac{\theta}{2}=\frac{a}{2}(1-\cos\theta)$$

(삼각함수의 「반각의 공식」
$\sin^2\alpha=\dfrac{1}{2}(1-\cos 2\alpha)$ 에서. 부록 4 참조)

라고 하고 양변을 미분하면,

$$dx=a\sin\frac{\theta}{2}\cos\frac{\theta}{2}d\theta$$

가 된다. 따라서

$$dy=\pm\sqrt{\frac{a\sin^2\dfrac{\theta}{2}}{a-a\sin^2\dfrac{\theta}{2}}}\cdot a\sin\frac{\theta}{2}\cos\frac{\theta}{2}d\theta$$

$$=\pm\sqrt{\frac{a\sin^2\dfrac{\theta}{2}}{a\left(1-\sin^2\dfrac{\theta}{2}\right)}}\cdot a\sin\frac{\theta}{2}\cos\frac{\theta}{2}d\theta$$

$$=\pm\sqrt{\frac{\sin^2\dfrac{\theta}{2}}{\cos^2\dfrac{\theta}{2}}}\cdot a\sin\frac{\theta}{2}\cos\frac{\theta}{2}d\theta$$

$$=\pm\frac{\sin\dfrac{\theta}{2}}{\cos\dfrac{\theta}{2}}\cdot a\sin\frac{\theta}{2}\cos\frac{\theta}{2}d\theta$$

$$=\pm a\sin^2\frac{\theta}{2}d\theta$$

$$=\pm\frac{a}{2}(1-\cos\theta)d\theta\qquad(\text{반각의 공식 }\sin^2\alpha=\frac{1}{2}(1-\cos 2\alpha)\text{ 에서})$$

이고, 따라서

$$y = \pm \frac{a}{2}(\theta - \sin\theta) + D$$

가 되는데, $x=0$(즉 $\theta = 0$)일 때, $y=0$이므로 $D=0$, 따라서

$$y = \pm \frac{a}{2}(\theta - \sin\theta)$$

가 된다. 또한, 이번에는 제1상한에 점 B를 잡고 있으므로 최종적으로

$$\begin{cases} x = \dfrac{a}{2}(1 - \cos\theta) \\ y = \dfrac{a}{2}(\theta - \sin\theta) \end{cases}$$

로 하면 될 것이다. $a$는 점 $B(x_1, y_1)$을 통과시켜 결정한다. 그러나 이것을 도출하는 것은 조금 까다롭다. 그런 이유로, 곡선의 형과는 별개의 문제이므로 깊게 들어가지 않도록 하자. 그런데 이 곡선은 무엇인가? 그렇다. 이것은 유명한 **사이클로이드**(cycloid)이다.

사이클로이드 곡선이 「최속강하선 문제」의 답

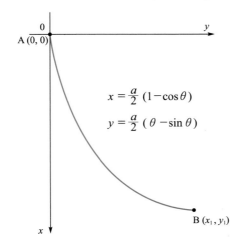

$$x = \frac{a}{2}(1 - \cos\theta)$$

$$y = \frac{a}{2}(\theta - \sin\theta)$$

# 7-3 해석역학의 필요성

이상으로 브라키스토크론의 문제를 생각해 왔는데, 문제 설정의 용이함과는 반대로 상당히 애를 먹었다. 뉴턴의 운동방정식은 소박하여 아주 이해하기 쉽지만 기본적으로는 직교좌표계에서 다루어지기 때문에 약간 문제가 복잡해지면 그 소박함 때문에 역으로 풀기 어렵게 된다.

마치 헌법이 법률의 기본이라고 할지라도, 그것으로 정작 현실적인 문제를 해결하려고 하면 잘 되지 않아 민법이나 형법이 필요한 것과 마찬가지로, 뉴턴의 운동방정식을 기본으로 하면서도 새로운 해석이 필요하다. 이는 방금 예를 든 민법과 형법이 헌법을 구체화하는 반면, 뉴턴의 운동방정식은 거꾸로 좀 더 추상화하기 때문이다. 추상화하면 보다 복잡한 문제에도 대처할 수 있다. 즉, 추상화 – 일반화라고 해도 좋을 것이다 – 는 당연한 흐름이라고 할 수 있다. 그래서 새로운 관점에서 뉴턴의 운동방정식을 재조명한 것이 **해석역학**(analytical dynamics)이라는 분야이다.

A에서 B로의 운동에너지($T$)보다 조금 엇갈린 $T'$ 을 생각한다

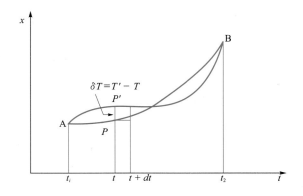

우선 아주 단순화하여 생각하기 위해, 어떤 질점(質点)(질량 $m$)이 외력을 얻어 A에서 B로 운동했다고 한다(운동은 $x$축 방향만 생각하자. 여기서는 세로방향이다). 이 때 운동 에너지를 $T$라고 했을 때, 이보다 조금 벗어난 운동 에너지 $T'$를 상정하고 그 변분을 생각해 보자. 어떤 일이 일어나겠는가?

시각 $t$에 있어서의 $T$의 변분은 $\delta T = T' - T$이고,

$$\delta T = \delta\left(\frac{1}{2}mv^2\right) = mv\delta v = mv\delta\left(\frac{dx}{dt}\right) = mv\frac{d}{dt}(\delta x)$$

이므로, 이것을 A($t_1$)에서 B($t_2$)까지 시간으로 적분해 본다.

$$\int_{t_1}^{t_2} \delta T dt = \int_{t_1}^{t_2} mv\frac{d}{dt}(\delta x)dt$$

이것을 부분 적분하면

$$\int_{t_1}^{t_2} mv\frac{d}{dt}(\delta x)dt = \left[mv\delta x\right]_{t_1}^{t_2} - \int_{t_1}^{t_2} m\frac{dv}{dt}\delta x dt$$

가 된다. 여기서 $\delta x$는 점 A, B에서 0이 되기 때문에, 상기 적분에 있어서 우변의 제 1항은 0이 된다. 따라서,

$$\int_{t_1}^{t_2} \delta T dt = -\int_{t_1}^{t_2} m\frac{dv}{dt}\delta x dt$$

가 되는데, $m\frac{dv}{dt} = m\frac{d^2x}{dt^2}$ 이므로, 뉴턴의 운동방정식에서 이 가속도가 생기게 하는 힘을 보존력(중력 등), 다시 말해 포텐셜 에너지 $U$에서만 얻을 수 있다고 하면

$$m\frac{d^2x}{dt^2} = -\frac{dU}{dx}$$

이므로

$$\delta U = \frac{dU}{dx}\delta x$$

인 것을 생각하면 방금 전 적분은

$$\int_{t_1}^{t_2} \delta T dt = -\int_{t_1}^{t_2} m\frac{dv}{dt}\delta x dt = \int_{t_1}^{t_2} \delta U dt$$

$$\int_{t_1}^{t_2} \left(\delta T - \delta U\right) dt = 0$$

$$\therefore \int_{t_1}^{t_2} \delta(T-U) dt = \delta\int_{t_1}^{t_2} (T-U) dt = 0$$

이 된다. 따라서, 실제로 일어나는 운동은 $\int_{t_1}^{t_2}(T-U)dt$가 정류값을 갖는 운동밖에 없다는 것을 알 수 있다. 이것은 뉴턴의 운동방정식의 재해석(기본원리)이라고 생각되며, **해밀턴의 원리**(Hamilton's principle)이라고 부르고 있다.

그리고 $T-U$는 중요한 의미를 가져다 주기 때문에, $L\overset{def}{=}T-U$라고 하고 $L$을 라

그랑주 함수(Lagrange function) 혹은 **라그랑지안**(Largrangian)이라고 부른다. 따라서, 새로운 운동방정식은 라그랑지안 $L(x, \dot{x}, t)$가 오일러 방정식을 충족하면 된다.

다시 말해,

$$\frac{d}{dt}\left(\frac{\partial L}{\partial \dot{x}}\right) - \frac{\partial L}{\partial x} = 0$$

이다. 이것을 **라그랑주의 운동방정식**(Lagrane's equation of motion)이라고 한다. 여기서 좀 알아두어야 할 것이 있는데, $\frac{\partial L}{\partial \dot{x}}$에서 $\frac{\partial L}{\partial \dot{x}} = \frac{\partial T}{\partial \dot{x}} = \frac{\partial}{\partial \dot{x}}\left(\frac{1}{2}m\dot{x}^2\right) = m\dot{x}$ 이므로, $\frac{\partial L}{\partial \dot{x}}$는 운동량을 나타내고 있다는 것이다. 이것이 또한 나중에 효과가 있으므로 기억해 두기 바란다.

❋ **은밀한 소리** : 왠지 방정식이 복잡해지기만 했지 전혀 편해지지 않았잖아.

그렇게 투덜대지 말도록. 지금까지의 의논에서는 라그랑지안이 어떤 것인지를 이해시키기 위해 문제를 간단히 했다. 자세한 논의는 권말 부록 참고문헌에 있는 교과서를 참고해 주기 바란다.

여기서 대서특필해야 할 점은 이 방정식이 데카르트 좌표계만이 아니라, 일반 좌표계에 있어서도 성립하는 점이다. 예를 들면, 자주 나오는 극좌표계에서도 그대로 성립하므로 뉴턴의 운동방정식보다 간단히 문제를 풀 수 있다. 예를 들어보자.

2개의 스프링을 연결한 철사의 미소진동

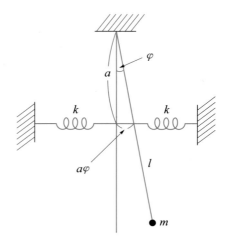

지금 휘어지지 않으며 중량을 무시할 수 있는 길이 $l$인 철사의 고정점에서 $a$ 만큼의 거리에 탄성계수가 $k$인 두 개의 스프링을 연결하고, 철사 끝에 질량 $m$인 추를 달았다고 한다. 이것을 미소진동시켰다고 해 보자. 그러면, 우선 운동 에너지 $T$는

$$T = \frac{1}{2}m(l\dot{\varphi})^2$$

이 되고, 포텐셜 에너지 $U$는

$$U = 2 \cdot \frac{1}{2}k(a\varphi)^2 + mgl(1-\cos\varphi)$$

라고 할 수 있다. 여기서 라그랑지안을 만들면

$$L = T - U = \frac{1}{2}ml^2\dot{\varphi}^2 - ka^2\varphi^2 - mgl(1-\cos\varphi)$$

이므로, 라그랑주 운동방정식은

$$\frac{d}{dt}\left(\frac{\partial L}{\partial \dot{\varphi}}\right) - \frac{\partial L}{\partial \varphi} = ml^2\ddot{\varphi} + 2ka^2\varphi - mgl\sin\varphi$$

가 된다. 여기서 철사의 운동은 미소진동이기 때문에, $\sin\varphi \approx \varphi$라고 할 수 있다(테일러의 전개를 생각해 본다). 따라서,

$$\approx ml^2\ddot{\varphi} + 2ka^2\varphi - mgl\varphi = 0$$

이므로, 나머지는

$$ml^2\ddot{\varphi} + (2ka^2 - mgl)\varphi = 0$$

을 풀면 된다.

# 7-4 해밀턴 방정식

현실적인 문제를 풀기 위해서는 라그랑주의 운동방정식을 도출해서 풀면 그것으로 충분하지만, 학자들은 이것으로 만족하지 못한 채 이것을 더욱 추상화시켰다.

우선, 라그랑지안의 존재가 전제된다. 라그랑지안 $L$이

$$L\left(q_1,q_2,\cdots,q_f,\dot{q}_1,\dot{q}_2,\cdots,\dot{q}_f,t\right)=L\left(q,\dot{q},t\right) \qquad \left(\begin{array}{l} q=\left(q_1,q_2,\cdots,q_f\right) \\ \dot{q}=\left(\dot{q}_1,\dot{q}_2,\cdots,\dot{q}_f\right) \end{array} \text{이다.}\right)$$

으로 주어질 때, 라그랑주의 운동방정식은

$$\frac{d}{dt}\left(\frac{\partial L}{\partial \dot{q}_1}\right)-\frac{\partial L}{\partial q_1}=0$$

$$\frac{d}{dt}\left(\frac{\partial L}{\partial \dot{q}_2}\right)-\frac{\partial L}{\partial q_2}=0$$

$$\cdots\cdots\cdots$$

$$\frac{d}{dt}\left(\frac{\partial L}{\partial \dot{q}_r}\right)-\frac{\partial L}{\partial q_r}=0$$

$$\cdots\cdots\cdots$$

$$\frac{d}{dt}\left(\frac{\partial L}{\partial \dot{q}_f}\right)-\frac{\partial L}{\partial q_f}=0$$

이다. 여기서 먼저 잠깐 등장했던 $\dfrac{\partial L}{\partial \dot{q}_r}$는 운동량을 나타낸다.

그러나 현 단계에서는 벌써 좌표 자체가 반드시 직교좌표계를 의미하고 있지 않은 **일반화 좌표**(generalized coordinates)[12]이므로, $\dfrac{\partial L}{\partial \dot{q}_r}$도 통상적인 의미에서의 「운동량」이 아니다[13]. 그래서, 이것을

$$p_r \overset{def}{\equiv} \frac{\partial L}{\partial \dot{q}_r} \qquad (r=1,2,\cdots,f)$$

라고 하고, **일반화 운동량**(generalized momentum)이라고 부르자.

그런데, 여기서 **르장드르 변환**(Legendre transformation)이라는 조작을 수행

주12) 예를 들어, 극좌표라면 $q_1=r$, $q_2=\theta$가 될 것입니다.

주13) 즉, 소박하게 $mv$가 운동량 등으로 말하는 「실감할 수 있는」 의미는 사라졌습니다.

하면, 일반화 좌표와 일반화 운동량으로 나타낼 수 있는 것이다.

❖ **은밀한 소리** : 잠깐 기다려봐. 르장드르 변환이란 뭐지?

음... 르장드르 변환 그 자체는 그다지 의미는 없는데⋯ 뭐랄까 그보다 「이 변환을 수행함으로써 일반화 좌표와 일반화 운동량으로 라그랑지안을 바꿔 쓸 수 있다」고 하는 편이 적절하다. 그러므로 너무 여기에 구애받지 않았으면 한다. 그렇기는 하지만 기왕 나왔으니 르장드르 변환에 대해 조금 언급해 두겠다.

---

### 르장드르 변환

$x = (x_1, x_2, \cdots, x_n)$을 변환하는 함수 $\varphi(x)$에서,

$$\xi_r = \frac{\partial \varphi}{\partial x_r} \quad (r = 1, 2, \cdots, n) \qquad \cdots\cdots①$$

과 같이 도출된 $\xi = (\xi_1, \xi_2, \cdots \xi_n)$이 있을 때, 독립변수를 $\xi$로 변환하여

$$\psi(\xi) = \sum_r \xi_r x_r(\xi) - \varphi(x(\xi))$$

라는 함수를 생각하면, $x$는 새로운 함수로부터

$$x_r = \frac{\partial \psi}{\partial \xi_r} \quad (r = 1, 2, \cdots, n) \qquad \cdots\cdots②$$

과 같이 도출할 수 있다. 이것을 르장드르 변환이라고 한다.

---

실제로 계산해 보면

$$\frac{\partial \psi}{\partial \xi_k} = x_k + \sum_r \xi_r \frac{\partial x_r}{\partial \xi_k} - \sum_r \frac{\partial \varphi}{\partial x_r} \frac{\partial x_r}{\partial \xi_k}$$

이고, 여기서 $\xi_k = \dfrac{\partial \varphi}{\partial x_k}$ 이므로, 결국 우변은 $x_k$ 밖에 남지 않기 때문에

$$x_k = \frac{\partial \psi}{\partial \xi_k}$$

가 도출되는 것이다.

이 르장드르 변환을 라그랑지안으로 해 보자. 우선 라그랑지안이

$$L(q, \dot{q}, t) \qquad \left( \begin{array}{l} q = (q_1, q_2, \cdots, q_f) \\ \dot{q} = (\dot{q}_1, \dot{q}_2, \cdots, \dot{q}_f) \end{array} \text{이다.} \right)$$

로 주어졌을 때, 일반화 운동량을

$$p_r = \frac{\partial L}{\partial \dot{q}_r} \qquad (r = 1, 2, \cdots, f)$$

라고 했다. 그리고 새로운 함수를

$$H(q, p, t) \qquad \left( \begin{array}{l} q = (q_1, q_2, \cdots, q_f) \\ p = (p_1, p_2, \cdots, p_f) \end{array} \text{이다.} \right)$$

라고 하면,

$$H(q, p, t) = \sum_r p_r \dot{q}_r - L(q, \dot{q}(p), t)$$

로 표현하면 된다. 따라서,

$$\dot{q}_k = \frac{\partial H}{\partial p_k} \qquad (k = 1, 2, \cdots, f)$$

라는 것을 알 수 있다.

이와 같이 하여 얻어진 $H$를 이번에는 $q_k$로 미분해 주면(이것은 르장드르 변환과 무관하다),

$$\frac{\partial H}{\partial q_k} = -\frac{\partial L}{\partial q_k}$$

이지만, 이것은 라그랑주의 운동방정식, $\frac{d}{dt}\left(\frac{\partial L}{\partial \dot{q}_k}\right) - \frac{\partial L}{\partial q_k} = 0$ 을 사용하면

$$\frac{\partial H}{\partial q_k} = -\frac{\partial L}{\partial q_k} = -\frac{d}{dt}\left(\frac{\partial L}{\partial \dot{q}_k}\right) = -\frac{d}{dt}p_k = -\dot{p}_k$$

임을 알 수 있다(물론 $p_k = \frac{\partial L}{\partial \dot{q}_k}$ 를 사용했다). 그래서 먼저 나온 결과와 합하면 $H$에 대해서, 한 조의 방정식을 얻을 수 있다.

$$\begin{cases} \dot{q}_k = \dfrac{\partial H}{\partial p_k} \\[2mm] \dot{p}_k = -\dfrac{\partial H}{\partial q_k} \end{cases} \qquad (k = 1, 2, \cdots, f)$$

여기에서, $H$를 **해밀턴 함수**(Hamiltonian function), 또는 **해밀터니안**(Hamiltonian)이라 하며, 위에 쓴 한 조의 방정식을 **해밀턴의 정준 운동 방정식**(Hamilton's canonical equation of motion), 혹은 단순히 **정준 방정식**(canonical equation)이라고 한다.

라그랑주의 운동방정식보다 깨끗한 형태가 되었다고 생각하는데, 어떤가?

여기서 중요한 관계를 구해 두자. 그것은 포텐셜 에너지 $U$가 좌표만의 함수일 때는

$$H = T + U$$

가 되는 것이다. $H$는 모든 에너지를 나타내는 것이다. $H$는

$$H(q, p, t) = \sum_r p_r \dot{q}_r - L(q, \dot{q}, t)$$

로 표현되기 때문에

$$H = \sum_r p_r \dot{q}_r - L = \sum_r p_r \dot{q}_r - (T - U) = \sum_r p_r \dot{q}_r - T + U$$

가 되므로, 어쨌거나 $\sum_r p_r \dot{q}_r = 2T$ 가 되리라 예상할 수 있다.

더욱이 포텐셜 에너지 $U$가 좌표만의 함수이므로,

$$\sum_r p_r \dot{q}_r = \sum_r \frac{\partial L}{\partial \dot{q}_r} \dot{q}_r = \sum_r \frac{\partial (T - U)}{\partial \dot{q}_r} \dot{q}_r$$
$$= \sum_r \frac{\partial T}{\partial \dot{q}_r} \dot{q}_r = 2T$$

가 될 것이다. 과연 이대로 되는지 이것을 표시해 보자.

우선, 질점계 $m_r(r=1, 2, \cdots, f)$에서 그 좌표는 데카르트 좌표에서 $(x_r, y_r, z_r)$이라고 한다. 이 때

$$\begin{cases} x_r = x_r(q_1, q_2, \cdots, q_f) \\ y_r = y_r(q_1, q_2, \cdots, q_f) \\ z_r = z_r(q_1, q_2, \cdots, q_f) \end{cases}$$

라는 일반화 좌표 $(q_1, q_2, \cdots q_f)$에서 나타내진다고 하자. 여기서 이 질점계의 운동 에너지 $T$를 구하려고 한다. 그 준비로 우선 질점의 속도를 구해 보자.

그러면,

$$\begin{cases} \dot{x}_r = \sum_s \frac{\partial x_r}{\partial q_s} \dot{q}_s \\ \dot{y}_r = \sum_s \frac{\partial y_r}{\partial q_s} \dot{q}_s \\ \dot{z}_r = \sum_s \frac{\partial z_r}{\partial q_s} \dot{q}_s \end{cases}$$

이므로,

$$T = \sum_k \frac{1}{2} m_k \left( \dot{x}_k^2 + \dot{y}_k^2 + \dot{z}_k^2 \right)$$

$$= \sum_k \frac{1}{2} m_k \left( \sum_r \sum_s \frac{\partial x_k}{\partial q_r} \frac{\partial x_k}{\partial q_s} \dot{q}_r \dot{q}_s + \sum_r \sum_s \frac{\partial y_k}{\partial q_r} \frac{\partial y_k}{\partial q_s} \dot{q}_r \dot{q}_s + \sum_r \sum_s \frac{\partial z_k}{\partial q_r} \frac{\partial z_k}{\partial q_s} \dot{q}_r \dot{q}_s \right)$$

가 된다.

여기서 전부를 계산하는 것은 대단한 일이다. 잘 보면 동일한 형태를 하고 있기 때문에, $x$부분만을 우선 고찰해 본다. 그래서,

$$\mathfrak{I} = \sum_r \sum_s \frac{\partial x_k}{\partial q_r} \frac{\partial x_k}{\partial q_s} \dot{q}_r \dot{q}_s$$

라고 해 보자. $\mathfrak{I}$이라는 이상한 글자가 등장하는데, 이것은 독일문자 I/J이다. 여기서 이것을 $\dot{q}_i$로 미분하면,

$$\frac{\partial \mathfrak{I}}{\partial \dot{q}_i} = \frac{\partial x_k}{\partial q_i} \sum_s \frac{\partial x_k}{\partial q_s} \dot{q}_s + \left( \sum_r \frac{\partial x_k}{\partial q_r} \dot{q}_r \right) \frac{\partial x_k}{\partial q_i} = 2 \frac{\partial x_k}{\partial q_i} \sum_r \frac{\partial x_k}{\partial q_r} \dot{q}_r$$

가 되므로, 첨자 $i$를 $s$로 다시 쓰면,

$$\frac{\partial \mathfrak{I}}{\partial \dot{q}_s} = 2 \frac{\partial x_k}{\partial q_s} \sum_r \frac{\partial x_k}{\partial q_r} \dot{q}_r$$

를 얻는다. 이 양변에 $\dot{q}_s$를 곱하여 합을 내면,

$$\sum_s \frac{\partial \mathfrak{I}}{\partial \dot{q}_s} \dot{q}_s = 2 \sum_s \dot{q}_s \frac{\partial x_k}{\partial q_s} \sum_r \frac{\partial x_k}{\partial q_r} \dot{q}_r$$

$$= 2 \sum_s \sum_r \frac{\partial x_k}{\partial q_r} \frac{\partial x_k}{\partial q_s} \dot{q}_r \dot{q}_s$$

$$= 2 \mathfrak{I}$$

가 된다. 이 결과에서

$$\sum_r \frac{\partial T}{\partial \dot{q}_r} \dot{q}_r = 2T$$

가 된다는 것을 쉽게 이해할 수 있을 것이다. 결국,

> 포텐셜 에너지 $U$가 좌표만의 함수일 때 해밀터니안 $H$는
> $$H = T + U$$
> 가 된다.

여기서 $H$가 전 에너지를 표시하고 있기 때문에 이것을 시간적으로 어떻게 변

화하는지 조사해 보자. 단, $H$는 시간을 양에 포함하지 않는다고 한다. 시간에 따른 변화[주14]이므로 시간을 $t$로 미분해 보는 것이다.

$$\frac{dH}{dt} = \sum_r \frac{\partial H}{\partial q_r} \dot{q}_r + \sum_r \frac{\partial H}{\partial p_r} \dot{p}_r$$

$$= \sum_r \frac{\partial H}{\partial q_r}\left(\frac{\partial H}{\partial p_r}\right) + \sum_r \frac{\partial H}{\partial p_r}\left(-\frac{\partial H}{\partial q_r}\right)$$

$$= 0$$

즉,

주14) 이제 익숙해졌으리라 생각하지만 「어떠한 변화」라고 할 때는 미분해 보는 것이 일반적입니다.

> 해밀터니안 $H$는 시간을 양에 포함하지 않고 포텐셜 에너지가 좌표만의 함수일 때 $H = T + U$가 되고, 이것은 시간에 의해 변화하지 않는다(일정하다).

라는 중요한 결과가 도출되었다. 이것은 **역학적 에너지 보존의 법칙**을 보여 주고 있다.

## ● 해밀터니안 H를 구한다

자, 마지막으로 양자역학에 접속하기 위한 하나의 스텝으로 포텐셜 에너지 $U(x, y, z)$를 받고 있는 공간에서 하나의 질점(질량 $m$)의 해밀턴 $H$를 구해 보자.

우선, 라그랑지안은

$$L = T - U = \frac{1}{2}m\left(\dot{x}^2 + \dot{y}^2 + \dot{z}^2\right) - U(x, y, z)$$

가 되므로, 여기에서 운동량 $(p_x, p_y, p_z)$는,

$$\begin{cases} p_x = \dfrac{\partial L}{\partial \dot{x}} = m\dot{x} \\[2mm] p_y = \dfrac{\partial L}{\partial \dot{y}} = m\dot{y} \\[2mm] p_z = \dfrac{\partial L}{\partial \dot{z}} = m\dot{z} \end{cases} \quad \rightarrow \quad \begin{cases} \dot{x} = \dfrac{p_x}{m} \\[2mm] \dot{y} = \dfrac{p_y}{m} \\[2mm] \dot{z} = \dfrac{p_z}{m} \end{cases}$$

이었다. 즉, 운동에너지는 운동량을 사용하여 아래와 같이 바꿔 쓸 수 있다.

$$T = \frac{1}{2}m\left(\dot{x}^2 + \dot{y}^2 + \dot{z}^2\right)$$

$$= \frac{1}{2m}\left(p_x^2 + p_y^2 + p_z^2\right)$$

따라서,

$$H = T + U = \frac{1}{2m}\left(p_x^2 + p_y^2 + p_z^2\right) + U(x, y, z)$$

가 되는 것이다.

자, 이것은 양자역학 교과서에서 자주 볼 수 있을 것이다!

결국 추상화라는 것은 쓸데없이 문제를 어렵게 하는 것이 아니라, 문제의 본질을 두드러지게 하여 이론을 통일하는 계기를 부여해 주는 하나의 방법인 것이다.

제8장

# 벡터 공간

벡터를 추상화하여 다차원 공간을 생각하면 벡터 공간이 보이게 된다. 여기서는 벡터에서 배웠던 내적이 큰 활약을 한다. 아니 벡터 공간에서는 이 내적이 중심적인 역할을 하고 있다. 고등학교 때, 지겨울 정도로 내적을 배웠던 것은 여기서 써먹기 위함이었던가! 하고 비로소 깨닫게 된다. 처음부터 수업 시간에 내용이 다소 고등학교 수준을 넘어서더라도, 힌트 정도는 말해 줘도 좋았을 텐데 말이다. 실은 이런 부분이 수업에서 중요한 것이라고 필자는 생각한다. 이 장에서는 고등학교 때 애매하게만 느껴졌던 내적이 얼마나 생생하게 빛나는 것인지 실감할 수 있다면 좋겠다. 조금 더 말한다면, 이 내적은 일반 상대성이론에서 친숙한 리만 공간에서 가장 중요한 계량이라는 개념의 기초가 되고 있다.

# 8-1 벡터 공간의 연산

「공간」이라고 하면 무엇이 구체적으로 떠오르는가? 우리들이 생활하고 있는 공간은 가로, 세로, 높이를 결정하면 그것으로도 대충 일상생활은 원만하게 할 수 있다. 즉, 이 세 가지 양(가로, 세로, 높이)의 조합으로 물체가 어디에 있는지를 정확히 파악할 수가 있는 것이다.

예를 들면, 부인이 선반을 달아달라고 했을 때, 물론 「데카르트 좌표 $xyz$에서 $(100, 200, 150)$의 위치요.」라고 말하지는 않을 것이고, 대체로 대충 「렌지 옆이요」라고 하는데, 달아 놓은 다음에는 「거기가 아니라니까요」라며 어이없게 만드는 경우가 대부분이다. 단, 서로가 무의식적이지만 가로, 세로, 높이 세 가지 양을 암묵리에 이용한 것임에는 틀림없다. 분명히 공간을 인식하고 있는 것이다.

그렇다고 계속 선반을 달지 않으면, 「왜 안 달아 주는 거야」라며 이쪽이 매달려질 판이다. 이런 경우에는 서로간에 시간 인식의 차이가 있다고 생각해야 한다. 아내는 「빨리 달아달라」고 생각하고 있는 반면, 남편은 「다음 휴일에 달면 되겠지」라는 정도로 인식하는 것이다. 즉, 앞에서 「일상생활은 원만」하다고 했지만, 이 세 가지 양에 더해서 사실은 「시간」의 축을 더하지 않으면 한바탕 소란이 있을 듯하니 원만하다고는 할 수 없을 것 같다.

아주 바보스러운 비유를 들었지만, 요점은 현실 공간은 「가로, 세로, 높이, 시간이라는 네 가지 양」에 의해 비로소 다양한 현상을 파악할 수 있다는 것이다. 즉, 가로, 세로, 높이, 시간이라는 좌표축의 「점」으로 현상을 기술할 수 있다는 말이다. 이 좌표축은 필요로 하는 항목에 의해 얼마든지 늘려가도 좋다.

예를 들면 술의 양, 술의 도수, $\gamma$-GTP, GOT 등의 좌표축을 만들고, 이 좌표축의 점이 있는 분포를 보여 주면 「간에 영향이 없다」 등으로 조사하는 것도 가능하다. 이것은 생각나는 대로 적은 것이니, 실제로는 의학적으로 의미가 있도록 좌표축을 잡으면 될 것이다.

이처럼 몇 가지 양의 쌍에 의해 하나의 점을 결정할 수 있을 때, 공간을 설정할 수 있다고 해도 좋다. 그리고 이 공간 자체에 어떤 종류의 성질을 부여하는가에 따라 수학상의 다양한 공간을 생각할 수 있는 것이다. 이 장에서 이야기하는 **벡터 공간**도 그 중 하나이다.

자, 이야기가 너무 광범위해졌으므로 우선은 이미지를 파악하기 쉬운 3차원 벡터 공간부터 시작해 보자.

## ● 직교하는 3차원 벡터 공간

데카르트 좌표계 $xyz$의 임의의 3차원 벡터를 표현하기 위해서 단위 벡터 $\mathbf{e}_1$, $\mathbf{e}_2$, $\mathbf{e}_3$를 준비한다. 이것을 **기저**(基底)라고 하고 $\{\mathbf{e}_1, \mathbf{e}_2, \mathbf{e}_3\}$로 표현한다. 별일 없는, 길이가 1이고, 서로 직교하고 있는 벡터의 쌍이라고 말하고 있을 뿐이다.

이렇게 하면 임의의 벡터 $\mathbf{V}$는 성분을 $(V^1, V^2, V^3)$라고 하면,

$$
\begin{aligned}
\mathbf{V} &= V^1\mathbf{e}_1 + V^2\mathbf{e}_2 + V^3\mathbf{e}_3 \\
&= \sum_\mu V^\mu\mathbf{e}_\mu \\
&= V^\mu\mathbf{e}_\mu
\end{aligned}
$$

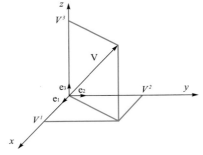

임의의 벡터 v를 기저에서 생각한다

라고 나타낼 수 있을 것이다[주1]. $\mathbf{e}_1$, $\mathbf{e}_2$, $\mathbf{e}_3$ 와 같은 아래첨자, $V^1$, $V^2$, $V^3$와 같은 위첨자와 나열되었는데, 이것도 익숙해지면 괜찮을 것이다.

사물(현상)이라는 것은 다른 각도에서 바라봄으로써 알려지지 않았던 것이 드러나거나, 복잡한 현상이 간단해지는 경우가 간혹 있다. 벡터 공간도 마찬가지다. 그렇다면, 이 공간의 경우 어떻게 해서 보는 관점을 바꿀 수 있을까?

그것은 기저를 바꿔버리면 되는 것이다. 예를 들면 지금 예를 든 벡터 $\mathbf{V}$ 방향으로 새로운 기저 $\{\mathbf{e}'_1, \mathbf{e}'_2, \mathbf{e}'_3\}$의 $\mathbf{e}'_1$을 할당하면, 이 기저에서는 $\mathbf{e}'_2$, $\mathbf{e}'_3$의 성분은 0으로 할 수 있다. 이 기저라면 벡터 $\mathbf{V}$는 간단히 다룰 수 있을 것이다. 그렇지만 그대로 해결될 리는 없다. 이에 미치는 모순이나 불리한 조건은(?)「무언가」가 책임을 지지 않으면 안 된다. 그것이 원래의 거저와 새롭게 설정한 기저의 관계이다.

주1) 여기에서 총합을 나타내는 기호인 $\sum_\mu$는 빈번하게 나타나서 번잡하므로 첨자가 아래 위로 같은 것이 있을 경우는 이것을 1에서 3까지의 합을 취한다는 약속을 하고 생략합니다. 이것을 아인슈타인의 규약이라고 합니다.

이 관계를 이해하지 못한다면 애초부터 새로운 기저 따위는 의미가 없다. 그러므로 이 기저 사이의 관계를 알아보기로 하자. 좀 딱딱한 용어로는 **기저의 변환**이라고 한다.

## ● 기저의 변환

그런 이유로 기저 $\{\mathbf{e}_1, \mathbf{e}_2, \mathbf{e}_3\}$를 새로운 기저 $\{\mathbf{e}'_1, \mathbf{e}'_2, \mathbf{e}'_3\}$로 변환해 보자. 어떻게 할 것인가? 통상적으로 볼 수 있는 $y=f(x)$라는 함수는, 생각해 보면 「$x$를 $f$라는 조작을 통해 $y$로 변환한다」는 의미이다. 기저의 변환도 마찬가지 의미를 가지고 있다. 즉, 기저를 변환하는 어떠한 「조작」을 통해 새로운 기저로 변환할 수 있다고 생각하면 된다. 이 「조작」 방법을 지시하는 것이 **연산자**(operator)라고 불리는 것이다. 용어는 딱딱해 보이지만 방금 전에 나온 $f$와 같은 것이라고 생각하면 된다.

말로만 해서는 잘 모를 것 같으니 실제 연산자가 어떠한 것인지 살펴보도록 하자. 이 기저 변환을 위한 연산자를 $\hat{A}$이라고 한다[주2]. 그러면, 새로운 기저는 $\mathbf{e}'_i = \hat{A}\mathbf{e}_i$로 써야 할 것이다. 「$\mathbf{e}_i$에 $\hat{A}$을 작용시키면 $\mathbf{e}'_i$가 된다」는 것이다. $\hat{A}$의 구체적인 형을 구하기 위해서는, 새로운 기저 $\{\mathbf{e}'_1, \mathbf{e}'_2, \mathbf{e}'_3\}$을 원래의 기저 $\{\mathbf{e}_1, \mathbf{e}_2, \mathbf{e}_3\}$에서 살펴보면,

$$\mathbf{e}'_i = \hat{A}\mathbf{e}_i = A_i{}^\mu \mathbf{e}_\mu = A_i{}^1\mathbf{e}_1 + A_i{}^2\mathbf{e}_2 + A_i{}^3\mathbf{e}_3$$

라고 표현할 수 있으므로, 행렬로 표현할 수 있다.

❖ 은밀한 소리 : 어째서?

그러니까 지금 식의 의미는

$$\begin{cases} \mathbf{e}'_1 = A_1{}^\mu \mathbf{e}_\mu = A_1{}^1\mathbf{e}_1 + A_1{}^2\mathbf{e}_2 + A_1{}^3\mathbf{e}_3 \\ \mathbf{e}'_2 = A_2{}^\mu \mathbf{e}_\mu = A_2{}^1\mathbf{e}_1 + A_2{}^2\mathbf{e}_2 + A_2{}^3\mathbf{e}_3 \\ \mathbf{e}'_3 = A_3{}^\mu \mathbf{e}_\mu = A_3{}^1\mathbf{e}_1 + A_3{}^2\mathbf{e}_2 + A_3{}^3\mathbf{e}_3 \end{cases}$$

라는 것이기 때문에

$$\begin{pmatrix} \mathbf{e}'_1 \\ \mathbf{e}'_2 \\ \mathbf{e}'_3 \end{pmatrix} = \begin{pmatrix} A_1{}^1 & A_1{}^2 & A_1{}^3 \\ A_2{}^1 & A_2{}^2 & A_2{}^3 \\ A_3{}^1 & A_3{}^2 & A_3{}^3 \end{pmatrix} \begin{pmatrix} \mathbf{e}_1 \\ \mathbf{e}_2 \\ \mathbf{e}_3 \end{pmatrix}$$

주2) 이 $\hat{A}$ 위에 있는 산 모양의 기호는 프랑스어 같은 데서 사용하는 악산·실컴프렉스(서컴프렉스), 규메라고 불리는 것인데 일반적으로 「A hat」이라고 부릅니다.

로 표현되지 않는가? 다시 말해, 좌표 변환에 관한 연산자는 행렬인 것이다. 여기서 연산자 $\hat{A}$의 성분인 행렬 $(A_i{}^j)$의 행렬식은 0이 되지 않기 때문에 역행렬이 존재한다. 그것을

$$(a_i{}^j) = (A_i{}^j)^{-1}$$

이라고 하자.

게다가 기저 $\{\mathbf{e}_1, \mathbf{e}_2, \mathbf{e}_3\}$도 변환 후의 기저 $\{\mathbf{e}'_1, \mathbf{e}'_2, \mathbf{e}'_3\}$도 단위 벡터는 서로 직교해야 하므로[주3], 그 내적을 생각하면

$$\begin{cases} \mathbf{e}_i \cdot \mathbf{e}_j = \delta_{ij} \\ \mathbf{e}'_i \cdot \mathbf{e}'_j = \delta'_{ij} \end{cases} \qquad \left( \delta_{ij}, \delta'_{ij} = \begin{cases} 0 & (i \neq j) \\ 1 & (i = j) \end{cases} \text{크로넥커 델타이다} \right)$$

○ 주3) 그렇다기보다는 직교하는 경우를 검토하고 있는 것입니다.

라는 조건을 만족시키지 않으면 곤란하다[주4]. 이와 같은 특수한 것을 생각해 낸 것을 보면 아마도 연산자 $\hat{A}$을 만든 사람도 보통사람은 아닐 거라고 예상된다. 그러므로 변환 후의 단위 벡터의 내적을 계산하면

$$\begin{aligned} \mathbf{e}'_i \cdot \mathbf{e}'_j &= (A_i{}^\mu \mathbf{e}_\mu) \cdot (A_j{}^\nu \mathbf{e}_\nu) \\ &= A_i{}^\mu A_j{}^\nu (\mathbf{e}_\mu \cdot \mathbf{e}_\nu) \\ &= A_i{}^\mu A_j{}^\nu \delta_{\mu\nu} \\ &= \sum_{\mu=1}^{3} A_i{}^\mu A_j{}^\mu \end{aligned}$$

○ 주4) 만약 $\mathbf{e}_i \cdot \mathbf{e}_j = \delta_{ij}$가 성립하지 않으면, 어떻게 될까? 이렇게 생각한 사람은 새로운 공간을 생각하고 있었던 것이다.

가 되는데, $\mathbf{e}'_i \cdot \mathbf{e}'_j = \delta'_{ij}$라고 하므로 $\sum_{\mu=1}^{3} A_i{}^\mu A_j{}^\mu = \delta'_{ij}$가 되지 않으면 안 된다. 성분이라고 하면 이해하기 어려울 수도 있는데, 잠시 행렬을 살펴보면

$$\begin{pmatrix} A_1{}^1 & A_1{}^2 & A_1{}^3 \\ A_2{}^1 & A_2{}^2 & A_2{}^3 \\ A_3{}^1 & A_3{}^2 & A_3{}^3 \end{pmatrix} \begin{pmatrix} A_1{}^1 & A_2{}^1 & A_3{}^1 \\ A_1{}^2 & A_2{}^2 & A_3{}^2 \\ A_1{}^3 & A_2{}^3 & A_3{}^3 \end{pmatrix} = \begin{pmatrix} 1 & 0 & 0 \\ 0 & 1 & 0 \\ 0 & 0 & 1 \end{pmatrix}$$

가 되어, 단위 행렬이 됨을 알 수 있다. **크로넥커의 델타라는 것은 단위 행렬을 나타내는 것**이다.

여기서 좌변의 행렬 부분을 잘 보면, 좌변의 좌측 행렬은 우측의 행렬을 전치한 것으로 되어 있는 것을 알 수 있다. 즉, **전치행렬**이 된 것이다. 행렬 $A$의 전치행렬은 $'A$로 표현한다. 따라서,

$$\begin{pmatrix} A_1{}^1 & A_1{}^2 & A_1{}^3 \\ A_2{}^1 & A_2{}^2 & A_2{}^3 \\ A_3{}^1 & A_3{}^2 & A_3{}^3 \end{pmatrix} = {}^{t}\begin{pmatrix} A_1{}^1 & A_2{}^1 & A_3{}^1 \\ A_1{}^2 & A_2{}^2 & A_3{}^2 \\ A_1{}^3 & A_2{}^3 & A_3{}^3 \end{pmatrix}$$

가 되므로,

$$\mathbf{A} = \begin{pmatrix} A_1{}^1 & A_2{}^1 & A_3{}^1 \\ A_1{}^2 & A_2{}^2 & A_3{}^2 \\ A_1{}^3 & A_2{}^3 & A_3{}^3 \end{pmatrix}, \quad \mathbf{E} = \begin{pmatrix} 1 & 0 & 0 \\ 0 & 1 & 0 \\ 0 & 0 & 1 \end{pmatrix} \quad \text{(이것은 단위 행렬)}$$

라고 하면, ${}^t\mathbf{A}\mathbf{A} = \mathbf{E}$가 된다. 이렇게 되기 위해서는 ${}^t\mathbf{A} = \mathbf{A}^{-1}$이 되어야 하는 것은 명확하다. 이 관계를 만족시키는 행렬을 특별히 **직교행렬**(orthogonal matrix)이라고 한다. 즉,

> **직교행렬과 직교변환**
>
> 직교하고 있는 기저를 변환하고, 변환 후의 기저도 직교하고 있기 위해서는 그 변환을 위한 연산자는 직교행렬이어야 한다. 그리고 직교행렬을 사용하여 변환하는 것을 직교변환(orthogonal transformation)이라고 한다.

지금까지 알아본 연산자 $\hat{A}$은 기저를 변환하기 위한 것이었다. 그런데, 하나의 기저 속에서 어떤 벡터로부터 다른 벡터로 변환하는 연산자는 어떻게 생각해야 할 것인가? 그것을 다음에 생각해 보기로 한다.

## 8-2 벡터 변환의 연산

● 연산자

기저 $\{\mathbf{e}_1, \mathbf{e}_2, \mathbf{e}_3\}$에서, 벡터 $\mathbf{X}(X^1, X^2, X^3)$가 어떤 조작 $\hat{T}$(연산자)에 따라 $\mathbf{Y}$ $(Y^1, Y^2, Y^3)$라는 벡터가 되었다고 하자. 연산자란 어떤 조작을 해서 다른 벡터를 만드는 것이라고 생각하면 되었다. 여기서 연산자 $\hat{T}$은 선형(linear)이라고 하자.

❈ 은밀한 소리 : 저기⋯

알았어. 알았어. 안다니까. 선형의 의미를 모르겠다는 말이지? 선형이란 이런 것이다.

임의의 수 $a$와 벡터 $\mathbf{X}, \mathbf{Y}$를 생각했을 때, 다음의 2가지 성질을 만족하는 것.

1.  $\hat{T}(\mathbf{X} + \mathbf{Y}) = \hat{T}\mathbf{X} + \hat{T}\mathbf{Y}$
2.  $\hat{T}(a\mathbf{X}) = a\hat{T}\mathbf{X}$

여기서 즉시 $\mathbf{Y} = \hat{T}\mathbf{X}$를 생각하고 싶겠지만, 우선은 이 $\hat{T}$에 의해서 단위 벡터가 어떻게 변환되는지를 보는 것이 좋을 것이다. 연산된 단위 벡터는 물론 벡터가 되고, 기저 $\{\mathbf{e}_1, \mathbf{e}_2, \mathbf{e}_3\}$로 표현할 수 있다. 그러므로

$$\hat{T}\mathbf{e}_1 = T_1{}^1\mathbf{e}_1 + T_1{}^2\mathbf{e}_2 + T_1{}^3\mathbf{e}_3$$
$$\hat{T}\mathbf{e}_2 = T_2{}^1\mathbf{e}_1 + T_2{}^2\mathbf{e}_2 + T_2{}^3\mathbf{e}_3$$
$$\hat{T}\mathbf{e}_3 = T_3{}^1\mathbf{e}_1 + T_3{}^2\mathbf{e}_2 + T_3{}^3\mathbf{e}_3$$

라고 쓸 수 있는 $T_i{}^j (1 \leq i, j \leq 3)$를 도입할 수 있다. 이 $T_i{}^j$를 $\hat{T}$의 성분(혼합성분)이라고 한다. 이것들은 정리해서

$$\hat{T}\mathbf{e}_i = T_i{}^\mu \mathbf{e}_\mu$$

라고 쓸 수 있다. 아인슈타인의 규약(205페이지 참고)에 빨리 익숙해지도록 하자.

그러면 이것을 사용하여 $\mathbf{Y} = \hat{T}\mathbf{X}$를 쓰면,

$$\begin{aligned} \mathbf{Y} &= \hat{T}\mathbf{X} \\ &= \hat{T}(X^\mu \mathbf{e}_\mu) \\ &= X^\mu \hat{T}\mathbf{e}_\mu \\ &= X^\mu T_\mu{}^\nu \mathbf{e}_\nu \end{aligned}$$

이므로, 성분으로 쓰면 $Y^i = T^i_\mu X^{\prime\mu}$가 됨을 알 수 있다.

여기서 「첨자가 아래와 위에 있으므로 **혼합 성분**이라는 것을 알 수 있지만, 아래나 위에만 있는 성분도 있을까」라고 생각했다면 칭찬해 주고 싶다. 그 생각대로, 예를 들면 조금 전의 연산자의 성분을 나타내는 식, $\hat{T}\mathbf{e}_i = T^\mu_i \mathbf{e}_\mu$의 양변에 $\mathbf{e}_j$를 곱해 보면,

$$\mathbf{e}_j \cdot (\hat{T}\mathbf{e}_i) = \mathbf{e}_j \cdot (T^\mu_i \mathbf{e}_\mu)$$
$$\mathbf{e}_j \cdot (\hat{T}\mathbf{e}_i) = T^\mu_i (\mathbf{e}_j \cdot \mathbf{e}_\mu)$$
$$\mathbf{e}_j \cdot (\hat{T}\mathbf{e}_i) = T^\mu_i \delta_{j\mu}$$
$$\mathbf{e}_j \cdot (\hat{T}\mathbf{e}_i) = T^j_i$$

가 된다. 여기서 새롭게 $T_{ij} \overset{def}{\equiv} \mathbf{e}_i \cdot (\hat{T}\mathbf{e}_j) = T^i_j$ (보기 힘드니 $i, j$를 넣어 바꿨다)라고 쓰면, 실제는 이것을 $\hat{T}$의 **공변성분**이라고 부르는 것이 된다. 그러나 지금의 식의 계산을 보면 알 수 있듯이, 직교좌표계에서는 고맙게도 혼합성분과 공변성분이 동일하게 된다. 벌써 눈치챘으리라 생각하지만, 위의 식에서 기저의 단위벡터가 직교하지 않으면 크로넥커의 $\delta$는 나타나지 않으며, 혼합성분과 공변성분은 달라진다. 이 때, 다시 말해 단위 벡터가 직교하지 않을 때는 크로넥커의 $\delta$ 대신에 $g_{j\mu} \equiv \mathbf{e}_i \cdot \mathbf{e}_\mu$라고 하고, 이것을 **계량행렬**이라고 부르며 중요한 역할을 하게 한다.

벡터 공간을 이 계량행렬을 사용한 방향으로 끌어당기면 결국에는 굽은 공간인 리만 공간으로까지 갈 수 있지만, 여기서는 깊이 들어가진 않는다. 흥미 있는 사람은 졸저 「Aha! 상대성 이론이 이해된다!」를 읽어 보시길. 자, 책 선전도 끝났으니(!) 원래대로 돌아가자.

이처럼 기저가 직교하고 있다는 조건을 부여한 것만으로 상당히 편해질 수 있다는 것을 알았을 것이다.[주5]

다음에 해야 할 것은 기저의 변환에 따라, 이 연산자가 어떻게 변환될까 하는 것이다. 점점 첨자가 많이 나오니 정신차리도록 하자.

주5) 물론, 직교라는 제한이 족쇄가 되는 경우도 있습니다. 그것은 하나의 제약 때문입니다. 그래서 여러 가지 공간이 필요한데, 예를 들어 일반상대성이론에는 리만 공간이 필요합니다.

연산자 $\hat{T}$는 기저의 변환에 의해 어떻게 변환될 것인가? 연산자 $\hat{T}$의 공변성분을 생각해 보자. 연산자수는 기저 $\{\mathbf{e}_1, \mathbf{e}_2, \mathbf{e}_3\}$에서는 $T_{ij}=\mathbf{e}_i\cdot\hat{T}\mathbf{e}_j$로 주어지고, 변환된 기저 $\{\mathbf{e}'_1, \mathbf{e}'_2, \mathbf{e}'_3\}$에서는 $T'_{ij}=\mathbf{e}'_i\cdot\hat{T}\mathbf{e}'_j$로 주어지므로

$$\begin{aligned}
T'_{ij} &= \mathbf{e}'_i \cdot \hat{T}\mathbf{e}'_j \\
&= (A_i{}^\mu \mathbf{e}_\mu) \cdot (\hat{T}(A_j{}^\nu \mathbf{e}_\nu)) \\
&= (A_i{}^\mu \mathbf{e}_\mu) \cdot (A_j{}^\nu \hat{T}\mathbf{e}_\nu) \\
&= A_i{}^\mu A_j{}^\nu (\mathbf{e}_\mu \cdot \hat{T}\mathbf{e}_\nu) \\
&= A_i{}^\mu A_j{}^\nu T_{\mu\nu}
\end{aligned}$$

가 된다. 이것은 ${}^t\mathbf{A} = \mathbf{A}^{-1}$에서

$$\begin{aligned}
{}^t({}^t\mathbf{A}) = \mathbf{A} = ({}^t\mathbf{A}^{-1}) \\
\therefore A_i{}^\mu = ({}^t\mathbf{A}^{-1})_i{}^\mu = (\mathbf{A}^{-1})_\mu{}^i = ({}^t\mathbf{A})_\mu{}^i = A_\mu{}^i
\end{aligned}$$

이며, 또한 혼합성분과 공변성분은 동일하다. 다시 말해 $T'_{ij}=T'_j{}$이므로

$$\begin{aligned}
T'_{ij} &= A_i{}^\mu A_j{}^\nu T_{\mu\nu} \\
&= A_\mu{}^i A_j{}^\nu T_\nu{}^\mu \\
&= A_\mu{}^i T_\nu{}^\mu A_j{}^\nu
\end{aligned}$$

라고 할 수 있다. 그래서,

$$\mathbf{T}' = \begin{pmatrix} T'^1_1 & T'^1_2 & T'^1_3 \\ T'^2_1 & T'^2_2 & T'^2_3 \\ T'^3_1 & T'^3_2 & T'^3_3 \end{pmatrix}, \quad \mathbf{T} = \begin{pmatrix} T^1_1 & T^1_2 & T^1_3 \\ T^2_1 & T^2_2 & T^2_3 \\ T^3_1 & T^3_2 & T^3_3 \end{pmatrix}$$

라고 하면,

$$\begin{pmatrix} T'^1_1 & T'^1_2 & T'^1_3 \\ T'^2_1 & T'^2_2 & T'^2_3 \\ T'^3_1 & T'^3_2 & T'^3_3 \end{pmatrix} = \begin{pmatrix} A_1{}^1 & A_1{}^2 & A_1{}^3 \\ A_2{}^1 & A_2{}^2 & A_2{}^3 \\ A_3{}^1 & A_3{}^2 & A_3{}^3 \end{pmatrix}\begin{pmatrix} T^1_1 & T^1_2 & T^1_3 \\ T^2_1 & T^2_2 & T^2_3 \\ T^3_1 & T^3_2 & T^3_3 \end{pmatrix}\begin{pmatrix} A_1{}^1 & A_2{}^1 & A_3{}^1 \\ A_1{}^2 & A_2{}^2 & A_3{}^2 \\ A_1{}^3 & A_2{}^3 & A_3{}^3 \end{pmatrix}$$

이며, 다시 말해 $\mathbf{T}' = {}^t\mathbf{ATA}$이다. 이것이 연산자의 변환식이 된다.

## ● 복소 벡터 공간

지금까지 생각해 온 벡터 공간은 실수의 세계였고 더군다나 3차원에서 직교하고 있었다. 그러나 그 논의에서는 3차원이라고는 하지만 3차원이 아니면 곤란할 일은 일체 해 오지 않았기 때문에, 갑자기 $n$차원으로까지 확장하더라도 그대로 성립한다. 다시 말해 $n$차원으로의 확장에는 아무 문제도 없다는 것이다. 단위 벡터로 하더라도 그렇다. 그냥 단순히 길이가 1이고 서로 직교하고 있다는 조건밖에 주고 있지 않다.

이제부터는 벡터 공간의 개념을 확장해서 실수에서 복소수의 벡터 공간을 생각해 보고자 한다. 왠지 무시무시하다고? 아니다, 여기부터가 재미있는 부분이다.

지금까지의 논의에서 무엇이 가장 중요했는지를 곰곰이 생각해 보면, 그것은 아무래도 **내적**이 아닐까 한다. 예를 들면 직교한다는 조건은 내적이 0이라는 조건으로 묶이고, 연산자의 성분을 구할 때에도 사용하고 있다.

그러므로, 복소 벡터 공간(물론 직교라는 개념은 남아 있다)을 생각했지만, 이상에서 살펴본 바에 따르면, 이 복소 벡터 공간에서 무엇보다도 먼저 정의해야 할 것은 복소수 자신의 정의는 별도로 하고 「내적」이라는 사실에 이견은 없을 것이다.

## ● 복소수에서의 내적의 정의

새로운 공간에 대해 생각해 보자고 하였으므로 자유롭게 정의해도 좋을 것 같지만, 실제 벡터 공간과의 정합성을 생각해 보는 것이 자연스럽기 때문에 너무 제멋대로 정의하진 말아야 할 것이다. 그러므로 우선 벡터의 길이에 주목해 보자. 이것은 직교 실벡터 공간(지금까지 생각해 온 벡터 공간)에서는 내적을 사용하여, $|\mathbf{V}| = \sqrt{\mathbf{V} \cdot \mathbf{V}}$라고 표현할 수 있다.

「길이」인 이상, 실수로 하고 싶고, 또한 그것이 자연스러우므로[주6] 복소 벡터 공간에서도 벡터의 길이를 실수가 되도록 하자.

그래서 복소수 $C = a + bi$에 대해 **복소켤레**[주7] $C^* = a - bi$를 곱한 것은 $C^*C = a^2 + b^2$이 돼서 실수가 되기 때문에, 다음의 양을 생각하면 될 것이다.

주6) 물론 「길이」라는 개념을 어떻게 파악하느냐에 따라 달라지겠지만, 반드시 「실수」라고는 단언할 수 없을지도 모릅니다. 그러한 시시콜콜한 이야기는 수학 관계자에게 맡기도록 합시다.

주7) 복소켤레 (complex conjugate) 혹은 켤레복소수라고 합니다.

$$\mathbf{V} \cdot \mathbf{V} = V_\mu^* V^\mu = \begin{pmatrix} V_1^* & V_2^* & \cdots & V_n^* \end{pmatrix} \begin{pmatrix} V^1 \\ V^2 \\ \vdots \\ V^n \end{pmatrix} \quad (V_i^*\text{는 } V^i \text{의 복소켤레})$$

이렇게 하면 $\mathbf{V} \cdot \mathbf{V}$는 실수가 된다( 원래라면, $\mathbf{V}^*$를 벡터 $\mathbf{V}$의 복소켤레 벡터로써 $\mathbf{V}^* \cdot \mathbf{V}$라고 쓰는 것이 좋을지도 모르지만 조금 번잡해지기 때문에 좌측의 벡터만은 복소켤레 벡터구나 하고 생각하면 될 것이다).

자, 이에 따라 일반적으로 복소 벡터 공간에서의 벡터 $\mathbf{U}$, $\mathbf{V}$의 내적을

---

**복소 벡터 공간에서의 내적**

$$\mathbf{U} \cdot \mathbf{V} = U_\mu^* V^\mu = \begin{pmatrix} U_1^* & U_2^* & \cdots & U_n^* \end{pmatrix} \begin{pmatrix} V^1 \\ V^2 \\ \vdots \\ V^n \end{pmatrix}$$

---

이라고 정의하면 될 것이다. 아니 정의해 버리자.

단, 이 경우 일반적으로 $\mathbf{U} \cdot \mathbf{V}$는 실수가 되지 않으므로 서두르지 말도록!

이렇게 정의하게 된 발상은 벡터의 길이를 우선 실수로 하자는 것에서 나와서, 그 다음에 복소 벡터의 내적을 생각했던 것이므로 주의해야 할 부분이다.

## ● 기저의 도입

($n$차원) 복수 벡터 공간에서 요구되는 기저는 일차 독립으로 길이가 1, 그리고 직교하고 있는 단위벡터를 생각하면 된다. 이것을 $\{\mathbf{e}_1, \mathbf{e}_2, \cdots, \mathbf{e}_n\}$이라고 하면, 이 성질들은 $\mathbf{e}_i \cdot \mathbf{e}_j = \delta_{ij}$라고 단적으로 표현할 수 있다.

이 기저를 사용하면 벡터 $\mathbf{V}$는 $\mathbf{V} = V^\mu \mathbf{e}_\mu$라고 하는 것을 기대할 수 있다. 다시 말해 $\mathbf{V} = V^\mu \mathbf{e}_\mu$의 좌측부터 $\mathbf{e}_\mu$를 곱하면(즉, 내적을 만들면), $V^\mu = \mathbf{e}_\mu \cdot \mathbf{V}$가 되기 때문에, 이것을 벡터 $\mathbf{V}$의 성분이라고 할 수 있다.

그런데 $\mathbf{U}$, $\mathbf{V}$의 내적은

$$\mathbf{U} \cdot \mathbf{V} = U_\mu^* V^\mu = \begin{pmatrix} U_1^* & U_2^* & \cdots & U_n^* \end{pmatrix} \begin{pmatrix} V^1 \\ V^2 \\ \vdots \\ V^n \end{pmatrix}$$

이라고 정의했는데, 이 중에 나오는 행렬 $(U_1^* \ U_2^* \cdots U_n^*)$들은 어떻게 다루면 좋을까?

우선 $\mathbf{U} = \begin{pmatrix} U^1 \\ U^2 \\ \vdots \\ U^n \end{pmatrix}$ 이므로 이것을 바탕으로 생각해 보자. 그러면 $(U_1^* \ U_2^* \cdots U_n^*)$

은, $\begin{pmatrix} U^1 \\ U^2 \\ \vdots \\ U^n \end{pmatrix}$ 을 전치하여 켤레를 취하고 있음을 알 수 있기 때문에

$$(U_1^* \quad U_2^* \quad \cdots \quad U_n^*) = {}^t\!\begin{pmatrix} U^1 \\ U^2 \\ \vdots \\ U^n \end{pmatrix}^* = {}^t\mathbf{U}^*$$

라고 하면 될 것이다. 이것은 빈번하게 등장하므로, 이 ${}^t\mathbf{U}^*$를 $\mathbf{U}^\dagger$라고 쓰기로 하자.[주8] 이것을 사용하면 내적은

주8) †은 대거(dag-ger, 단검이라는 뜻)라는 기호입니다.

$$\mathbf{U} \cdot \mathbf{V} = (U_1^* \quad U_2^* \quad \cdots \quad U_n^*)\begin{pmatrix} V^1 \\ V^2 \\ \vdots \\ V^n \end{pmatrix}$$

$$= \begin{pmatrix} U^1 \\ U^2 \\ \vdots \\ U^n \end{pmatrix}^\dagger \begin{pmatrix} V^1 \\ V^2 \\ \vdots \\ V^n \end{pmatrix}$$

$$= \mathbf{U}^\dagger \mathbf{V}$$

라고 쓸 수 있다.

여기서 주의할 것이 있는데, **복소수의 내적인 경우는 좌측부터 곱하는 벡터가 복소켤레가 아니면 안 된다**는 것을 잊지 않도록 하자. 또한 실수일 때와 마찬가지로 내적이 0일 때 직교하고 있다고 하자.

자, 복소 벡터 공간에서의 내적은 조금 특수했기 때문에, 이 성질을 조사해 두자. 그것은 내적의 교체를 생각해 보면 현저히 나타난다. 그것은

$$\mathbf{U}\cdot\mathbf{V} = \mathbf{U}^{\dagger}\mathbf{V} = (^t\mathbf{U}^*)\mathbf{V}$$
$$= {}^t(^t\mathbf{V}\,(^t\mathbf{U}^*)) \qquad\qquad (\because\ {}^t(\mathbf{AB}) = {}^t\mathbf{B}\,{}^t\mathbf{A})$$
$$= {}^t(^t\mathbf{V}\mathbf{U}^*)$$
$$= {}^t(^t\mathbf{V}^*\mathbf{U})^*$$
$$= {}^t(\mathbf{V}^{\dagger}\mathbf{U})^*$$
$$= {}^t(\mathbf{V}\cdot\mathbf{U})^*$$
$$= (\mathbf{V}\cdot\mathbf{U})^* \quad \text{(노파심이지만, } \mathbf{V}\cdot\mathbf{U}\text{는 스칼라이므로 전치해도 변하지 않는다.)}$$

가 되기 때문에, 실벡터 공간과는 다르다는 점에 주의하고 싶다.

## ● 기저의 변환

여기에서 실벡터 공간과 마찬가지로 복소 벡터 공간에서도 기저의 변환을 생각해 보자. 이것은 아무래도 피해갈 수 없다.

기저 $\{\mathbf{e}_1,\ \mathbf{e}_2, \cdots,\ \mathbf{e}_n\}$에서 $\{\mathbf{e}'_1,\ \mathbf{e}'_2, \cdots,\ \mathbf{e}'_n\}$으로 변환한다고 하고, 변환을 위한 연산자를 $\hat{A}$이라고 한다. 단위 벡터의 변환은 $\mathbf{e}'_i = \hat{A}\mathbf{e}_i = A_i{}^\mu \mathbf{e}_\mu$가 되지만, 단위 벡터는 서로 직교하고 있으므로,

$$\begin{cases} \mathbf{e}_i \cdot \mathbf{e}_j = \delta_{ij} \\ \mathbf{e}'_i \cdot \mathbf{e}'_j = \delta'_{ij} \end{cases}$$

라는 조건을 충족해야만 한다. 변환 후의 단위 벡터의 내적은

$$\mathbf{e}'_i \cdot \mathbf{e}'_j = (\mathbf{e}'_i)^{\dagger} \mathbf{e}'_j$$
$$= (A_\mu^{*\,i}(\mathbf{e}_\mu)^{\dagger})(A_j{}^\nu \mathbf{e}_\nu) \qquad (\because (\mathbf{e}'_i)^{\dagger} = A_\mu^{*\,i}(\mathbf{e}_\mu)^{\dagger})$$
$$= A_\mu^{*\,i} A_j{}^\nu \delta_\nu{}^\mu$$
$$= \delta'_{ij}$$

가 되지만, 아무래도 첨자뿐이라 잘 모르겠다. 그래서 알기 쉽도록 행렬로 변환해 보자. 그러면,

$$\begin{pmatrix} A_1^{*1} & A_1^{*2} & \cdots & A_1^{*n} \\ A_2^{*1} & A_2^{*2} & \cdots & A_2^{*n} \\ \vdots & \vdots & \ddots & \vdots \\ A_n^{*1} & A_n^{*2} & \cdots & A_n^{*n} \end{pmatrix} \begin{pmatrix} A_1{}^1 & A_2{}^1 & \cdots & A_n{}^1 \\ A_1{}^2 & A_2{}^2 & \cdots & A_n{}^2 \\ \vdots & \vdots & \ddots & \vdots \\ A_1{}^n & A_2{}^n & \cdots & A_n{}^n \end{pmatrix} = \begin{pmatrix} 1 & 0 & \cdots & 0 \\ 0 & 1 & \cdots & 0 \\ \vdots & \vdots & \ddots & \vdots \\ 0 & 0 & \cdots & 1 \end{pmatrix}$$

이 된다. 여기서

$$\begin{pmatrix} A_1^{*1} & A_1^{*2} & \cdots & A_1^{*n} \\ A_2^{*1} & A_2^{*2} & \cdots & A_2^{*n} \\ \vdots & \vdots & \ddots & \vdots \\ A_n^{*1} & A_n^{*2} & \cdots & A_n^{*n} \end{pmatrix} = {}^t\begin{pmatrix} A_1^{1} & A_2^{1} & \cdots & A_n^{1} \\ A_1^{2} & A_2^{2} & \cdots & A_n^{2} \\ \vdots & \vdots & \ddots & \vdots \\ A_1^{n} & A_2^{n} & \cdots & A_n^{n} \end{pmatrix}^{*}$$

이므로,

$$\mathbf{A} = \begin{pmatrix} A_1^{1} & A_2^{1} & \cdots & A_n^{1} \\ A_1^{2} & A_2^{2} & \cdots & A_n^{2} \\ \vdots & \vdots & \ddots & \vdots \\ A_1^{n} & A_2^{n} & \cdots & A_n^{n} \end{pmatrix} , \quad \mathbf{E} = \begin{pmatrix} 1 & 0 & \cdots & 0 \\ 0 & 1 & \cdots & 0 \\ \vdots & \vdots & \ddots & \vdots \\ 0 & 0 & \cdots & 1 \end{pmatrix} \text{(단위행렬)}$$

이라 하고,

$$\mathbf{A}^{\dagger} = {}^t\mathbf{A}^{*}$$

라고 하면, $\mathbf{A}^{\dagger}\mathbf{A} = \mathbf{E}$가 되어 있다(이 $\mathbf{A}^{\dagger}$를 $\mathbf{A}$의 에르미트 켤레(Hermitian conjugate) 또는 전치 복소켤레라고 한다). 이렇게 되기 위해서는 $\mathbf{A}^{\dagger} = \mathbf{A}^{-1}$이 되어야만 한다는 것은 말할 것도 없을 것이다.

이 관계를 충족하는 행렬을 특별히 **유니터리 행렬**(unitary matrix)이라고 한다. 이것은 직교 실벡터 공간에서의 직교행렬에 해당한다. 그리고 유니터리 행렬에 의한 변환을 **유니터리 변환**(unitary transformation)이라고 한다. 이것은 양자역학에서는 아주 중요한 변환이기 때문에 잊지 말도록!!

## ● 연산자의 변환

이번에는 연산자 $\hat{T}$가 기저의 변환에 의해 어떻게 변환되는가를 살펴보도록 하자. 이것도 실수일 때와 마찬가지로 하면 된다.

기저 $\{\mathbf{e}_1, \mathbf{e}_2, \mathbf{e}_3\}$에서는 연산자 $\hat{T}$의 공변성분(共變成分)(직교하므로 혼합성분도 같다)은 $T_{ij} = \mathbf{e}_i \cdot (\hat{T}\mathbf{e}_j)$로 주어지고, 유니터리 변환된 기저 $\{\mathbf{e}'_1, \mathbf{e}'_2, \mathbf{e}'_3\}$에서는 $T'_{ij} = \mathbf{e}'_i \cdot (T\mathbf{e}'_j)$로 주어지기 때문에

$$\begin{aligned} T'_{ij} &= \mathbf{e}'_i \cdot (\hat{T}\mathbf{e}'_j) \\ &= (A_i^{*\mu}\mathbf{e}_\mu) \cdot (\hat{T}(A_j^{\ \nu}\mathbf{e}_\nu)) \\ &= A_i^{*\mu}(\mathbf{e}_\mu \cdot \hat{T}\mathbf{e}_\nu)A_j^{\ \nu} \\ &= A_i^{*\mu}T_{\mu\nu}A_j^{\ \nu} \\ &= A_i^{*\mu}A_j^{\ \nu}T_{\mu\nu} \end{aligned}$$

가 된다. 마지막 식에서 유니터리 행렬의 성질 $\mathbf{A}^\dagger = \mathbf{A}^{-1}$을 사용하여, 성분 표시를 하면

$$A_i^{*\,\mu} = {}^t({}^t A_i^{*\,\mu}) = {}^t(A_i^{\dagger\,\mu}) = A_\mu^{\dagger\,i}$$

라는 사실을 이용하면

$$T'_{ij} = T'_j{}^i = A_\mu^{\dagger\,i} A_j{}^\nu T_\nu{}^\mu$$

를 얻는다. 이것은

$$\mathbf{T}' = \begin{pmatrix} T_1'^{1} & T_2'^{1} & \cdots & T_n'^{1} \\ T_1'^{2} & T_2'^{2} & \cdots & T_n'^{2} \\ \vdots & \vdots & \ddots & \vdots \\ T_1'^{m} & T_2'^{n} & \cdots & T_n'^{n} \end{pmatrix} = \begin{pmatrix} T'_{11} & T'_{12} & \cdots & T'_{1n} \\ T'_{21} & T'_{22} & \cdots & T'_{2n} \\ \vdots & \vdots & \ddots & \vdots \\ T'_{n1} & T'_{n2} & \cdots & T'_{nn} \end{pmatrix}$$

$$\mathbf{T} = \begin{pmatrix} T_1{}^{1} & T_2{}^{1} & \cdots & T_n{}^{1} \\ T_1{}^{2} & T_2{}^{2} & \cdots & T_n{}^{2} \\ \vdots & \vdots & \ddots & \vdots \\ T_1{}^{n} & T_2{}^{n} & \cdots & T_n{}^{n} \end{pmatrix} = \begin{pmatrix} T_{11} & T_{12} & \cdots & T_{1n} \\ T_{21} & T_{22} & \cdots & T_{2n} \\ \vdots & \vdots & \ddots & \vdots \\ T_{n1} & T_{n2} & \cdots & T_{nn} \end{pmatrix}$$

이라고 해 두고, 행렬 표시를 하면 $\mathbf{T}' = \mathbf{A}^\dagger \mathbf{T} \mathbf{A}$가 됨을 알 수 있다. 이것을 에르미트 형식(Hermitian form)이라고 한다. 이것이 기저의 변환에 의한 연산자의 변환식이다. 이 양변에 좌측에서부터 $\mathbf{A}$, 우측에서부터 $\mathbf{A}^\dagger$을 곱하면, $\mathbf{T} = \mathbf{A}\mathbf{T}'\mathbf{A}^\dagger$도 얻을 수 있다.

## ● 에르미트 행렬(Hermitian matrix)

여기서 에르미트 행렬에 대해 생각해 보자. 이것은 물리학에 있어서 아주 중요할 뿐만 아니라 편리한 성질을 가지고 있기 때문에 조사해 두지 않을 수 없다.

에르미트 행렬이란 $\mathbf{T} = \mathbf{T}^\dagger$(성분으로 표현하면 $T_i{}^j = T_i{}^{\dagger j}$)라는 성질을 가진 행렬을 말한다. 다시 말해, 자기 자신과 그 에르미트 컬레와 같다는 상당히 엄한 제약을 이루고 있는 행렬을 말한다. 그러면 이러한 제약이 성립하면 어떤 성질(이점)이 생기는지 아래에 예를 들어 본다.

---

에르미트 행렬의 성질

1. 에르미트 행렬은 유니터리 변환에 대해서 허미트성을 가진다.
2. 에르미트 행렬의 고유값은 실수가 된다.
3. 에르미트 행렬의 다른 고유 벡터는 직교한다.

---

1의 성질은 에르미트 행렬을 적당한 유니터리 변환을 하여 철저히 간단한 형태의 행렬로 변환해도, 변환된 행렬은 에르미트 행렬이 된다는 것이므로, 이것은 고마운 성질이다. 왜냐하면, 양자역학에 나오는 연산자가 에르미트 행렬이기 때문이다. 유니터리 변환의 행렬을 $\mathbf{A}$라고 하고, 유니터리 변환은 먼저 구한 대로, 에르미트 형식 $\mathbf{T'} = \mathbf{A^{\dagger}TA}$가 되므로,

$$
\begin{aligned}
\mathbf{T'} &= \mathbf{A^{\dagger}TA} \\
&= \mathbf{A^{\dagger}T^{\dagger}A} \quad (\text{여기서 } \mathbf{T} = \mathbf{T^{\dagger}}\text{를 사용한다}) \\
&= (\mathbf{TA})^{\dagger}\mathbf{A} \\
&= (\mathbf{A^{\dagger}(TA)})^{\dagger} \\
&= (\mathbf{A^{\dagger}TA})^{\dagger} \\
&= \mathbf{T'}^{\dagger}
\end{aligned}
$$

가 되며, 에르미트 행렬은 유니터리 변환을 하더라도 에르미트 특성을 가진다는 말이 된다.

　다음으로 2의 성질을 조사해 보자. 그 전에 고유값을 설명해 두겠다.

---

**고유값과 고유 벡터**

　어떤 행렬 $\mathbf{H}$에 대해서 $\mathbf{HV} = \lambda\mathbf{V}$를 만족하도록 하는 수 $\lambda$와 벡터 $\mathbf{V}$가 발견되었을 때, $\lambda$를 $\mathbf{H}$의 고유값(eigen value)이라고 하고 $\mathbf{V}$를 고유 벡터(eigen vector)라고 한다.

---

　여기서 에르미트 행렬의 고유값의 하나를 $a_i$, 그것에 대응하는 고유 벡터를 $\mathbf{V}_i$라고 하면

$$\mathbf{TV}_i = a_i\mathbf{V}_i \qquad \cdots\cdots ①$$

가 성립한다.

　또한 별개의 고유값과 고유 벡터인 $a_j$, $\mathbf{V}_j$를 생각하여, 변형하면

$$
\begin{aligned}
(\mathbf{TV}_j)^{\dagger} &= (a_j\mathbf{V}_j)^{\dagger} \\
\mathbf{V}_j^{\dagger}\mathbf{T}^{\dagger} &= a_j^{*}\mathbf{V}_j^{\dagger}
\end{aligned}
$$

$$\mathbf{V}_j^{\dagger}\mathbf{T} = a_j^{*}\mathbf{V}_j^{\dagger} \quad (\because \mathbf{T} = \mathbf{T}^{\dagger}) \qquad \cdots\cdots ②$$

가 되는데, 여기에서 ①의 양변에 왼쪽부터 $\mathbf{V}_j^{\dagger}$, ②의 양변에 우측에서 $\mathbf{V}_i$를 곱해서 각각 빼면,

$$0 = (a_i - a_j^*)\mathbf{V}_j{}^\dagger\mathbf{V}_i \qquad \cdots\cdots③$$

가 된다. 여기서 $i = j$라면, 이 벡터의 내적은 0이 되지 않기 때문에, $a_i = a_i^*$가 되므로 **고유값은 실수가** 된다.

또한, ③으로부터 이번에는 고유값이 달라지면, 내적 부분이 0이 되지 않고서는 성립하지 않으므로, **다른 고유값의 고유 벡터는 직교**하게 된다. 이것으로 성질 3에 대해서도 모두 설명하였다.

# 8-3 힐베르트(Hilbert) 공간

주9) 1, 2…라고 셀 수 있는 것을 말합니다. 무한이라고 해도 셀 수 있다는 점에는 변함이 없습니다. 그러나 같은 무한이라도 실수를 생각하면, 이것은 이제 셀 수가 없습니다. √3이나 $\pi$ 등은 셀 수 없는데, 같은 무한이라도 정수와 실수는 명확한 차이가 있습니다. 수학적으로는 「기수(基數)」가 다르다고 하고, ℵ(알레프 : 히브리어의 제일 첫 문자)로 나타냅니다. 정수의 경우는 $\aleph_0$(알레프 제로)라고 합니다.

지금까지의 이야기는 실수이건 복소수이건 $n$차원, 다시 말해, 무한이라 하더라도 「가산」[주9]을 생각해 왔다. 즉, 성분은 정수 전체에 대응한다. 그러나 양자역학 같은 분야에서는 「비가산」인 벡터를 사용한다. 그렇기 때문에, 아무래도 이 개념이 필요해진다.

❖ **은밀한 소리** : 언어적으로는 이해가 되는데, 「비가산」인 벡터란 뭐지?

그렇다. 그것을 지금부터 생각해 보자.

우선 $n$차원인 벡터 $\mathbf{V} = \begin{pmatrix} V^1 \\ V^2 \\ \vdots \\ V^n \end{pmatrix}$ 를 생각해 보자. 이해하기 쉽도록 성분은 실수로 한다.

그러나 지금까지도 다루어 왔지만, $n$차원이 되면 좀처럼 직감적으로 이해하기 어려울 수도 있다. 성게의 가시가 각각 직교하고 있는 것과 같은 느낌인데, 그렇게 말해도 좀처럼 이미지가 떠오르지 않을 것이다. 3차원이라면 여전히 데카르트 좌표를 이용하여 친숙한 화살표로 직감적으로 표시할 수 있지만, $n$차원은 커녕 3차원을 넘어버리면, 이미 이미지화하기는 어렵다. 그래서… 약간 억지로 강행하여 $xy$좌표로 표현할 수 없을지 생각해 보자.

$x$축상에 1, 2, …, $n$을 정하고, $y$축상에 그에 대응하는 $V^1$, $V^2$, …, $V^n$을 잡아 보면 다음 페이지의 그림처럼 된다. 여기서 $x$는 실직선이므로, 마치 이 위에 벡터 성분에 대응하는 정수가 있는 것같이 된다.

그러나 「이것이 무엇을 나타내는가」 고민하기 시작하면 진도를 나갈 수 없으니, 그 의문은 잠시 접어 두기로 하자. 그러므로 그래프를 보면, 벡터의 성분은 새롭게 1, 2, …, $n$을 $x_1, x_2, …, x_n$이라고 하고, 이것을 정의역으로 하여, $V^i = f(x_i)$ $(i=1, 2, …, n)$이라는 함수(물론 이산값)로 표현된다고 하더라도 그렇다고 틀린 것은 아닐 것이다.

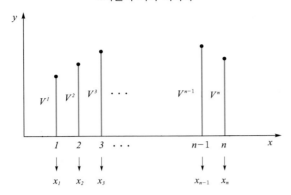

$n$차원의 벡터 이미지

여기까지 오면, 이번에는 정의역을 이산적이 아닌 연속적으로 하여, $-\infty \leq x \leq \infty$라고 크게 차려 두고[주10], 그곳에서 정의되는 함수 $f(x)$를 **무한 차원의 벡터**라고 하고 싶어진다. 개념적으로는 상당히 자연스럽다고 생각하지만, 이것만으로는 부족하다. 이래서는 일반 함수와 뭐가 다르냐는 말을 듣게 된다. 적어도 벡터라고 이름을 붙인 이상, 그 나름대로의 제약을 부과해야만 할 것이다.

주10) 물론 $-\infty \leq x \leq \infty$로 잡을 필요는 없습니다. 생각하는 함수에 따라 정의역은 바꾸면 되지만, 큰 것은 작은 것을 겸한다고 하니, 논의를 간단히 하기 위해 이렇게 해 두기로 하지요.

## ● ⟨$f$│ 와 │$f$⟩에서의 브라켓

그런데 벡터는 무엇에 의해 특징이 지워져 왔는가 하면, 이미 질릴 정도로 들었겠지만 바로 내적이다. 그러므로, 이 내적의 정의 여하에 달린 것이다. 여기서, 실수는 복소수에 포함되므로 복소 공간에서의 (이산적인) 내적의 정의를 생각해 보자.

벡터 $f, g$ 를 생각하면, 그 내적은

$$\boldsymbol{f} \cdot \boldsymbol{g} = \sum_{\mu=1}^{n} f_{\mu}^{*} g^{\mu} \quad \text{(의미를 분명히 하기 위해, 아인슈타인의 규약은 사용하지 않았다)}$$

로 주어진다. 그리고, $f$의 성분을 $f(x_i)\,(i=1, 2, \cdots, n)$, $g$ 의 성분을 $g(x_i)\,(i=1, 2, \cdots, n)$으로 표시해 보면

$$\boldsymbol{f} \cdot \boldsymbol{g} = \sum_{\mu=1}^{n} f^{*}(x_{\mu}) g(x_{\mu})$$

가 된다. 이것을 연속적으로 다루기 위해서는? - 그렇다! 적분이다! 그래서

$$\int_{-\infty}^{\infty} f^{*}(x) g(x) dx \qquad \cdots\cdots ①$$

를 벡터 $f(x)$, $g(x)$의 내적이라 하면 어떻게 될까? 아니, 내적이라고 해 버리자. 전에 복소 공간에서의 내적을 정의한 것처럼 무한 차원의 벡터공간에서는 이것을 내적이라고 정의하는 것이다. 물론 ①은 적분 가능이 아니면 안 된다.[주11]

모처럼 새로운 내적을 정의했으니, 이쯤에서 벡터 쪽도 $f(x)$와 $g(x)$에서는 함수와 혼동할 수 있으니, 새로운 표기법과 이름을 부여하자.

이제 $|f\rangle$이라고 쓰고 이것을 켓[주12]이라고 부르자. 그리고 $\langle f| \equiv |f\rangle^*$이라고 정의하고 이것을 브라[주13]라고 부른다.

> **브라켓**
>
> | $|f\rangle$ | 켓(ket) |
> | $\langle f| \equiv |f\rangle^*$ | 브라(bra) |

이렇게 하면 ①은 $\langle f|g\rangle \equiv \int_{-\infty}^{\infty} f^*(x)g(x)dx$ 라고 쓰고 싶어지는 기분을 이해할 수 있을 것이다. 이미 들통났겠지만 그 의도는 두 가지를 합해 「브라켓」이라고 하려는 것.

※ **은밀한 소리** : 거짓말 같아!

거짓말이 아니다. 이 표기법은 디랙(Paul Dirac)이 도입한 것으로, 양자역학에서는 당연하게 이용되는 정당한 표현이다.

상당히 앞길이 훤해졌다. 다음은 벡터의 「길이」[주14]이다. 내적이 결정되면, 벡터의 「길이」도 결정된다 — 결정할 수 있다. 즉, 켓 $|f\rangle$의 길이 $\||f\rangle\|$ 은 $\||f\rangle\| = \sqrt{\langle f|f\rangle}$이라고 하면 된다. 이것으로 상당히 벡터처럼 — 벡터이지만 — 되었으니, 여기서 단위 벡터(기저) $\{|\psi_1\rangle, |\psi_2\rangle, \cdots, |\psi_n\rangle\}$을 생각해 보자. 길이는 물론 1이고, 직교하고 있다고 하자. [주15] 다시 말해,

$$\langle \psi_m|\psi_n\rangle = \int \psi_m^* \psi_n dx = \delta_{mn} \qquad \left(\delta_{mn} = \begin{cases} 0 & (m=n) \\ 1 & (m \neq n) \end{cases} \text{은 크로넥커의 델타}\right)$$

이 된다.

무한차원의 벡터공간에서 함수를 사용하여 내적을 정의하고, 게다가 거기에 기저를 만들기는 했지만, 과연 앞으로 안심하고 이 공간을 사용할 수 있는 것일까? 조금 불안하다. 왜냐하면, 무한 차원을 생각해 두면서, 그 안의 유한개의 직교계를 가져와서, 함수를 전개[주16]하면 되는 것일까. 그리고 전개한 급수는 제대로 수렴될 것인가.

○ 주16) 다시 말해, 함수를 급수로 표현한다는 것입니다.

우선, 정규 직교계 $\{|\psi_1\rangle, |\psi_2\rangle, \cdots, |\psi_n\rangle\}$을 생각해 보자. 여기에서 함수 $f(x)$를 $\sum_{k=1}^{n} a_k |\psi_k\rangle$과 같은 형태로 전개했다고 하자. 여기서,

$$\int_{-\infty}^{\infty} \left| f(x) - \sum_{k=1}^{n} a_k |\psi_k\rangle \right|^2 dx$$

라는 적분이 최소가 되도록 하는 계수 $a_k$는 무엇인지 생각해 보자.

❈ 은밀한 소리 : 왜 이런 적분을 생각하는 거지?

다시 말해, $f(x)$를 $\sum_{k=1}^{n} a_k |\psi_k\rangle$으로 다룰 때, 어느 정도의 오차가 생기는가 하는 식(式)이다. 오차의 제곱평균이라는 것인데 제곱하지 않으면, 예를 들어 플러스의 오차가 생겼을 때와 마이너스의 오차가 생겼을 때, 더해 버리면 오차는 크기에 관계없이 그 오차의 평균은 작은 것이 되어버리므로, 사전에 제곱을 해 두는 것이다. 즉, 이 평균이 최소가 되면 오차는 가장 작아지게 된다는 것이다.

자, 위의 적분은

$$\int_{-\infty}^{\infty} \left( f(x) - \sum_{\mu=1}^{n} a_\mu |\psi_\mu\rangle \right)^* \left( f(x) - \sum_{\mu=1}^{n} a_\mu |\psi_\mu\rangle \right) dx$$

$$= \int_{-\infty}^{\infty} \left\{ f^*(x)f(x) - \sum_{\mu=1}^{n} \left( a_\mu f^*(x)|\psi_\mu\rangle + a_\mu^* f(x)|\psi_\mu\rangle^* \right) + \sum_{\mu=1}^{n}\sum_{\nu=1}^{n} a_\mu^* a_\nu |\psi_\mu\rangle^* |\psi_\nu\rangle \right\} dx$$

$$= \int_{-\infty}^{\infty} f^*(x)f(x)dx - \sum_{\mu=1}^{n} \left\{ a_\mu \int_{-\infty}^{\infty} f^*(x)|\psi_\mu\rangle + a_\mu^* \left( \int_{-\infty}^{\infty} f(x)|\psi_\mu\rangle^* dx \right) \right\}$$

$$+ \sum_{\mu=1}^{n}\sum_{\nu=1}^{n} a_\mu^* a_\nu \int_{-\infty}^{\infty} |\psi_\mu\rangle^* |\psi_\nu\rangle dx$$

$$= \langle f|f \rangle - \sum_{\mu=1}^{n} \left( a_\mu \langle f|\psi_\mu \rangle + a_\mu^* \langle \psi_\mu|f \rangle \right) + \sum_{\mu=1}^{n}\sum_{\nu=1}^{n} a_\mu^* a_\nu \langle \psi_\mu|\psi_\nu \rangle$$

가 된다. 여기서, $c_k = \langle \psi_\mu | f \rangle = \langle f | \psi_\mu \rangle^*$이라 하고, $\langle \psi_\mu | \psi_\nu \rangle = \delta_\mu$임을 생각하면,

$$= \|f\|^2 - \sum_{\mu=1}^{n} \left( a_\mu c_\mu^* + a_\mu^* c_\mu \right) + \sum_{\mu=1}^{n} \sum_{\nu=1}^{n} a_\mu^* a_\nu \delta_{\mu\nu}$$

$$= \|f\|^2 - \sum_{\mu=1}^{n} \left( a_\mu c_\mu^* + a_\mu^* c_\mu \right) + \sum_{\mu=1}^{n} |a_\mu|^2$$

$$= \|f\|^2 + \sum_{\mu=1}^{n} \left( |a_\mu|^2 - a_\mu c_\mu^* - a_\mu^* c_\mu \right)$$

$$= \|f\|^2 + \sum_{\mu=1}^{n} \left( |a_\mu|^2 - a_\mu c_\mu^* - a_\mu^* c_\mu + |c_\mu|^2 - |c_\mu|^2 \right)$$

$$= \|f\|^2 + \sum_{\mu=1}^{n} \left( |a_\mu - c_\mu|^2 - |c_\mu|^2 \right)$$

$$= \|f\|^2 + \sum_{\mu=1}^{n} |a_\mu - c_\mu|^2 - \sum_{\mu=1}^{n} |c_\mu|^2$$

이 된다.

자, 기나긴 여정이었는데,

$$\int_{-\infty}^{\infty} \left| f(x) - \sum_{\mu=1}^{n} a_\mu |\psi_\mu\rangle \right|^2 dx = \|f\|^2 + \sum_{\mu=1}^{n} |a_\mu - c_\mu|^2 - \sum_{\mu=1}^{n} |c_\mu|^2 \qquad \cdots\cdots ①$$

이라는 것을 알았다. 이 결과로부터 바로,

$$a_\mu = c_\mu \qquad\qquad\qquad\qquad\qquad\qquad \cdots\cdots ②$$

라고 하면, 문제의 적분은 최소값을 가진다는 것을 알았다. 또한 식 ①은 마이너스가 아니므로 식 ②와 합하여,

$$\|f\|^2 - \sum_{\mu=1}^{n} |c_\mu|^2 \geqq 0$$

$$\therefore \|f\|^2 \geqq \sum_{\mu=1}^{n} |c_\mu|^2$$

이라는 것을 알 수 있다. 이것은 **베셀의 부등식**(Bessel's inequality)이라는 이름이 붙여져 있는데, 중요한 부등식으로, $\sum_{\mu=1}^{n} |c_\mu|^2$ 은 $\|f\|^2$이 정해진 값을 갖기 때문에(그렇다기보다는, 이러한 함수를 생각한 것이다), $n$을 무한히 크게 해 가면 반드시 수렴한다[주17]. 다시 말해,

주17) 이것은 너무나 당연한 이야기로, 머리를 휘어 잡혀 있으니 발산할 리가 없는 것입니다. 너무 감각적인 표현이라 죄송하지만⋯

$$\lim_{n \to \infty} \int_{-\infty}^{\infty} \left| f(x) - \sum_{\mu=1}^{n} a_\mu |\psi_\mu\rangle \right|^2 dx = 0$$

이지만, 이것을 정규 직교계 $\{|\psi_k\rangle\}$는 $f(x)$에 관해 **완비**(complete)라고 한다. 이것은 또한

$$\lim_{n \to \infty} \int_{-\infty}^{\infty} \left| f(x) - \sum_{\mu=1}^{n} c_\mu |\psi_\mu\rangle \right|^2 dx = \|f\|^2 - \sum_{\mu=1}^{\infty} |c_\mu|^2 = 0$$

$$\therefore \|f\|^2 = \sum_{\mu=1}^{\infty} |c_\mu|^2$$

이라는 관계식이 되는데, 이것을 **파스발의 등식**(Parseval's equality)이라고 한다. 자, 이것은 앞서 이야기했듯이, 오차의 최소제곱평균이라는 것을 보여 주고 있을 뿐, 반드시

$$f(x) = \sum_{\mu=1}^{n} c_\mu |\psi_\mu\rangle \qquad \cdots\cdots ③$$

가 된다는 것을 보증하지는 않는다. 파스발의 등식은 필요조건이지만, 충분조건은 아니다[주18]. 식 ③이 성립하기 위해서는, 어떤 $x$에 대해서도 반드시 급수의 수렴이 필요하고, 특정 $x$에 급수의 수렴이 좌우되어서는 안 된다

이 조건은 우선 물리학에서 일반적으로 다루는 함수에서는 괜찮겠지만, 철저하게 조사해 본 것은 아니므로 자신은 없다!

❖ **은밀한 소리** : 그게 자랑인가!

아니, 그런 건 아니고 닥치면 그 때 가서 생각하면 되지 않을까 해서…
이상과 같은 성질을 가진 $|\psi_\mu\rangle$를 **힐베르트 공간**(Hilbert space)이라고 부른다.

조금 엉성해 보이지만.

주18) 필요조건과 충분조건은 아시겠지요? 「A이면 B이다(A→B)」라는 명제가 있을 때, B를 A의 필요조건(즉, A이면 반드시 B가 도출된다), A를 B의 충분조건이라고 하는 것입니다. 법률에서는 재미있는 공식이 있는데 「A가 없었다면 B도 없다」라는 부정형으로 표현하는 콘디오 공식이라는 것이 있다고 합니다. 이것을 대우를 취해, 「B가 있는 것은 A가 있었기 때문이다.」라고 하는 편이 이해하기 쉬울 것 같지만… 분명 어떤 의미가 있는 것이겠지요. 여담이었습니다.

## ● 에르미트 연산자

이제 완비성을 생각해 봄으로써, 함수의 전개도 일단 걱정 없다는 것을 알았으니 안심하고 다음으로 진행해 보기로 하자.

여기서는 복소 벡터 공간에서 살펴봤던 것처럼, 에르미트 연산자 $\hat{T}$를 생각해 보자. 에르미트 연산자이므로, 물론 $\hat{T} = \hat{T}^{\dagger}$를 만족시킨다. 이 성분은 복소 벡터 공간에서 봤던 ($T_{ij} = \mathbf{e}_i \cdot \hat{T}\mathbf{e}_j$)와 같이 단위 벡터(기저)를 $\{|\psi_1\rangle, |\psi_2\rangle, \cdots, |\psi_n\rangle\}$으로 하면,

$$
\begin{aligned}
T_{ij} &= \langle \psi_i | \hat{T} | \psi_j \rangle \\
&= \int \psi_i^* \hat{T} \psi_j \, dx \quad \left( = \langle \psi_i | \hat{T}\psi_j \rangle \right) \\
&= \int (\hat{T}\psi_i)^* \psi_j \, dx \\
&= \langle \hat{T}\psi_i | \psi_j \rangle
\end{aligned}
$$

로 주어진다. 다시 말해, 에르미트 연산자는

$$
\langle \psi_i | \hat{T}\psi_j \rangle = \langle \hat{T}\psi_i | \psi_j \rangle
$$

를 충족시킨다고 해도 좋다.

## ● 에르미트 연산자의 대각화

주19) 「가질 때는」이지만..

에르미트 연산자 $\hat{T}$는 실수의 **고유값**을 가지고[주19], 다른 **고유 벡터**(고유함수)는 직교한다. 여기서 재미있는 결론이 도출되므로 언급해 보기로 하자.

우선, $\hat{T}|\varphi_i\rangle = \lambda_i |\varphi_i\rangle$가 되는 고유값 $\lambda_i$과 정규화된 고유 벡터 $|\varphi_i\rangle$를 생각하고, 이 성분을 늘어놓아 행렬 $P$를 만든다.

벡터의 성분을 구하는 방법은, 예를 들면 직교 실벡터 공간에서 벡터 $\mathbf{V}$가 $\mathbf{V} = V^\mu \mathbf{e}_\mu$로 표현된다면, 성분은 $\mathbf{e}_\mu \cdot \mathbf{V} = V^\mu$라고 하면 얻을 수 있는 것처럼, 기저 $\{|\psi_1\rangle, |\psi_2\rangle, \cdots |\psi_n\rangle\}$을 생각하면 $\langle \psi_n | \varphi_i \rangle$가 되는 것은 괜찮을 것이다. 이것을 $\psi_2$라고 하자. 그러면 $P$는

$$
P = \begin{pmatrix} V_1^1 & V_2^1 & \cdots & V_n^1 \\ V_1^2 & V_2^2 & \cdots & V_n^2 \\ \vdots & \vdots & \ddots & \vdots \\ V_1^n & V_2^n & \cdots & V_n^n \end{pmatrix}
$$

이 된다.

여기서 $P$의 에르미트 켤레 $P^{\dagger}$를 우측에서부터 곱한 것을 고려하면, 고유벡터는 직교하고 있기 때문에

$$P^{\dagger}P = \begin{pmatrix} V_1^{*1} & V_1^{*2} & \cdots & V_1^{*n} \\ V_2^{*1} & V_2^{*2} & \cdots & V_2^{*n} \\ \vdots & \vdots & \ddots & \vdots \\ V_n^{*1} & V_n^{*2} & \cdots & V_n^{*n} \end{pmatrix} \begin{pmatrix} V_1^1 & V_2^1 & \cdots & V_n^1 \\ V_1^2 & V_2^2 & \cdots & V_n^2 \\ \vdots & \vdots & \ddots & \vdots \\ V_1^n & V_2^n & \cdots & V_n^n \end{pmatrix}$$

$$= \begin{pmatrix} 1 & 0 & \cdots & 0 \\ 0 & 1 & \cdots & 0 \\ \vdots & \vdots & \ddots & \vdots \\ 0 & 0 & \cdots & 1 \end{pmatrix}$$

가 되고, $P^{\dagger} = P^{-1}$임을 알 수 있다. $P$는 유니터리 행렬인 것이다. 여기서, 이 $P$를 연산자 $\hat{T}$에 우측에서부터 곱하면

$$\hat{T}P = \begin{pmatrix} \lambda_1 V_1^1 & \lambda_2 V_2^1 & \cdots & \lambda_n V_n^1 \\ \lambda_1 V_1^2 & \lambda_2 V_2^2 & \cdots & \lambda_n V_n^2 \\ \vdots & \vdots & \ddots & \vdots \\ \lambda_1 V_1^n & \lambda_2 V_2^n & \cdots & \lambda_n V_n^n \end{pmatrix}$$

이므로(물론 $\hat{T}|\varphi_i\rangle = \lambda_i|\varphi_i\rangle$를 사용했다), 이곳에 다시 왼쪽부터 $P^{-1}(=P^{\dagger})$를 곱하면

$$P^{-1}\hat{T}P = P^{\dagger}\hat{T}P = \begin{pmatrix} V_1^{*1} & V_1^{*2} & \cdots & V_1^{*n} \\ V_2^{*1} & V_2^{*2} & \cdots & V_2^{*n} \\ \vdots & \vdots & \ddots & \vdots \\ V_n^{*1} & V_n^{*2} & \cdots & V_n^{*n} \end{pmatrix} \begin{pmatrix} \lambda_1 V_1^1 & \lambda_2 V_2^1 & \cdots & \lambda_n V_n^1 \\ \lambda_1 V_1^2 & \lambda_2 V_2^2 & \cdots & \lambda_n V_n^2 \\ \vdots & \vdots & \ddots & \vdots \\ \lambda_1 V_1^n & \lambda_2 V_2^n & \cdots & \lambda_n V_n^n \end{pmatrix}$$

$$= \begin{pmatrix} \lambda_1 & 0 & \cdots & 0 \\ 0 & \lambda_2 & \cdots & 0 \\ \vdots & \vdots & \ddots & \vdots \\ 0 & 0 & \cdots & \lambda_n \end{pmatrix}$$

가 되는 흥미있는 결과를 얻을 수가 있다. 이것이 얼마나 다루기 쉬운 행렬인가는 일목요연하다. 에르미트 행렬의 고유 벡터를 사용하여 유니터리 행렬을 만들고, 이에 따라 원래의 에르미트 연산자를 변환하면, 성분이 고유값이며 그것이 대각으로 나타난다는 것이다. 이 조작을 에르미트 연산자의 **대각화**라고 한다.

이 부분의 논의는 양자역학에서 행렬역학을 배울 때 도움이 된다는 것보다는

물리수학

모르면 이해할 수 없다는 것이다.

　어쨌든 **행렬역학**이 아닌가.

　**슈레딩거 방정식**을 이해할 수 있다면 **하이젠베르그 행렬역학**에 도전해 보는 것이 좋을 것이다.

제9장

# 푸리에 급수와
# 푸리에 변환

푸리에의 큰 업적은 뭐니뭐니 해도 푸리에 급수이다.
원래는 파형의 분석에서 시작된 연구인데 푸리에 자신이 깨닫고 있었는지
어떤지는 명확하지 않지만, 실은 이것이 직교함수계의 새싹이었던 것이다. 즉,
sin nx, cos nx라는 함수계에 의한 임의의 (주기) 함수가 전개되는 것을 나타낸 것이다.
푸리에 자신의 이론적 설명은 수학자들에게 「이런 위대한 발견이 이런 대범한
두뇌에서 탄생했다는 것은 도무지 상상할 수 없다.」고 할 정도로
조잡했던 것 같지만, 그런 것은 문제가 아니다. 이런 대담한 발상을
할 수 있었다는 쪽이 훨씬 중요한 것이다. 이런 발상을 기반으로
아주 치밀한 두뇌를 가진 수학자들에 의해 나중에 하나의 수학 분야가 확립되었다.

# 9-1 푸리에 급수에 의한 전개

소리는 잘 알려진 바와 같이 다양한 기본파의 조합으로 이루어져 있다. 그렇지만 그것을 일반적으로 의식하는 일은 거의 없다(그렇다기보다는 할 수 없다!).

그러나 의식하든 하지 않든, 우리들의 귀는 분명히 주파수별로 – 즉, 기본파마다라고 해도 좋을 것이다 – 듣고 있다. 귓속에 있는 달팽이관에 특정 주파수를 감지하는 세포가 마치 피아노 건반처럼 늘어서 있어, 그곳에서 감지한 정보를 뇌에 전달하고, 뇌는 그 정보를 재합성하여 어떤 소리인지 인식한다. 다시 말해, 기본파의 집합으로써 소리를 인식한다는 것이다.

## ● 어떤 파라도 sin파 + cos파로 나타낼 수 있다

일상생활에서도 소리가 기본파의 조합이라는 것을 시사해 주는 것으로, 예를 들면 카오디오가 있다. 이것은 고급스러운 느낌을 주기 위해서인지 시각적 효과를 노리고 있는 것인지는 모르지만, 대개 음악에 맞추어 LED의 바가 올라갔다 내려갔다 하면서 바쁘게 움직이고 있는 표시장치가 붙어 있다. 이것은 음악의 성분을 주파수별로 나누어 그 성분의 세기를 표시하고 있는 것이다.

카오디오의 LED와 음파

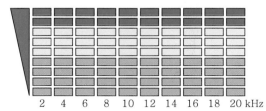

장치는 공학적으로 간단하여 BPF(Band Pass Filter, 대역통과필터)라고 불리는 것을 만들면 쉽게 구현할 수 있다. 이것은 소리가 몇 개의 기본파가 겹쳐 만들어진 것이라는 것을 의미한다. 이것은 상당히 오래 전부터 알려진 것인데, 어떠한 복잡한 파도 기본파(다시 말해, $\cos x$, $\sin x$ 등으로 표현되는 파)로 표현할 수 있다. 곰곰이 생각해 보면 참으로 신비로운 일이다.

소리의 분해가 가능하다면, 거꾸로 기본파만을 사용하여 다양한 소리를 만들어 낼 수 없을까 생각하는 사람도 나타났다. 오늘날에는 음악세계에 없어서는 안

되는, **신서사이저**(sound synthesizer), 즉 소리 합성장치가 그것이다.

**복잡하게 보이는 파(波)도 sin과 cos파로 나타낼 수 있다!**

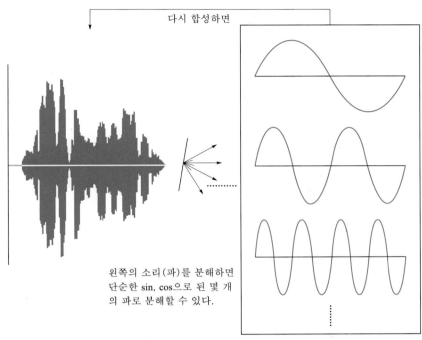

다시 합성하면

왼쪽의 소리(파)를 분해하면
단순한 sin, cos으로 된 몇 개
의 파로 분해할 수 있다.

원리적으로는 이러한 발상이 맞을지도 모르지만, 현실적으로는 무한한 기본
파를 다 준비할 수 없기 때문에, 추구하고자 하는 소리를 제대로 표현할 수 없다
는 것도 알게 되었다. 물론 소리가 기본파로 이루어졌다는 것을 부정하는 것이
아니라, 음원이 너무 부족한 것이 원인이다. 만들어 내고 싶은 소리에 근접하기
위해서는 여러 가지 테크닉이 필요하게 되는데... 이것 또 옆길로 이야기가 샐 거
같다.

자, 이 사실을 수학적으로는 어떻게 생각하면 좋을까? 아무리 소리 - 굳이 말
하자면 파(波)이지만 - 가 기본파로 표현할 수 있을 것으로 예측되어도 실제로
그렇게 생각해도 될 것인가? 그 근거는 무엇인가라고 묻는다면 한번 곰곰이 생
각해 볼 문제다. 역시 수학의 힘을 빌려야겠다. 그리고, 그 답을 주는 것이 **푸리에
급수**(Fourier series)인 것이다.

푸리에에 따르면, 구간 $[0, 2\pi]$로 정의된 적분가능한 함수 $f(x)$는 다음 페이지
와 같이 전개된다고 한다[주1].

주1) 정확히는 디리클레
조건이라는 것을 충족
해야만 하는데, 실용상
그다지 곤란하지 않고,
우선은 푸리에 급수라
는 것을 파악해 두면
되기 때문에, 그 조건만
을 들어 놓았습니다.

● 디리클레 조건
(Diriclet conditions)
「함수 $f(x)$는 주기가 $2\pi$
이고, 일가($-$價) 및 유
한 개의 최대 최소를
가지며 불연속점이 유
한일 경우 $\int_{-\pi}^{\pi} |f(x)| dx$
가 유한하면 푸리에 급
수는 수렴한다」

**푸리에 급수 전개**

$$f(x) = \frac{a_0}{2} + \sum_{n=1}^{\infty}(a_n \cos nx + b_n \sin nx)$$

단,

$$a_n = \frac{1}{\pi}\int_0^{2\pi} f(\xi)\cos n\xi d\xi \qquad (n = 0,1,2,\cdots)$$

$$b_n = \frac{1}{\pi}\int_0^{2\pi} f(\xi)\sin n\xi d\xi \qquad (n = 1,2,\cdots)$$

당장은 믿기 어려운 형태를 하고 있지만, 벡터 공간을 이미 알고 있는 우리들에게 있어서는 그리 놀라울 것도 없다.

즉, $\{1, \cos x, \cos 2x, \cdots, \sin x, \sin 2x, \cdots\}$라는 함수계는, 구간 $[0, 2\pi]$이고 직교하고 있으며, 또한 완비라는 것이다. 그러나, 푸리에 자신은 그 정도로 엄밀하게 증명했던 것은 아니라고 한다.

아무튼 푸리에가 말한 대로인지 어떤지 조사해 보자. 우선 함수계 $\{1, \cos x,$ $\cos 2x, \cdots, \sin x, \sin 2x, \cdots\}$가 직교성을 가지고 있는지 조사하지 않으면 안 된다. 직교성이라고 하면 적분을 조사하면 알 수 있다[주2]. 거기서

주2) 함수 $f(x)$와 $g(x)$가 직교하고 있다는 것은, 생각하고 있는 적분영역 $[-a, a]$에서 $\int_{-a}^{a} f(x)g(x)dx=0$이 되는 것이었습니다.

$$\int_0^{2\pi} \cos m\xi \cos n\xi d\xi \qquad (m, n = 0,1,2,\cdots) \qquad \cdots\cdots①$$

$$\int_0^{2\pi} \sin m\xi \sin n\xi d\xi \qquad (m, n = 0,1,2,\cdots) \qquad \cdots\cdots②$$

$$\int_0^{2\pi} \sin m\xi \cos n\xi d\xi \qquad (m, n = 0,1,2,\cdots) \qquad \cdots\cdots③$$

이라는 적분을 생각해 본다. 우선 제일 위의 적분은 $\cos(\alpha\pm\beta)=\cos\alpha\cos\beta\mp\sin\alpha\sin\beta$라는 관계가 있으므로(삼각함수의 덧셈정리를 잊으신 분은 부록 4를 참조!),

$$\cos\alpha\cos\beta = \frac{1}{2}\{\cos(\alpha+\beta)+\cos(\alpha-\beta)\}$$

가 되므로, ①은

$$\frac{1}{2}\int_0^{2\pi}\{\cos(m+n)\xi + \cos(m-n)\xi\}d\xi$$

가 된다. 따라서, 다음과 같이 경우를 나누어 생각해 본다.

(I) $m \neq n$일 때

$$\frac{1}{2} \int_0^{2\pi} \{\cos(m+n)\xi + \cos(m-n)\xi\} d\xi$$

$$= \frac{1}{2} \left( \left[ \frac{1}{m+n} \sin(m+n)\xi \right]_0^{2\pi} + \left[ \frac{1}{m-n} \sin(m-n)\xi \right]_0^{2\pi} \right)$$

$$= 0$$

(II) $m = n$일 때

$$\frac{1}{2} \int_0^{2\pi} (\cos 2n\xi + 1) d\xi$$

$$= \frac{1}{2} \left( \left[ \frac{1}{2n} \sin 2n\xi \right]_0^{2\pi} + \left[ \xi \right]_0^{2\pi} \right)$$

$$= \frac{1}{2} (2\pi)$$

$$= \pi$$

마찬가지로 ②는

$$\int_0^{2\pi} \sin m\xi \sin n\xi d\xi \qquad (m, n = 0, 1, 2, \cdots)$$

이므로, 방금 전과 같이 $\cos(\alpha \pm \beta) = \cos\alpha\cos\beta \mp \sin\alpha\sin\beta$ 이므로

$$\sin\alpha\sin\beta = \frac{1}{2} \{\cos(\alpha - \beta) - \cos(\alpha + \beta)\}$$

가 되고, 결국

$$\frac{1}{2} \int_0^{2\pi} \{\cos(m-n)\xi - \cos(m+n)\xi\} d\xi$$

가 된다. 경우를 나누어 보면,

(I) $m \neq n$일 때

$$\frac{1}{2} \int_0^{2\pi} \{\cos(m-n)\xi - \cos(m+n)\xi\} d\xi$$

$$= \frac{1}{2} \left( \left[ \frac{1}{m-n} \sin(m-n)\xi \right]_0^{2\pi} - \left[ \frac{1}{m+n} \sin(m+n)\xi \right]_0^{2\pi} \right)$$

$$= 0$$

(Ⅱ) $m = n$일 때

$$\frac{1}{2}\int_0^{2\pi}(1-\cos 2n\xi)d\xi$$

$$= \frac{1}{2}\left([\xi]_0^{2\pi} - \left[\frac{1}{2n}\sin 2n\xi\right]_0^{2\pi}\right)$$

$$= \frac{1}{2}(2\pi)$$

$$= \pi$$

마지막으로 ③은

$$\int_0^{2\pi}\sin m\xi\cos n\xi d\xi \qquad (m,n=0,1,2,\cdots)$$

인데, $\sin(\alpha\pm\beta)=\sin\alpha\cos\beta\pm\sin\beta\cos\alpha$라는 관계가 있으므로

$$\sin\alpha\cos\beta = \frac{1}{2}\{\sin(\alpha+\beta)+\sin(\alpha-\beta)\}$$

가 되어, 결국

$$\frac{1}{2}\int_0^{2\pi}\{\sin(m+n)\xi+\sin(m-n)\xi\}d\xi$$

가 된다. 경우를 나누어 보면,

(Ⅰ) $m \neq n$일 때

$$\frac{1}{2}\int_0^{2\pi}\{\sin(m+n)\xi+\sin(m-n)\xi\}d\xi$$

$$= \frac{1}{2}\left(\left[-\frac{1}{m+n}\cos(m+n)\xi\right]_0^{2\pi} + \left[-\frac{1}{m-n}\cos(m-n)\xi\right]_0^{2\pi}\right)$$

$$= 0$$

(Ⅱ) $m = n$일 때

$$\frac{1}{2}\int_0^{2\pi}\sin 2n\xi d\xi$$

$$= \frac{1}{2}\left[-\frac{1}{2n}\cos 2n\xi\right]_0^{2\pi}$$

$$= 0$$

어느 쪽이든 $\int_0^{2\pi}\sin m\xi\cos n\xi d\xi$ 는 0이 되는 것이다.

이에 따라, 함수계 $\{1, \cos x, \cos 2x, \cdots, \sin x, \sin 2x, \cdots\}$이 직교성을 가진다는 것을 알았다.

이 말은 $f(x)$가

$$f(x) = \frac{a_0}{2} + \sum_{n=1}^{\infty}(a_n \cos nx + b_n \sin nx)$$

가 된다는 것이므로, 이것에 먼저 $\cos mx$를 곱하여 $[0, 2\pi]$ 구간에서 적분해 보자.

$$\int_0^{2\pi} f(x) \cos mx\, dx$$

$$= \int_0^{2\pi} \left\{ \frac{a_0}{2} + \sum_{n=1}^{\infty}(a_n \cos nx + b_n \sin nx) \right\} \cos mx\, dx$$

$$= \frac{a_0}{2} \int_0^{2\pi} \cos mx\, dx + \sum_{n=1}^{\infty} \left\{ a_n \int_0^{2\pi} \cos nx \cos mx\, dx + b_n \int_0^{2\pi} \sin nx \cos mx\, dx \right\}$$

（Ⅰ）$m = 0$일 때

$$\int_0^{2\pi} f(x)\, dx$$

$$= \frac{a_0}{2} \int_0^{2\pi} dx + \sum_{n=1}^{\infty} \left\{ a_n \int_0^{2\pi} \cos nx\, dx + b_n \int_0^{2\pi} \sin nx\, dx \right\}$$

$$= \frac{a_0}{2} \cdot 2\pi$$

$$= \pi a_0$$

$$\therefore a_0 = \frac{1}{\pi} \int_0^{2\pi} f(x)\, dx$$

（Ⅱ）$m \neq 0$일 때

$$\int_0^{2\pi} f(x) \cos mx\, dx$$

$$= \frac{a_0}{2} \int_0^{2\pi} \cos mx\, dx + \sum_{n=1}^{\infty} \left\{ a_n \int_0^{2\pi} \cos nx \cos mx\, dx + b_n \int_0^{2\pi} \sin nx \cos mx\, dx \right\}$$

앞에서 계산한 것과 같이 $\int_0^{2\pi} \cos mx\, dx$, $\int_0^{2\pi} \sin nx \cos mx\, dx$ 의 항은 0이 되기 때문에,

$$= \sum_{n=1}^{\infty} \left( a_n \int_0^{2\pi} \cos nx \cos mx\, dx \right)$$

$$= a_1 \int_0^{2\pi} \cos x \cos mx\, dx + a_2 \int_0^{2\pi} \cos 2x \cos mx\, dx + \cdots + a_m \int_0^{2\pi} \cos mx \cos mx\, dx + \cdots$$

이 된다.

결국, $n = m$ 부분의 항밖에 남지 않으므로

$$= a_m \int_0^{2\pi} \cos mx \cos mx \, dx$$

$$= \pi a_m$$

$$\therefore a_m = \frac{1}{\pi} \int_0^{2\pi} f(x) \cos mx \, dx$$

가 된다. 결국 ( I ), (II)를 합하여 $m$을 $n$으로 변환하여

$$a_n = \frac{1}{\pi} \int_0^{2\pi} f(\xi) \cos n\xi \, d\xi \qquad (n = 0, 1, 2, \cdots)$$

라고 하면 된다는 것을 알 수 있다.

마찬가지로, $\sin mx$를 곱해서 $[0, 2\pi]$ 구간에서 적분을 해 보자.

$$\int_0^{2\pi} f(x) \sin mx \, dx$$

$$= \int_0^{2\pi} \left\{ \frac{a_0}{2} + \sum_{n=1}^{\infty} \left( a_n \cos nx + b_n \sin nx \right) \right\} \sin mx \, dx$$

$$= \frac{a_0}{2} \int_0^{2\pi} \sin mx \, dx + \sum_{n=1}^{\infty} \left\{ a_n \int_0^{2\pi} \cos nx \sin mx \, dx + b_n \int_0^{2\pi} \sin nx \sin mx \, dx \right\}$$

$$= b_m \int_0^{2\pi} \sin mx \sin mx \, dx$$

$$= \pi b_m$$

따라서, $m$을 $n$으로 바꾸어

$$b_n = \frac{1}{\pi} \int_0^{2\pi} f(\xi) \sin n\xi \, d\xi \qquad (n = 1, 2, \cdots)$$

라는 것도 알았다.

구체적인 예로서, $y = \begin{cases} 0 & [0, \pi] \\ 1 & (\pi, 2\pi] \end{cases}$ 를 들어 보자. 푸리에 급수는

---

**푸리에 급수**

$$f(x) = \frac{a_0}{2} + \sum_{n=1}^{\infty} \left( a_n \cos nx + b_n \sin nx \right)$$

$$a_n = \frac{1}{\pi} \int_0^{2\pi} f(\xi) \cos n\xi \, d\xi \qquad (n = 0, 1, 2, \cdots)$$

$$b_n = \frac{1}{\pi} \int_0^{2\pi} f(\xi) \sin n\xi \, d\xi \qquad (n = 1, 2, \cdots)$$

---

로 표현되므로, 계수를 계산해 보자.

$$a_0 = \frac{1}{\pi}\int_0^{2\pi} f(\xi)d\xi = \frac{1}{\pi}\int_\pi^{2\pi} d\xi = \frac{1}{\pi}(2\pi - \pi) = 1$$

$$a_n = \frac{1}{\pi}\int_0^{2\pi} f(\xi)\cos n\xi d\xi \qquad (n = 1, 2, \cdots)$$

$$= \frac{1}{\pi}\left(\int_0^\pi f(\xi)\cos n\xi d\xi + \int_\pi^{2\pi} f(\xi)\cos n\xi d\xi\right)$$

구간 $[0, \pi]$에서 $f(x)$는 0이므로, 전반의 적분은 0이 된다. 따라서

$$= \frac{1}{\pi}\int_\pi^{2\pi}\cos n\xi d\xi$$

$$= \frac{1}{n\pi}[\sin nx]_\pi^{2\pi}$$

$$= \frac{1}{n\pi}(\sin 2n\pi - \sin n\pi)$$

$$= 0$$

$$b_n = \frac{1}{\pi}\int_0^{2\pi} f(\xi)\sin n\xi d\xi \qquad (n = 1, 2, \cdots)$$

$$= \frac{1}{\pi}\left(\int_0^\pi f(\xi)\sin n\xi d\xi + \int_\pi^{2\pi} f(\xi)\sin n\xi d\xi\right)$$

$$= \frac{1}{\pi}\int_\pi^{2\pi}\sin n\xi d\xi$$

$$= -\frac{1}{n\pi}[\cos n\xi]_\pi^{2\pi}$$

$$= -\frac{1}{n\pi}(\cos 2n\pi - \cos n\pi)$$

$$= \begin{cases} -\dfrac{2}{n\pi} & (n\text{이 홀수}) \\ 0 & (n\text{이 짝수}) \end{cases}$$

따라서, $f(x) = \dfrac{a_0}{2} + \displaystyle\sum_{n=1}^{\infty}(a_n \cos nx + b_n \sin nx)$ 로부터, $n = 2m+1\,(m = 0, 1, 2, \cdots)$이라고 하면

$$f(x) = \frac{1}{2} - \frac{2}{\pi}\sum_{m=0}^{\infty}\left(\frac{1}{2m+1}\sin(2m+1)x\right)$$

가 됨을 알 수 있다.

다음의 그래프는 표계산 소프트웨어에서 $m = 500$까지 계산한 것이다. 조금 들쭉날쭉하지만, 잘 근사하고 있다는 것을 알 수 있을 것이다. 그러나 자세히 보면, $\pi$의 주변에서는 불쑥 값이 튀어 오르기 시작했다. 불연속점에서는 이러한 현상

이 일어난다. 이것을 **깁스 현상**(Gibbs' phenomenon) 이라고 한다.

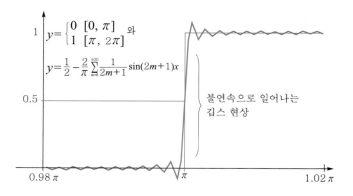

푸리에 급수에 의한 근사와 깁스 현상

$$y=\begin{cases} 0 & [0,\pi] \\ 1 & [\pi,\ 2\pi]\end{cases} \text{와}$$

$$y=\frac{1}{2}-\frac{2}{\pi}\sum_{m=1}^{500}\frac{1}{2m+1}\sin(2m+1)x$$

불연속으로 일어나는 깁스 현상

## ● 푸리에 급수 전개의 확장

이제 조금 일반성을 가지게 하기 위해서 구간 $[0,2\pi]$를 $[-\pi,\pi]$로 바꾸고, 거기서 $[-L,L]$로 바꾸어 보자. $[-\pi,\pi]$로 바꾸는 것은 알 것이다. 지금까지 해 왔던 논의를 그대로 답습하면 된다. 구간 $[-L,L]$로 바꾸는 것도 별로 어렵지 않다. 지금까지 사용해 왔던 $x$를 $\frac{\pi}{L}x$로 변환하면 되는 것이다. 그러면,

$$\begin{cases} f(x)=\dfrac{a_0}{2}+\displaystyle\sum_{n=1}^{\infty}\left(a_n\cos n\dfrac{\pi}{L}x+b_n\sin n\dfrac{\pi}{L}x\right) & \cdots\cdots① \\[4mm] a_n=\dfrac{1}{L}\displaystyle\int_{-L}^{L}f(\xi)\cos n\dfrac{\pi}{L}\xi d\xi \qquad (n=0,1,2,\cdots) \\[4mm] b_n=\dfrac{1}{L}\displaystyle\int_{-L}^{L}f(\xi)\sin n\dfrac{\pi}{L}\xi d\xi \qquad (n=1,2,\cdots) \end{cases} \cdots\cdots②$$

가 된다는 것은 간단히 알 수 있다. 이렇게 변형한 까닭은 이 식에서 좀 더 재미있는 것을 알 수 있기 때문이다. 이제 도처에서 등장하게 되므로 잊고 싶어도 잊을 수 없을 것이다. 삼각함수와 복소수의 지수와는 뗄래야 뗄 수 없는 사이였다.

다시 말해, 오일러 공식 $e^{\pm ix}=\cos x\pm\sin x$에서,

$$\begin{cases} \cos x=\dfrac{1}{2}\left(e^{ix}+e^{-ix}\right) \\[3mm] \sin x=\dfrac{1}{2i}\left(e^{ix}-e^{-ix}\right) \end{cases}$$

이라는 것은 쉽게 알 수 있다. 따라서, ①은 다음과 같이 변형할 수 있다.

$$f(x) = \frac{a_0}{2} + \sum_{n=1}^{\infty}\left\{a_n \cdot \frac{1}{2}\left(e^{in\frac{\pi}{L}x} + e^{-in\frac{\pi}{L}x}\right) + b_n \cdot \frac{1}{2i}\left(e^{in\frac{\pi}{L}x} - e^{-in\frac{\pi}{L}x}\right)\right\}$$

$$= \frac{a_0}{2} + \sum_{n=1}^{\infty}\left\{\frac{1}{2}\left(a_n + \frac{1}{i}b_n\right)e^{in\frac{\pi}{L}x} + \frac{1}{2}\left(a_n - \frac{1}{i}b_n\right)e^{-in\frac{\pi}{L}x}\right\}$$

$$= \frac{a_0}{2} + \sum_{n=1}^{\infty}\left\{\frac{1}{2}\left(a_n - ib_n\right)e^{in\frac{\pi}{L}x} + \frac{1}{2}\left(a_n + ib_n\right)e^{-in\frac{\pi}{L}x}\right\} \quad \cdots\cdots③$$

우선 이것은 잠시 미루어 두고, $\frac{1}{2}(a_n - ib_n)$을 조사해 보자. 식 ②에서

$$\frac{1}{2}(a_n - ib_n) = \frac{1}{2}\left\{\frac{1}{L}\int_{-L}^{L}f(\xi)\cos n\frac{\pi}{L}\xi d\xi - i\frac{1}{L}\int_{-L}^{L}f(\xi)\sin n\frac{\pi}{L}\xi d\xi\right\}$$

$$= \frac{1}{2}\left\{\frac{1}{L}\int_{-L}^{L}f(\xi)\cdot\frac{1}{2}\left(e^{in\frac{\pi}{L}\xi} + e^{-in\frac{\pi}{L}\xi}\right)d\xi - i\frac{1}{L}\int_{-L}^{L}f(\xi)\cdot\frac{1}{2i}\left(e^{in\frac{\pi}{L}\xi} - e^{-in\frac{\pi}{L}\xi}\right)d\xi\right\}$$

$$= \frac{1}{2L}\int_{-L}^{L}f(\xi)e^{-in\frac{\pi}{L}\xi}d\xi$$

이것을

$$c_n \overset{def}{\equiv} \frac{1}{2}(a_n - ib_n) = \frac{1}{2L}\int_{-L}^{L}f(\xi)e^{-in\frac{\pi}{L}\xi}d\xi$$

라고 하자. 그러면,

$$c_{-n} = \frac{1}{2L}\int_{-L}^{L}f(\xi)e^{-i(-n)\frac{\pi}{L}\xi}d\xi$$

$$= \frac{1}{2L}\int_{-L}^{L}f(\xi)e^{in\frac{\pi}{L}\xi}d\xi$$

가 되는데, 실은 이것은 $\frac{1}{2}(a_n + ib_n)$이 된다. 왜냐하면,

$$\frac{1}{2}(a_n + ib_n) = \frac{1}{2}\left\{\frac{1}{L}\int_{-L}^{L}f(\xi)\cos n\frac{\pi}{L}\xi d\xi + i\frac{1}{L}\int_{-L}^{L}f(\xi)\sin n\frac{\pi}{L}\xi d\xi\right\}$$

$$= \frac{1}{2}\left\{\frac{1}{L}\int_{-L}^{L}f(\xi)\cdot\frac{1}{2}\left(e^{in\frac{\pi}{L}\xi} + e^{-in\frac{\pi}{L}\xi}\right)d\xi + i\frac{1}{L}\int_{-L}^{L}f(\xi)\cdot\frac{1}{2i}\left(e^{in\frac{\pi}{L}\xi} - e^{-in\frac{\pi}{L}\xi}\right)d\xi\right\}$$

$$= \frac{1}{2L}\int_{-L}^{L}f(\xi)e^{in\frac{\pi}{L}\xi}d\xi$$

이기 때문이다. 이 결과를 사용하면, 식③은

$$f(x) = \frac{a_0}{2} + \sum_{n=1}^{\infty} \left\{ \frac{1}{2}(a_n - ib_n)e^{in\frac{\pi}{L}x} + \frac{1}{2}(a_n + ib_n)e^{-in\frac{\pi}{L}x} \right\}$$

$$= \frac{a_0}{2} + \sum_{n=1}^{\infty} \left( c_n e^{in\frac{\pi}{L}x} + c_{-n}e^{-in\frac{\pi}{L}x} \right)$$

$$= \frac{a_0}{2} + \sum_{n=1}^{\infty} c_n e^{in\frac{\pi}{L}x} + \sum_{n=1}^{\infty} c_{-n}e^{-in\frac{\pi}{L}x}$$

이 되는데, 여기서

$$\sum_{n=1}^{\infty} c_{-n}e^{-in\frac{\pi}{L}x} = c_{-1}e^{-i\frac{\pi}{L}x} + c_{-2}e^{-i\cdot 2\frac{\pi}{L}x} + \cdots + c_{-n}e^{-in\frac{\pi}{L}x} + \cdots$$

$$= c_{-1}e^{i(-1)\frac{\pi}{L}x} + c_{-2}e^{i(-2)\frac{\pi}{L}x} + \cdots + c_{-n}e^{i(-n)\frac{\pi}{L}x} + \cdots$$

$$= \sum_{n=-1}^{-\infty} c_n e^{in\frac{\pi}{L}x}$$

이 된다. 그런데 「$n=-1$에서 $-\infty$」라는 것은 「대 → 소」이기 때문에 보기가 좋지 않다. 거꾸로 해 두자.

$$= \sum_{n=-\infty}^{-1} c_n e^{in\frac{\pi}{L}x}$$

주3) $c_0 = \frac{1}{2}(a_0 - ib_0) =$ $\frac{1}{2L}\int_{-L}^{L} f(\xi)d\xi$ 이므로 OK입니다. $b_0$는 정의되어 있으므로 식의 의미가 명확해질 것입니다.

따라서, $c_0 = \frac{a_0}{2}$ 라고 하면[주3]

$$f(x) = \sum_{n=-\infty}^{-1} c_n e^{in\frac{\pi}{L}x} + c_0 + \sum_{n=1}^{\infty} c_n e^{in\frac{\pi}{L}x}$$

$$= \sum_{n=-\infty}^{\infty} c_n e^{in\frac{\pi}{L}x}$$

으로 정리해 두면,

---

**복소 형식의 푸리에 급수**

$$f(x) = \sum_{n=-\infty}^{\infty} c_n e^{in\frac{\pi}{L}x}$$

$$c_n = \frac{1}{2L}\int_{-L}^{L} f(\xi)e^{-in\frac{\pi}{L}\xi}d\xi \qquad (n = 0, \pm 1, \pm 2, \cdots)$$

---

가 된다는 것을 알 수 있었다. 아주 시원스럽고 깔끔한 형이 되었다. 이것을 **복소 형식의 푸리에 급수**라고 한다.

# 9-2 푸리에 변환

지금까지의 논의는 $f(x)$가 구간 $[-L, L]$에서 정의되고, 적분 가능한 성질을 가진 좋은 함수를 생각해 왔는데, 이대로는 $(-\infty, \infty)$에서 정의되는 함수에는 즉시 적용할 수가 없다. 그러나, $L \to \infty$를 생각하고, 이것이 정당성을 가지는지를 조사하면 $(-\infty, \infty)$에서 정의되는 함수도 생각할 수 있을 것이다.

물론, 어떤 함수라도 된다는 것은 아니며 $\int_{-\infty}^{\infty} |f(x)|$가 발산하지 않고, 어떤 값이 될 필요[주4]는 있다. 이 조건을 충족한다고 하고, 이전의 복소 형식의 푸리에 급수를 다시 살펴보자.

○ 주4) 디리클레 조건이었지요.

$$f(x) = \sum_{n=-\infty}^{\infty} c_n e^{in\frac{\pi}{L}x}$$

$$c_n = \frac{1}{2L} \int_{-L}^{L} f(\xi) e^{-in\frac{\pi}{L}\xi} d\xi \qquad (n = 0, \pm 1, \pm 2, \cdots)$$

였는데, 여기서

$$t_n = n\frac{\pi}{L}$$

$$\Delta t = t_{n+1} - t_n = \frac{\pi}{L}$$

라고 하면,

$$\frac{1}{2L} = \frac{1}{2\pi}\left(\frac{\pi}{L}\right) = \frac{1}{2\pi}\Delta t$$

가 되므로 복소 형식의 푸리에 급수는

$$f(x) = \sum_{n=-\infty}^{\infty} c_n e^{in\frac{\pi}{L}x} = \sum_{n=-\infty}^{\infty} c_n e^{it_n x}$$

$$c_n = \frac{1}{2L} \int_{-L}^{L} f(\xi) e^{-in\frac{\pi}{L}\xi} d\xi$$

$$= \frac{1}{2\pi}\Delta t \int_{-L}^{L} f(\xi) e^{-it_n \xi} d\xi$$

따라서, 이 $C_n$을 앞의 $f(x)$의 식에 대입하면,

$$f(x) = \sum_{n=-\infty}^{\infty} \left\{ \frac{1}{2\pi} \Delta t \int_{-L}^{L} f(\xi) e^{-it_n \xi} d\xi \right\} e^{it_n x}$$

$$= \frac{1}{2\pi} \sum_{n=-\infty}^{\infty} \Delta t \left\{ \int_{-L}^{L} f(\xi) e^{-it_n \xi} \cdot e^{it_n x} d\xi \right\}$$

$$= \frac{1}{2\pi} \sum_{n=-\infty}^{\infty} \Delta t \left\{ \int_{-L}^{L} f(\xi) e^{it_n (x-\xi)} d\xi \right\}$$

$$= \frac{1}{2\pi} \sum_{n=-\infty}^{\infty} F(t_n) \Delta t \qquad \left( F(t_n) = \int_{-L}^{L} f(\xi) e^{it_n (x-\xi)} d\xi \text{ 라고 했다} \right)$$

가 된다. 여기서 $\Delta t \to 0$(즉, $L \to \infty$)라고 하면, 상기의 급수는 적분으로 변환한다 (적분의 정의 그 자체이기 때문이다). 따라서,

$$f(x) = \frac{1}{2\pi} \int_{-\infty}^{\infty} F(t) dt = \frac{1}{2\pi} \int_{-\infty}^{\infty} \left( \int_{-\infty}^{\infty} f(\xi) e^{it(x-\xi)} d\xi \right) dt$$

$$= \frac{1}{2\pi} \int_{-\infty}^{\infty} \left( \int_{-\infty}^{\infty} f(\xi) e^{-it\xi} \cdot e^{itx} d\xi \right) dt$$

$$= \frac{1}{2\pi} \int_{-\infty}^{\infty} \left( \int_{-\infty}^{\infty} f(\xi) e^{-it\xi} d\xi \right) e^{itx} dt$$

$$= \frac{1}{\sqrt{2\pi}} \int_{-\infty}^{\infty} \left( \frac{1}{\sqrt{2\pi}} \int_{-\infty}^{\infty} f(\xi) e^{-it\xi} d\xi \right) e^{itx} dt$$

$$= \frac{1}{\sqrt{2\pi}} \int_{-\infty}^{\infty} g(t) e^{itx} dt$$

가 된다. 여기서 $g(t) = \dfrac{1}{\sqrt{2\pi}} \int_{-\infty}^{\infty} f(\xi) e^{-it\xi} d\xi = \dfrac{1}{\sqrt{2\pi}} \int_{-\infty}^{\infty} f(x) e^{-itx} dx$ 라고 했다.

어떻게 보이는가? 조금 복잡해 보일지도 모르는데 재미있는 관계가 나타난 것을 알 수 있을까? 한 번 더 정리를 해서 써 보면

> **푸리에 변환과 푸리에 역변환**
>
> $$g(t) = \frac{1}{\sqrt{2\pi}} \int_{-\infty}^{\infty} f(x) e^{-itx} dx$$
>
> $$f(x) = \frac{1}{\sqrt{2\pi}} \int_{-\infty}^{\infty} g(t) e^{itx} dt$$

아주 깔끔한 관계식이 되었다는 것을 알 수 있다. 물론 디리클레 조건은 충족시킨다 해도, 함수가 이런 형태로 상호 변환할 수 있다는 점은 흥미 있는 부분이다.

이 변환에는 이름이 붙어 있고 앞 페이지에서 윤곽선으로 둘러싼 위의 식을 함수 $f(x)$에 있어서의 **푸리에 변환**(Fourier transformation)이라고 하고, 아래의 식을 **푸리에 역변환**(Fourier inverse transformation)이라고 한다.

이것이 무슨 도움이 되는가? 간단히 말하면, 함수를 다면적으로 보는 하나의 방법이라고 할 수 있다. 예를 들면 $f(x)$가 시간에 대한 소리의 세기의 함수(예를 들면, 마이크로부터 입력된 소리를 오실로스코프로 보는 것 같은 파형)이면, 이 것을 푸리에 변환한 $g(t)$는 소리의 스펙트럼(파장의 나열)에 대한 그 비율을 표시한다고 말할 수 있다(푸리에 변환의 근원, 푸리에 급수를 생각하면 알 수 있다). 예를 들면 성문(聲紋)이라는 말을 들어 본 적이 있는지 모르지만, 이 때 푸리에 변환이 활약하는 것이다. 왜냐하면, 성문은 개인에 따라, 스펙트럼의 분포 방식이 다르기 때문에, 지문과 마찬가지로 개인을 식별할 수가 있다. 흉내를 잘 내는 배우라도 이 성문까지는 일치하지 않는다. 때문에, 범인을 특정할 경우 등에 증거로써 사용할 수 있다.

성문으로부터 "개인을 특정하는 것"도 푸리에 변환 기술로

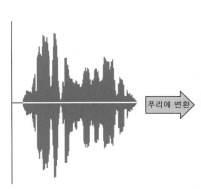

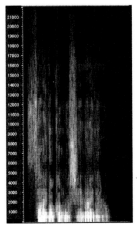

푸리에 변환

&lt;소리의 파형&gt;
세로축 : 소리의 세기
가로축 : 시간

&lt;소리의 스펙트럼 분포&gt;
세로축 : 주파수
가로축 : 시간
색　　 : 주파수의 비율
　　　　(색이 하얗게 될수록 주파수에
　　　　대한 비율이 높다는 것을 나타
　　　　낸다)

제10장

# 맥스웰-볼츠만 분포

물리수학의 기초 응용편으로서 고전역학(통계역학)과 양자역학 모두에서
중요한 「맥스웰-볼츠만 분포」를 예로 들었다.
이게 뭐야! 라는 말은 하지 말도록. 상당히 중요한 주제임에도
비교적 간단히 통과해 버린 것이기 때문에 굳이 예를 들었다.
비화를 하나 이야기하면, 필자가 양자론의 웡의 식과 레일리 진즈의
식을 배울 때, 이것을 이해해 보려고 조금 조사해 본 적이 있다.
졸저 「Aha! 양자역학이 이해된다!」에서는 지면 관계로 생략하지 않을 수 없었다.
때문에 그 보충의 장이라고 생각해도 상관없다.
아, 물론 그것만은 아니다. 물리적 개념과 그에 따른 수학 테크닉을 배우기
위해서는 상당히 좋은 재료이므로 이 책의 마지막 장에 일부러 실어 놓았다.

# 10-1 맥스웰-볼츠만 분포

일단, 수학의 기초도 알았고 마지막 장도 되었다. 그래서, 이 장에서는 「응용으로서 실제 수학이 물리에 어떻게 적용되고 있는지」를 생각해 보고 싶다. 여기서는 **맥스웰-볼츠만 분포**라는 중요한 문제를 생각해 본다. 지금까지 살펴본 수학 지식을 활용하는 데 적절할 것이라고 생각하는 수학적 토픽이기 때문이다.

자, 맥스웰-볼츠만(Maxwell-Boltzmann) 분포는, 고전론에 있어서 마이크로의 고찰을 하는 경우에 아주 중요한 분포이다. 이것은,

> **맥스웰-볼츠만 분포**
>
> 절대온도 $T$에서 열평형 상태에 있는 이상기체 1분자가 에너지 $\varepsilon$를 가질 확률은 $\exp\left(-\dfrac{\varepsilon}{k_B T}\right)$ (이것을 볼츠만 인자라고 하며), $k_B$는 볼츠만 상수)에 비례한다.

라고 결론짓고 있다.

이것을 어떻게 이해하면 좋을까? 급하게 서두르지 말고 차근차근 조금씩 생각할 대상을 확실히 한다. 그래서,

「절대온도 $T$에서 열평형 상태에 있는, 부피가 $V$인 용기에 이상기체인 분자(질량 $m$)가 $N$개 있고, 압력은 $P$, 전 에너지가 $E$인 경우」

를 생각해 보자.

이 명제에서 우리가 알고 싶은 것은 1분자의 에너지가 $\varepsilon$을 가질 확률이다. 이 경우, 운동 에너지만을 생각하면 되므로, 속도를 $v$이라고 하면 분자가 $\varepsilon = \dfrac{1}{2}mv^2$이라는 운동 에너지를 가질 확률, 더 나아가서 속도 $v$를 가질 확률이라고 해도 좋다.

이 문제를 풀기 위해서 상기의 설정을 아래와 같이 바꿔 본다.

「부피가 $V$인 용기에 이상기체 분자(질량 $m$)가 $N$개 있고 열평형 상태에 있다고 하자. 이 때, 에너지가 $\varepsilon_1$인 분자 $n_1$개를 $V_1$ 영역으로, $\varepsilon_2$인 분자 $n_2$개를 $V_2$의 영역으로, $\cdots$, $\varepsilon_m$인 분자 $n_m$개를 $V_m$ 영역으로 분배하는 경우의 수를 구한다. 단, $\displaystyle\sum_{i=1}^{m} n_i = N$개, $\displaystyle\sum_{i=1}^{m} V_i = V$ 이다. 또한 전 에너지 $\displaystyle\sum_{i=i}^{m} \varepsilon_i n_i = E$ 는 일정하다고 한다.」

이렇게 문제를 변경하면, 여기에서 얻어지는 경우의 수가 최대값을 가지는(가장 생기기 쉬운 상태) 것이 열평형 상태에서 일어나고 있는 경우라고 생각할 수 있다. 다시 말해, 평형 상태라면 특정 상태에 편중하지 않는다는[주1] 것이 경험상 가장 있을 수 있는 상태이기 때문이다.

주1) 그것을 평형 상태라고 하지요.

예를 들면, 욕탕에 들어갈 때, 어떤 부분이 극단적으로 뜨겁고 어떤 부분은 얼어 있는 경우는 없다. 만약 이런 일이 있다면 무심코 욕탕에도 들어갈 수 없다. 열평형 상태라면 이런 경우는 물론 없다. 욕탕의 온도가 어디나 일정한 상태인 경우가 가장 일어나기 쉽다는 것이다. 그래서 우리들은 이 경우를 최대로 했을 때 어떤 관계식이 생겨나는지를 알고 싶은 것이다. 특히, 1분자의 에너지가 어떻게 분배되는지를 알고 싶다.

## ● 제1단계

> 분자수가 $N$개인 분자를 에너지가 $\varepsilon_1$인 분자 $n_1$개, $\varepsilon_2$인 분자 $n_2$개, $\cdots$, $\varepsilon_m$인 분자가 $n_m$개라는 식으로 분배되는 경우의 수를 구하려고 한다.
> 물론, $\displaystyle\sum_{i=1}^{m} n_i = N$개이다.

제1단계로서 위의 문제를 풀어 보자. 갑작스러워서 이해하기 어려울 수도 있는데, 조금 간략화하여, $n$개 분자를, 에너지가 $a$인 분자를 $p$개, $b$인 분자를 $q$개, $c$인 분자를 $r$개로 분배하는 경우의 수를 구해 본다.

물론 $p+q+r=n$개. 이 문제는 $a$라는 구 $p$개, $b$라는 구 $q$개, $c$라는 구 $r$개, 구의 합계 $p+q+r=n$일 때, 이 구들을 1렬로 늘어 세운 순열의 개수를 생각하는 것과 같아진다. 즉, 「일부가 중복되어 있는 순열」로 생각된다.

이 문제는 다음과 같은 순서로 생각한다. 준비로서 구별 가능한 $n$개의 매스를 준비한다.

1. $p$개 있는 구 $a$를 이 $n$개의 매스에 넣는 경우의 수를 생각한다.
2. $q$개 있는 구 $b$를 남은 $(n-p)$개의 매스에 집어넣는 경우의 수를 생각한다.
   이 단계에서 남은 $r$개 있는 구 $c$는 자동적으로 결정된다.
3. 1. 2.에서 얻어진 결과를 곱하면 된다.

「1」은 관점을 바꾸면, 「구별할 수 있는 $n$개의 매스에서 $p$개를 가져오는 조합」으로 생각할 수 있을 것이다.

**$n$개 중에서 $p$개를 가져오는 조합**

다시 말해, $_nC_p = \dfrac{n!}{p!(n-p)!}$ 이다.

「2」는 나머지 $n-p$개의 매스에 구 $b$를 $q$개 넣는다고 생각하므로, 「1」과 마찬가지로 $_{n-p}C_q = \dfrac{(n-p)!}{q!(n-p-q)!}$ 이 된다. 「2」에서 말했던 대로, 나머지 매스에는 구 $c$가 들어가게 되는데, 이것은 필연적으로 결정되어 버린다. 따라서, 구하는 중복되어 있는 순열의 개수는

$$_nC_p \times {}_{n-p}C_q = \frac{n!}{p!(n-p)!} \times \frac{(n-p)!}{q!(n-p-q)!} = \frac{n!}{p!q!(n-p-q)!}$$

$$= \frac{n!}{p!q!r!} \qquad (\because n-p-q=r)$$

이 됨을 알 수 있다.

이미지를 쉽게 파악하기 위해서 구체적으로 $a$인 구 3개, $b$인 구 2개, $c$인 구 1개이고, 3+2+1=6개의 분자를 뺄 경우의 수를 생각해 보자. 6개의 매스에서 3개를 빼내는 조합의 수(6개의 매스에 3개의 $a$를 넣는 경우의 수)는

$$_6C_3 = \frac{6!}{3!(6-3)!} = \frac{6 \cdot 5 \cdot 4 \cdot 3 \cdot 2 \cdot 1}{3 \cdot 2 \cdot 1 \cdot 3 \cdot 2 \cdot 1} = 20 \text{ 가지}$$

가 된다(다음 페이지 참조). $b$가 남은 매스를 메우는 방법은 3개의 매스에서 2개의 매스를 빼내는 조합의 수가 되므로, $_3C_2 = \dfrac{3!}{2!(3-2)!} = \dfrac{3 \cdot 2 \cdot 1}{2 \cdot 1 \cdot 1} = 3$ 가지가 된다. $a$가 매스를 메운 후에, $b$가 남은 매스를 메우는 것이므로, $20 \times 3 = 60$가지의 경우를 생각할 수 있다.

여기서 먼저 나왔던 식 $\dfrac{n!}{p!q!r!}$ 은 쉽게 일반화할 수 있다.

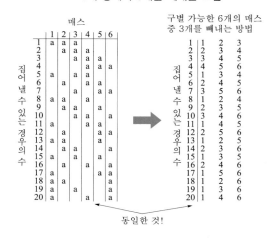

6개 중에서 3개를 빼내는 조합

「모든 구의 수를 $N$개라고 하고, 구 $e_1$을 $n_1$개, 구 $e_2$를 $n_2$개,$\cdots$, 구 $e_m$을 $n_m$개로 분배할 경우의 수를 $\Omega(n_1, n_2, \cdots, n_m)$이라고 하면,

$$\Omega(n_1, n_2, \cdots, n_m) = \frac{N!}{n_1! n_2! \cdots n_m!}$$

이 된다」(증명은 앞서 간략화시킨 경우와 완전히 동일한 개념으로 하면 된다)

## ● 제2단계

이번에는 제1단계에서 구한 결과를 이용하여, 아래 문제를 생각해 보자.

> 부피가 $V$인 용기에 $N$개의 분자를 에너지가 $\varepsilon_1$인 분자 $n_1$개를 $V_1$의 영역에, $\varepsilon_2$인 분자 $n_2$개를 $V_1$의 영역에,$\cdots$, $\varepsilon_m$인 분자 $n_m$개를 $V_m$의 영역에 분배할 경우의 수를 구하고자 한다. 단, $\sum\limits_{i=1}^{m} n_i = N$개, $\sum\limits_{i=1}^{m} V_i = V$ 이다. 또한 전 에너지 $\sum\limits_{i=i}^{m} \varepsilon_i n_i = E$ 는 일정하다고 한다.

우선, 「수가 $N$개인 분자를 에너지가 $\varepsilon_1$인 분자 $n_1$개, $\varepsilon_2$인 분자 $n_2$개, $\cdots$, $\varepsilon_m$인 분자 $n_m$로 배분하는 경우의 수」는

$\Omega(n_1, n_2, \cdots, n_m) = \dfrac{N!}{n_1! n_2! \cdots n_m!}$ 이므로, 이것을 $V_i(i=1,2,\cdots,m)$ 의 영역에 $N_i(i=1,2, \cdots, m)$을 배분할 경우의 수를 생각해 본다.

$V_i(i=1,2,\cdots,m)$ 부분은 어떤 단위부피 $V_{unit}$을 생각하면, 이것을 기반으로 하여 $V_1=\eta_1 V_{unit}, V_2=\eta_2 V_{unit}, \cdots$ (여기에서 $\eta_i$는 양의 정수)라고 생각할 수 있을 것이다.

이대로는 이해하기 어려우므로, $V_{unit}$이 1, 2일 경우를 분자의 수 3으로 ○, △, □로 구별할 수 있는 것으로 생각해 본다.

우선 $V_{unit}$이 하나일 경우에는 ○, △, □를 넣는 경우밖에 없으므로 한 가지밖에 없다. $V_{unit}$이 두 개인 경우에는

### $V_{unit}$이 두 개인 경우의 사고 방식

| $V_{unit}$ | |
|---|---|
| 1 | 2 |
| ○△□ | |
| ○△ | □ |
| ○□ | △ |
| △□ | ○ |
| ○ | △□ |
| △ | ○□ |
| □ | ○△ |
| | ○△□ |

두 개의 상자에 3종류의 입자를 넣는다는 것은

| ○ | △ | □ |
|---|---|---|
| 1 | 1 | 1 |
| 1 | 1 | 2 |
| 1 | 2 | 1 |
| 2 | 1 | 1 |
| 1 | 2 | 2 |
| 2 | 1 | 2 |
| 2 | 2 | 1 |
| 2 | 2 | 3 |

| 2 | × | 2 | × | 2 | = | 8가지 |
| 가지 | | 가지 | | 가지 | | |

2종류의 상자를 원하는 만큼 가져와서 3가지 입자 부분에 늘어놓는 순열과 같아진다. 이것은 중복순열이다.

즉, (상자의 수)$^{입자의 수}$가 된다. 이 경우는 $2^3=8$가지

위 그림과 같이 생각할 수 있다. 이보다 일반적으로는 $n_i$개의 분자를 $\eta_i V_{unit}$의 상자(즉, $V_i$)에 넣는 방법은 $V_i^{n_i}$라고 할 수 있다.

따라서, $V_i \ (i=1,2,\cdots, m)$의 영역에 $N_i \ (i=1,2, \cdots, m)$을 분배하는 경우의 수는 $V_1^{n_1} V_2^{n_2} V_3^{n_3} \cdots V_m^{n_m}$이라고 할 수 있다. 그래서, 문제의 경우의 수를 $W$라고 하면

$$W = \frac{N!}{n_1!n_2!n_3!\cdots n_m!}V_1^{n_1}V_2^{n_2}V_3^{n_3}\cdots V_m^{n_m}$$

이 된다.

여기서, 다항정리 $(a_1 + a_2 + \cdots + a_n) = \sum \frac{n!}{p_1!p_2!\cdots p_m!}a_1^{p_1}a_2^{p_2}\cdots a_m^{p_m}$

($\sum$는 $p_1 + p_2 + \cdots + p_n = n \ (p_i \geqq 0, \ 1 \leqq i \leqq m)$에 걸치는 합을 나타낸다)

를 이용하면 모든 경우의 수의 총합은

$$\sum W = \sum \frac{N!}{n_1!n_2!n_3!\cdots n_m!}V_1^{n_1}V_2^{n_2}V_3^{n_3}\cdots V_m^{n_m} = \left(V_1 + V_2 + \cdots V_{n_m}\right)^N = V^N$$

이 되고, 이것은 전 부피 $V$에 $N$개의 분자를 분배할 경우의 수가 되는 당연한 결과

가 된다.

## ● 제3단계

문제

제2단계에서 얻어진 $W = \dfrac{N!}{n_1!n_2!n_3!\cdots n_m!}V_1^{n_1}V_2^{n_2}V_3^{n_3}\cdots V_m^{n_m}$ 이 최대가 되기 위해서는 어떤 조건에 따르지 않으면 안 되는가? 단 $\sum_{i=1}^{m} n_i = N$개, $\sum_{i=1}^{m} V_i = V$이다. 또한 전 에너지 $\sum_{i=i}^{m} \varepsilon_i n_i = E$ 는 일정하다고 한다.

이 문제를 해결하기 위해, 라그랑주의 미정승수법을 사용하여

$$W = \frac{N!}{n_1!n_2!n_3!\cdots n_m!}V_1^{n_1}V_2^{n_2}V_3^{n_3}\cdots V_m^{n_m} \qquad \cdots\cdots ①$$

이 최대가 되기 위한 조건을 구해 보자. 여기서는 $W$의 극대값을 구하라는 것인데, 계산을 편하게 하기 위해, 같은 말이니 $\log W$의 극대값을 구하기로 한다. 우선 기초 준비다.

식 ①의 양변의 자연로그를 취해 정리한다.

$$\log W = \log\left(\frac{N!}{n_1!n_2!\cdots n_m!}V_1^{n_1}V_2^{n_2}V_3^{n_3}\cdots V_m^{n_m}\right)$$

$$= \log(N!) - \log(n_1!n_2!\cdots n_m!) + \sum_{i=1}^{m} n_i \log V_i$$

$$= \log(N!) - \sum_{i=1}^{m}\log(n_i!) + \sum_{i=1}^{m} n_i \log V_i$$

$$\fallingdotseq N\log N - N - \sum_{i=1}^{m}\left(n_i\log n_i - n_i\right) + \sum_{i=1}^{m} n_i \log V_i \qquad \cdots\cdots (*)$$

$$= N\log N - N - \sum_{i=1}^{m} n_i\log n_i + \sum_{i=1}^{m} n_i + \sum_{i=1}^{m} n_i \log V_i$$

$$= N\log N - \sum_{i=1}^{m} n_i\log n_i + \sum_{i=1}^{m} n_i \log V_i \qquad (\because \sum_{i=1}^{m} n_i = N)$$

$$= N\log N + \sum_{i=1}^{m} n_i\left(\log V_i - \log n_i\right)$$

$$= N\log N + \sum_{i=1}^{m} n_i \log\left(\frac{V_i}{n_i}\right)$$

($*$의 계산에는 스털링의 공식 $(\log(M!) \fallingdotseq M\log M - M)$을 사용했다)

조건은 $\displaystyle\sum_{i=1}^{m} n_i = N$ , $\displaystyle\sum_{i=i}^{m}\varepsilon_i n_i = E$ 두 가지가 있다. ( $\displaystyle\sum_{i=1}^{m} V_i = V$ 하지만, 조건이 아닐까 생각할 수도 있지만, 이것은 변수 $n_i$에 조건을 부여하고 있는 것은 아니기 때문에 생각할 필요는 없다). 그래서, 두 개의 미정승수 $\alpha, \beta$를 준비하자.

$$\tilde{f} = N\log N + \sum_{i=1}^{m} n_i \log\frac{V_i}{n_i} - \alpha\left(\sum_{i=1}^{m} n_i - N\right) - \beta\left(\sum_{i=1}^{m}\varepsilon_i n_i - E\right)$$

$$\frac{\partial \tilde{f}}{\partial n_i} = \log\frac{V_i}{n_i} + n_i \cdot (-\frac{V_i}{n_i^2}\cdot\frac{1}{\frac{V_i}{n_i}}) - \alpha - \beta\varepsilon_i$$

$$= \log\frac{V_i}{n_i} - 1 - \alpha - \beta\varepsilon_i = 0$$

이므로, 따라서 $n_i$가 이러한 형이 되었을 때, $W$는 최대값을 가진다.

이로부터,

$$\log\frac{V_i}{n_i} = A + \alpha + \beta\varepsilon i$$

$$\therefore \frac{V_i}{n_i} = e^{1+\alpha+\beta\varepsilon i}$$

$$\therefore \frac{n_i}{V_i} = e^{-1-\alpha-\beta\varepsilon i} = e^{-1-\alpha}\cdot e^{-\beta\varepsilon i}$$

여기서, $A = e^{-1-\alpha}$ 로 하고, 양변에 $V_i$를 곱하면,

$$n_i = Ae^{-\beta\varepsilon i}V_i$$

이 때,

$$N = \sum_{i=1}^{m} n_i = \sum_{i=1}^{m} Ae^{-\beta\varepsilon_i}V_i$$

$$E = \sum_{i=1}^{m}\varepsilon_i n_i = \sum_{i=1}^{m} A\varepsilon_i e^{-\beta\varepsilon_i}V_i$$

로 된다.

# 10-2 상공간(相空間)의 도입

　지금까지, 감각적으로 알기 쉬운 **위치공간**(통상 $xyz$ 좌표계)을 이용하여 이야기를 진행해 왔지만, 조금 더 추상적인 공간인 **상공간**(phase space, **위상공간**, **상태공간**이라고도 한다)이라는 공간을 도입해 보자. 그렇지만 어려운 이야기는 아니고, 극히 자연스러운 발상이니 걱정할 필요는 없다(고 생각한다).

　어떤 시각에 있어서의 명제의 상태라는 것은 각각의 분자의 위치와 운동량이 결정되면, 완전히 기술할 수 있다. 이에 대해서는 납득할 수 있으리라 생각한다. 그래서 위치와 운동량을 함께 생각한 공간을 생각하고, 상공간이라는 것을 생각한다. 단, 위치에서 $x$, $y$, $z$라는 세 가지, 운동량에서 $p_x$, $p_y$, $p_z$세 가지 독립변수가 있기 때문에, 6차원 공간이 된다. 이런 점에서, 조금 귀찮을 수도 있지만 익숙해지는 것이 중요하다.

　이 상공간에서 방금 전까지 해 왔던 논의를 되돌아보면, 아무 변경도 없이 결론이 성립된다는 것을 알 수 있다. 다시 말해,

　「(상공간에서의) 부피가 $V$인 용기에 $N$개의 분자를 에너지가 $\varepsilon_1$인 분자 $n_1$개를 $V_1$의 영역에, $\varepsilon_2$인 분자 $n_2$개를 $V_2$의 영역에, $\cdots$, $\varepsilon_m$인 분자 $n_m$개를 $V_m$의 영역에 분배하는 경우의 수를 구하고 싶다. 단, $\sum_{i=1}^{m} n_i = N$개, $\sum_{i=1}^{m} V_i = V$이다. 또한 전 에너지 $\sum_{i=i}^{m} \varepsilon_i n_i = E$는 일정하다고 한다.」

는 문제는 동일하다.

　또한

$$n_i = Ae^{-\beta\varepsilon_i}V_i \quad (A = e^{-1-\alpha}) \qquad \cdots\cdots (1)$$

이 성립한다.

　단, 이 $V_i$는 상공간의 부피를 생각하고 있기 때문에, 이미, 예를 들어 한 변이 $l$인 입방체라는 식이 아니라, $\Delta x_i \Delta y_i \Delta z_i \Delta p_i \Delta p_i \Delta p_i$라는 것과 같이 추상화된 부피가 된다.

　여기에서 $V_i$는 임의로 잡을 수 있기 때문에, 차라리 $x \sim x+dx$, $y \sim y+dy$, $z \sim z+dz$,

아하!

물리수학

$p_x \sim dp_x$, $p_y \sim dp_y$, $p_z \sim dp_z$에 있는 영역, 다시 말해 $dxdydzdp_xdp_ydp_z$(길기 때문에 $dV$상공간으로 해 둔다)라고 해 버리자. 이제 무엇을 하려고 하는지 알 수 있을 것이다. 그렇다. 이산값을 연속량으로 변경하고자 하는 것이다.

그래서 $n_i$를 보면, 이것은 전분자 $N$개 중, $dV$상공간에 있는 분자의 수로 생각할 수 있으므로, 이것을 $n(x,y,x,p_x,p_z,p_z)$라고 할 수 있다. $\varepsilon_i$는 $\varepsilon_i = \frac{1}{2}m(v_x^2 + v_y^2 + v_z^2)$ ($v_x, v_y, v_z$는 분자의 속도)라고 표현할 수 있는데, 운동량은 $p_x=mv_x$, $p_y=mv_y$, $p_z=mv_z$이므로, 이것을 사용하여 표기하면, $\varepsilon = \frac{1}{2m}(p_x^2 + p_y^2 + p_z^2)$라고 변경할 수 있다.

그래서 (1)은 $ndV$상공간 $= Ae^{-\beta\frac{1}{2m}(p_x^2+p_y^2+p_z^2)}dV$상공간으로 할 수 있다. 여기서,

$$\int ndV_{상공간} = \int Ae^{-\beta\frac{1}{2m}(p_x^2+p_y^2+p_z^2)}dV_{상공간}$$

이라는 적분을 실행한다. $\int ndV_{상공간} = N$이 되는 것은 알 수 있을 것이다.

$$N = \int ndV_{상공간} = \iiint_{-\infty}^{\infty}\iiint_{용기의 체적} Ae^{-\beta\frac{1}{2m}(p_x^2+p_y^2+p_z^2)}dxdydzdp_xdp_ydp_z$$

$$= \iiint_{-\infty}^{\infty} Ae^{-\beta\frac{1}{2m}(p_x^2+p_y^2+p_z^2)}dp_xdp_ydp_z \iiint_{용기의 체적} dxdydz$$

$$= \iiint_{-\infty}^{\infty} Ae^{-\beta\frac{1}{2m}(p_x^2+p_y^2+p_z^2)}dp_xdp_ydp_z \iiint_{용기의 체적} dxdydz$$

$$= \widetilde{V}\iiint_{-\infty}^{\infty} Ae^{-\beta\frac{1}{2m}(p_x^2+p_y^2+p_z^2)}dp_xdp_ydp_z \quad \text{(여기서 용기의 부피를 } \widetilde{V}\text{라고 했다)}$$

지금 우리들이 생각하고 있는 명제는 **열평형 상태**에 있으므로 분자의 수가 많을 경우는 하나 하나의 분자인 $v_x$, $v_y$, $v_z$는 물론 다르더라도, 전체에서 보면 같은 확률로 분포되어 있다고 생각해도 지장이 없다. 이것이 평형 상태의 고마운 점이다. 그래서, 고작 분자의 질량을 곱했을 뿐인 운동량 $p_x$, $p_y$, $p_z$도 마찬가지로 생각해도 상관없다. 따라서,

$$\widetilde{V}A\left(\int_{-\infty}^{\infty}Ae^{-\beta\frac{1}{2m}\xi^2}d\xi\right)^3 = \widetilde{V}A\left(\sqrt{\frac{2\pi m}{\beta}}\right)^3$$

이 된다(여기서, $\int_{-\infty}^{\infty}\exp(-\lambda\xi^2)d\xi = \sqrt{\frac{\pi}{\lambda}}$ (부록 7 참조)인 것을 사용했다). 결국,

$$A = \left(\frac{\beta}{2\pi m}\right)^{\frac{3}{2}}\left(\frac{N}{\widetilde{V}}\right)$$

가 된다. 따라서, 상공간인 미소공간 $dV_{상공간}=dxdydzdp_xdp_ydp_z$에 존재하는 분자의 수는

$$n = \left(\frac{N}{\widetilde{V}}\right)\left(\frac{\beta}{2\pi m}\right)^{\frac{3}{2}} e^{-\beta\frac{1}{2m}(p_x^2+p_y^2+p_z^2)}$$

으로 표현된다.

또한, 전 에너지의 식

$$E = \sum_{i=1}^{m} \varepsilon_i n_i = \sum_{i=1}^{m} A\varepsilon_i e^{-\beta\varepsilon_i} V_i$$

도 마찬가지로 $\varepsilon_i$를 $\varepsilon = \frac{1}{2}m(v_x^2+v_y^2+v_z^2)$ , $V_i$를 $dV_{상공간}$이라고 하면, 합은 적분이 되고, $E = \int \varepsilon dV_{상공간}$ 이라고 할 수 있다. 이것을 계산해 보자.

$$E = \int \varepsilon dV_{상공간}$$

$$= \iiint_{-\infty}^{\infty} \iiint_{용기의 체적} A\frac{1}{2m}(p_x^2+p_y^2+p_z^2)e^{-\beta\frac{1}{2m}(p_x^2+p_y^2+p_z^2)} dxdydzdp_xdp_ydp_z$$

$$= \frac{A}{2m} \iiint_{용기의 체적} dxdydx \iiint_{-\infty}^{\infty} (p_x^2+p_y^2+p_z^2)\exp\left\{-\beta\frac{1}{2m}(p_x^2+p_y^2+p_z^2)\right\}dp_xdp_ydp_z$$

$$= \frac{A\widetilde{V}}{2m} \iiint_{-\infty}^{\infty} (p_x^2+p_y^2+p_z^2)\exp\left\{-\beta\frac{1}{2m}(p_x^2+p_y^2+p_z^2)\right\}dp_xdp_ydp_z$$

$$= \frac{A\widetilde{V}}{2m}\left[\iiint_{-\infty}^{\infty} p_x^2\exp\left\{-\beta\frac{1}{2m}(p_x^2+p_y^2+p_z^2)\right\}dp_xdp_ydp_z + \right.$$

$$\iiint_{-\infty}^{\infty} p_y^2\exp\left\{-\beta\frac{1}{2m}(p_x^2+p_y^2+p_z^2)\right\}dp_xdp_ydp_z +$$

$$\left.\iiint_{-\infty}^{\infty} p_z^2\exp\left\{-\beta\frac{1}{2m}(p_x^2+p_y^2+p_z^2)\right\}dp_xdp_ydp_z\right]$$

$$= \frac{A\widetilde{V}}{2m}\left\{\int_{-\infty}^{\infty} p_x^2\exp\left(-\beta\frac{1}{2m}p_x^2\right)dp_x\int_{-\infty}^{\infty} \exp\left(-\beta\frac{1}{2m}p_y^2\right)dp_y\int_{-\infty}^{\infty} \exp\left(-\beta\frac{1}{2m}p_z^2\right)dp_z + \right.$$

$$\int_{-\infty}^{\infty} p_y^2\exp\left(-\beta\frac{1}{2m}p_y^2\right)dp_y\int_{-\infty}^{\infty} \exp\left(-\beta\frac{1}{2m}p_z^2\right)dp_z\int_{-\infty}^{\infty} \exp\left(-\beta\frac{1}{2m}p_x^2\right)dp_x +$$

$$\left.\int_{-\infty}^{\infty} p_z^2\exp\left(-\beta\frac{1}{2m}p_z^2\right)dp_z\int_{-\infty}^{\infty} \exp\left(-\beta\frac{1}{2m}p_x^2\right)dp_x\int_{-\infty}^{\infty} \exp\left(-\beta\frac{1}{2m}p_y^2\right)dp_y\right\}$$

$$= \frac{3A\widetilde{V}}{2m}\left\{\int_{-\infty}^{\infty} \xi^2\exp\left(-\beta\frac{1}{2m}\xi^2\right)d\xi\int_{-\infty}^{\infty} \exp\left(-\beta\frac{1}{2m}\eta^2\right)d\eta\int_{-\infty}^{\infty} \exp\left(-\beta\frac{1}{2m}\rho^2\right)d\rho\right\}$$

$\int_{-\infty}^{\infty} \xi^2\exp\left(-\lambda\xi^2\right)d\xi = \frac{\sqrt{\pi}}{2\lambda^{\frac{3}{2}}}$ (부록 8 참조)를 사용하면,

$$= \frac{3A\tilde{V}}{2m}\left\{\left(\frac{2m\pi}{\beta}\right)^{\frac{3}{2}} \cdot \frac{m}{\beta}\right\}$$

$$= \frac{3A\tilde{V}}{2\beta}\left(\frac{2m\pi}{\beta}\right)^{\frac{3}{2}}$$

$$= \frac{3\tilde{V}}{2\beta}\left(\frac{\beta}{2m\pi}\right)^{\frac{3}{2}}\left(\frac{N}{\tilde{V}}\right)\left(\frac{2m\pi}{\beta}\right)^{\frac{3}{2}} \quad \left(\because A = \left(\frac{\beta}{2m\pi}\right)^{\frac{3}{2}}\left(\frac{N}{\tilde{V}}\right)\right)$$

$$= \frac{3N}{2\beta}$$

이 된다. 여기서, $E = \frac{3N}{2\beta}$ 을 변형해서 $\frac{E}{N} = \frac{3}{2\beta}$ 이라고 하면, 1분자의 평균 운동 에너지(이것을 $\overline{E}$라고 하자)가 되는 것은 명백하다. 그러므로 분자의 평균 속도를 $\overline{v}$ 라고 하면,

$$\overline{E} = \frac{E}{N} = \frac{1}{2}m\overline{v}^2 \qquad\qquad \cdots\cdots ②$$

이라고 해도 좋다. 이 관점에서 한 번 더

$$E = \int \varepsilon dV \text{ 상공간}$$

$$= \iiint_{-\infty}^{\infty} \iiint_{\text{용기의 부피}} A\frac{1}{2m}(p_x^2 + p_y^2 + p_z^2)e^{-\beta\frac{1}{2m}(p_x^2+p_y^2+p_z^2)}dxdydzdp_xdp_ydp_z$$

를 다시 보면,

$$\frac{E}{N} = \frac{1}{N}\int \varepsilon dV \text{ 상공간}$$

$$= \frac{1}{N}\iiint_{-\infty}^{\infty}\iiint_{\text{용기의 체적}}\left(\frac{\beta}{2\pi m}\right)^{\frac{3}{2}}\left(\frac{N}{\tilde{V}}\right)\frac{1}{2m}(p_x^2 + p_y^2 + p_z^2)e^{-\beta\frac{1}{2m}(p_x^2+p_y^2+p_z^2)}dxdydzdp_xdp_ydp_z$$

$$= \iiint_{\text{용기의 체적}}dxdydz\iiint_{-\infty}^{\infty}\left(\frac{\beta}{2\pi m}\right)^{\frac{3}{2}}\left(\frac{1}{\tilde{V}}\right)\frac{1}{2m}(p_x^2 + p_y^2 + p_z^2)e^{-\beta\frac{1}{2m}(p_x^2+p_y^2+p_z^2)}dp_xdp_ydp_z$$

$$= \tilde{V}\iiint_{-\infty}^{\infty}\left(\frac{\beta}{2\pi m}\right)^{\frac{3}{2}}\left(\frac{1}{\tilde{V}}\right)\frac{1}{2m}(p_x^2 + p_y^2 + p_z^2)e^{-\beta\frac{1}{2m}(p_x^2+p_y^2+p_z^2)}dp_xdp_ydp_z$$

$$= \iiint_{-\infty}^{\infty}\frac{1}{2m}(p_x^2 + p_y^2 + p_z^2)\left(\frac{\beta}{2\pi m}\right)^{\frac{3}{2}}e^{-\beta\frac{1}{2m}(p_x^2+p_y^2+p_z^2)}dp_xdp_ydp_z$$

$$= \iiint_{-\infty}^{\infty}\varepsilon\left(\frac{\beta}{2\pi m}\right)^{\frac{3}{2}}e^{-\beta\varepsilon}dp_xdp_ydp_z \qquad \left(\because \varepsilon = \frac{1}{2m}(p_x^2 + p_y^2 + p_z^2)\right)$$

가 되기 때문에,

$$f_p(p_x, p_y, p_z) = \left(\frac{\beta}{2\pi m}\right)^{\frac{3}{2}} e^{-\beta \varepsilon} = \left(\frac{\beta}{2\pi m}\right)^{\frac{3}{2}} e^{-\beta \frac{1}{2m}(p_x^2 + p_y^2 + p_z^2)}$$

이라고 하면, $f_p(p_x, p_y, p_z)$는 이 명제에 있어서 $\varepsilon$이 취하는 확률밀도를 나타내고 있다. 이해할 수 있는가? 아직도 모르겠다면, 그럼 이것은 어떤가?

「평균값 $\mu$는 $x$가 확률밀도 $f(x)$에 따르고 있을 때, $\mu = \int_{-\infty}^{\infty} x f(x) dx$로 주어진다」고 하므로, $\dfrac{E}{N} = \bar{E} = \iiint_{-\infty}^{\infty} \varepsilon f_p(p_x, p_y, p_z) dp_x dp_y dp_z$ 는 틀림없이 이 형을 보이고 있다. 다시 말해, $f_p(p_x, p_y, p_z)$는 이 명제에 있어서 $\varepsilon$이 취하는 확률밀도가 되고 있는 것이다. 이것을 **맥스웰–볼츠만 분포**라고 부른다.

이제 겨우 여기까지 왔는데, 아직 $\beta$가 정해지지 않았다. 그러므로 $\beta$를 정하기 위해서는 식 ②에서 분자 한 개당 평균 에너지를 다른 관점에서 구하면 될 것이다.

이상기체가 부피 $\tilde{V}$인 정육면체에 있고, 한 분자의 질량 $m$이 $N$개, 압력 $P$에서 평형상태에 있을 경우의 분자 한 개당 에너지(평균 에너지)를 계산해 보자.

우선 평형상태이므로, 실제 분자가 다양한 속도를 가지고 운동하고 있다고 해도 평균속도를 고려하면 된다는 것을 알 수 있다. 물론 빠르기는 동일하다고 해도, 속도 즉 운동의 방향과 빠르기를 합한 양(벡터)은 다르다.

그런데 이것도 고맙게도 평형상태라는 것을 생각한다면 $xyz$의 각 방향을 향해 운동하는 확률은 완전히 동일하다고 생각할 수 있다. 때문에 $x$방향으로 운동하는 분자를 고찰하면 되는 것이다.

그래서, 하나의 분자가 $x$방향에 있는 정육면체의 벽에 주는 힘(벽과 분자의 충돌은 완전탄성충돌이라고 한다)을 생각해 보자. 여기서 뉴턴의 역학법칙, $F=m\alpha$ (여기서 $F$는 힘, $m$은 질량, $\alpha$는 가속도)라는 함수를 떠올려 보면, $\alpha$는 속도의 시간적 변화이므로 속도를 $v$라고 할 때, 이것을 시간으로 미분한 양, 즉 $\alpha = \dfrac{dv}{dt}$ 로 주어진다. $F = m\dfrac{dv}{dt} = \dfrac{d(mv)}{dt} = \dfrac{dp}{dt}$(여기에서 $p$는 운동량)가 된다. 이 식이 의미하는 것은 「힘은 운동량의 시간변화와 동일하다」는 것이다.

한번 더 식을 변형해 보면, $Fdt = dp$라는 결과가 주어진다.

고등학교 시절에 미분기호인 $\dfrac{dp}{dt}$ 는 「나눗셈이 아니다」라고 선생님께 많이 이야길 들었는데, 이것을 무시해 버리다니 말도 안 된다고 생각할지 모르지만, 잠시 모르는 척 눈을 감고 「미소변화」라는 것으로 파악해 두면 된다. 실제는 이것이 미적분의 참맛이지만…

이 좌변은 일반적으로 「**충격량**(力積)」이라고 한다. 즉, 이 식의 의미는 「충격량은 운동량의 변화와 동일하다」라고 고쳐 쓸 수 있다는 것이다.

밥상이 차려졌으니 본론으로 돌아가 보자. 상황 설정은 「한 개의 분자가 $x$방향에 있는 정육면체의 벽에 주는 힘」이었다. 분자의 $x$방향의 평균속도를 $\bar{v}_x$라고 하고 미소시간 $dt$ 후에 벽에 충돌했을 때의 충격량은 그 때에 받는 힘을 $F$라고 하면, 분자의 질량은 $m$이므로, $F \cdot (2dt) = 2m\overline{v_x}$, 다시 말해 $Fdt = m v_x$가 된다.

그렇다면 이것은 어떨까? 완전탄성충돌이므로 $\overline{v_x}$는 벽과 충돌 후, 단순히 방향만이 반대가 되어 $-\overline{v_x}$로 되기 때문에, 속도의 변화가 $\overline{v_x} - (-\overline{v_x}) = 2\overline{v_x}$로 되기 때문이다. 또한 $2dt$ 부분은 그림을 보면 알 수 있겠지만, 벽에 부딪혀 되돌아오는 시간, 다시 말해 $2dt$ 까지에 분자가 벽에 주는 운동량의 변화이다.

1분자인 경우에는 이것으로 OK. 다음으로, $x$방향에 있는 정육면체 벽의 미소면적 $dS$를 생각하고, 이에 해당한 모든 분자를 생각해 보도록 하자. 여기에서 $\overline{v_x}dtdS$로 만들어진 부피 내에 있는 모든 분자는 $dt$ 시간 후에는 $dS$에 부딪힌다는 것을 알 수 있다.

**한 분자에 의한 충격량**

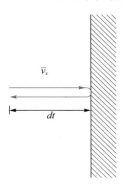

$x$방향에 평균속도 $\overline{v_x}$로 이동하고 있는 분자가 미소시간 $dx$ 후에 벽에 충돌했을 때의 「충격량」을 생각한다.

그런데, 이 부피 내에는 몇 개의 분자가 있을까?. 정육면체의 부피 $V$에는 분자가 수 $N$개 포함되어 있으므로, 밀도는 $\dfrac{N}{V}$이다. 다시 말해, $\overline{v_x}dtdS$에는 $\dfrac{N}{V}\overline{v_x}dtdS$ 개의 분자가 있음을 알 수 있다.

여기서 $dS$가 받는 힘을 $F_s$라고 하면 이 벽에 부딪치는 압력은 $P$이므로 $F_s = PdS$. 그래서 충격량은

$$F_s dt = PdSdt = m\overline{v_x} \cdot \frac{N}{V}\overline{v_x}dtdS$$

$$P = \frac{N}{V}m\overline{v_x^2}$$

가 된다. 조금 잔꾀를 부려서, $PV = 2N\left(\dfrac{m\overline{v_x^2}}{2}\right)$ 이라고 변형해 둔다.(그 심정을 이해하겠는가? 에너지이다.)

미소넓이에 충돌하는 분자의 수

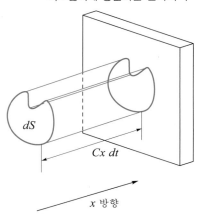

$dS$

$Cx\,dt$

$x$ 방향

지금까지는 $x$방향만을 생각하고 있었지만, 1분자의 평균 속도를 $\overline{v}=(\overline{v}_x, \overline{v}_z, \overline{v}_z)$ 라는 벡터로 표현하면, $\overline{v}^2=\overline{v}_x^2+\overline{v}_y^2+\overline{v}_z^2$가 되므로, $PV=\dfrac{2}{3}N\left(\dfrac{m\overline{v}^2}{2}\right)=\dfrac{2}{3}N\overline{E}$ (여기서 $\overline{E}$는 분자 한 개가 가지는 평균 에너지)로 표현되는 것은 잘 알 수 있을 것이다.

지금 생각하고 있는 기체는 **이상기체**이므로, $PV=RT$ ($R$은 기체상수, $T$는 절대온도)라는 **상태식**(보일–샤를(Boyle–Charles)의 법칙)이 성립한다. 물론, 본 적은 있을 것이다. 이것은 **아보가드로**(Avogadro) **수** $N_A$개의 분자를 포함하는 이상기체의 상태식이다.

그러므로 아까 얻었던 식인 $N$을 아보가드로 수 $N_A$로 하고($N$은 임의였으므로 상관없다), 두 식을 조합하면,

$$\frac{2}{3}N_A\overline{E}=RT \qquad\longrightarrow\qquad \overline{E}=\frac{3}{2}\frac{R}{N_A}T$$

가 된다. 여기서 $k_B=\dfrac{R}{N_A}$ 이라고 하고, 이 $k_B$를 볼츠만(Boltzmann) 상수라고 부른다. $R=8.314\text{J}/(\text{mol}\cdot\text{K})$, $N_A=6.022\times10^{23}/\text{mol}$이므로, $k_B=1.381\times10^{-23}\text{J/K}$가 된다.

겨우 중요한 식을 구할 수 있었다.

$$\overline{E}=\frac{3}{2}k_BT$$

이 의미는 「**열평형 상태**(온도 $T$)에 있는 분자의 평균 에너지는 $\dfrac{3}{2}k_BT$ 이다.」라는 것이다.

더욱이 $\overline{E}=\overline{E}_x+\overline{E}_y+\overline{E}_z=\dfrac{3}{2}k_BT$ (단, $\overline{E}_x, \overline{E}_y, \overline{E}_z$는 각각 $xyz$ 방향의 평균 에너

지)라고 쓰면, $\overline{E}_x, \overline{E}_y, \overline{E}_z$는 모두 동일하다. 그래서 이것을 $\overline{\Xi}$라 하면 이것은 1자유도(自由度)당 평균 에너지를 나타낼 것이다. 즉,

$$\overline{E} = \overline{E}_x + \overline{E}_y + \overline{E}_z = 3\overline{\Xi} = \frac{3}{2}k_B T$$

$$\therefore \overline{\Xi} = \frac{1}{2}k_B T$$

가 된다.

따라서, 「열평형 상태(온도 $T$)에 있는 분자 1자유도당 평균 에너지는 $\frac{1}{2}k_B T$」이다.

분자 1개당 평균 에너지가 $\overline{E} = \frac{3}{2}k_B T$라고 구해졌다. 그러므로, 이것과 260페이지에 있는 $\frac{E}{N} = \frac{3}{2\beta}$에서 $\frac{E}{N} = \overline{E}$가 되므로,

$$\frac{3}{2\beta} = \frac{3}{2}k_B T$$

가 되어, $\beta$의 값을 결정할 수 있어,

$$\beta = \frac{1}{k_B T}$$

이 된다. 따라서 $f_p(p_x, p_y, p_z)$는

$$f_p(p_x, p_y, p_z) = \left(\frac{1}{2\pi m k_B T}\right)^{\frac{3}{2}} e^{-\frac{1}{2m k_B T}\left(p_x^2 + p_y^2 + p_z^2\right)}$$

가 된다.

여기에서는 상공간을 생각하여, 운동량을 사용해서 맥스웰−볼츠만 분포를 구해 왔지만, 운동량이 아닌 속도로 표시되는 것이 일반적이다. 그 경우, 상공간(이 경우는 운동량 공간만큼 되었지만)이 아닌 **속도공간** $(v_x, v_y, v_z)$라는 것을 생각해, 거기서 생각했던 만큼의 이야기로, 속도에 의해 표시된 에너지 $\varepsilon$이 취하는 확률밀도를 $f(v_x, v_y, v_z)$라고 하면,

---

**맥스웰−볼츠만의 속도분포**

$$f(v_x, v_y, v_z) = \left(\frac{m}{2\pi k_B T}\right)^{\frac{3}{2}} \exp\left(-\frac{m\left(v_x^2 + v_y^2 + v_z^2\right)}{2k_B T}\right)$$

---

이 된다는 이야기이다. 이것을 특히 **맥스웰−볼츠만의 속도분포 법칙**이라고 한다. 도출 방법은 지금까지의 논의한 바와 완전히 동일하므로, 연습문제로서도 괜찮았지만, 다음 절에서는 도출 방법에 대해 말해 보고자 한다.

그러면, 속도공간이라는 것을 고려하여, 맥스웰-볼츠만의 속도분포 법칙을 도출하여 보자. 속도공간이란 위치공간의 $xyz$ 대신에 분자의 속도인 $v_x$, $v_y$, $v_z$를 좌표로 한 것이다. 이 좌표계를 생각하는 메리트는 에너지가 $\varepsilon = \frac{1}{2}m(v_x^2 + v_y^2 + v_z^2)$ ($m$은 분자의 질량)라는 속도에 의해 결정된다는 점이다.

앞서 나온 식($n_i = Ae^{-\beta\varepsilon_i}V_i$)의 $\varepsilon_i$를 $\frac{1}{2}m(v_x^2 + v_y^2 + v_z^2)$, $n_i$를 $n(v_x, v_y, v_z)$, $V_i$는 임의로 취할 수 있으므로 속도공간의 미소부피 $dv_x dv_y dv_z$를 이용해 본다. 또한 양변을 $N$으로 나누면,

$$\frac{n}{N} = \tilde{A}e^{-\beta\frac{1}{2}m(v_x^2 + v_y^2 + v_z^2)}dv_x dv_y dv_z \qquad (\tilde{A} = \frac{A}{N} \text{라고 한다})$$

라고 할 수 있으므로, $\frac{n}{N}$은 모든 분자수 중에서 속도 $(v_x, v_y, v_z)$인 분자의 수 $n$ ($(v_x, v_y, v_z)$의 함수)의 비율(즉, 확률)이 될 것이다.

그러므로 $f(v_x, v_y, v_z) = \tilde{A}\exp\left(-\beta\frac{1}{2}m(v_x^2 + v_y^2 + v_z^2)\right)$이라고 하면, 이것은 분자가 속도 $(v_x, v_y, v_z)$를 가질 확률 혹은 속도분포를 부여한다. 이것이 **맥스웰-볼츠만의 속도분포 법칙**이다.

다음으로, $\frac{E}{N}$를 보면, 이것은 전 에너지를 전 분자수로 나눈 것이므로, 1분자의 평균 운동 에너지라고 생각할 수 있다.

$f(v_x, v_y, v_z)$를 사용하여 $\frac{E}{N}$를 앞에서처럼 생각해 보면,

$$\frac{E}{N} = \iiint \left(\frac{1}{2}mv^2\right)f(v_x, v_y, v_z)dv_x dv_y dv_z \qquad \cdots\cdots ①$$

가 되는데, 여기서 이 식을 잠깐 살펴보면, $f(v_x, v_y, v_z)$는 1분자의 에너지가 가진 확률도 나타내고 있다. 또한 1분자의 에너지가 $\varepsilon = \frac{1}{2}m(v_x^2 + v_y^2 + v_z^2)$인 확률이 $f(v_x, v_y, v_z)$라는 것도 보여 주고 있다. 이 부분의 사정은 먼저 말했던 대로이다.

이제 확정되지 않은 상수를 구해 두자. 우선 $\tilde{A}$는

$$\iiint_{-\infty}^{\infty} f(v_x, v_y, v_z)dv_x dv_y dv_z = 1$$

(단, 속도는 $-\infty$에서 $\infty$까지 잡기 때문에, 적분도 이 범위에 걸쳐서 수행되어야 한다)

에서 구할 수 있다.

$$\iiint_{-\infty}^{\infty} \tilde{A}\exp\left(-\beta\frac{1}{2}mv^2\right)dv_x dv_y dv_z = 1$$

$$\tilde{A}\int_{-\infty}^{\infty}\exp\left(-\beta\frac{1}{2}mv_x^2\right)dv_x \int_{-\infty}^{\infty}\exp\left(-\beta\frac{1}{2}mv_y^2\right)dv_y \int_{-\infty}^{\infty}\exp\left(-\beta\frac{1}{2}mv_z^2\right)dv_z = 1$$

$$\therefore \tilde{A}\left\{\int_{-\infty}^{\infty}\exp\left(-\beta\frac{1}{2}m\xi^2\right)d\xi\right\}^3 = 1$$

여기서

$$\int_{-\infty}^{\infty}\exp\left(-\lambda\xi^2\right)d\xi = \sqrt{\frac{\pi}{\lambda}} \qquad \text{(부록 7참조)}$$

라는 것을 사용하면,

$$\tilde{A}\left\{\sqrt{\frac{2\pi}{\beta m}}\right\}^3 = 1$$

$$\therefore \tilde{A} = \left(\frac{\beta m}{2\pi}\right)^{\frac{3}{2}}$$

이 되고, 다음으로 $\dfrac{E}{N}$ 를 계산하면

$$\frac{E}{N} = \iiint \tilde{A}\left(\frac{1}{2}mv^2\right)\exp\left(-\beta\frac{1}{2}mv^2\right)dv_x dv_y dv_z$$

$$= \tilde{A}\frac{1}{2}m\iiint\left(v_x^2 + v_y^2 + v_z^2\right)\exp\left(-\beta\frac{1}{2}mv^2\right)dv_x dv_y dv_z$$

$$= \tilde{A}\frac{1}{2}m\left[\iiint v_x^2\exp\left(-\beta\frac{1}{2}mv^2\right)dv_x dv_y dv_z + \right.$$

$$\iiint v_y^2\exp\left(-\beta\frac{1}{2}mv^2\right)dv_x dv_y dv_z +$$

$$\left.\iiint v_z^2\exp\left(-\beta\frac{1}{2}mv^2\right)dv_x dv_y dv_z\right]$$

$$= \tilde{A}\frac{1}{2}m\left[\iiint v_x^2\exp\left(-\beta\frac{1}{2}mv_x^2\right)\exp\left(-\beta\frac{1}{2}mv_y^2\right)\exp\left(-\beta\frac{1}{2}mv_z^2\right)dv_x dv_y dv_z + \right.$$

$$\iiint v_y^2\exp\left(-\beta\frac{1}{2}mv_y^2\right)\exp\left(-\beta\frac{1}{2}mv_z^2\right)\exp\left(-\beta\frac{1}{2}mv_x^2\right)dv_x dv_y dv_z +$$

$$\left.\iiint v_z^2\exp\left(-\beta\frac{1}{2}mv_z^2\right)\exp\left(-\beta\frac{1}{2}mv_x^2\right)\exp\left(-\beta\frac{1}{2}mv_y^2\right)dv_x dv_y dv_z\right]$$

$$= \tilde{A}\frac{1}{2}m\cdot 3\left[\int_{-\infty}^{\infty}\xi^2\exp\left(-\beta\frac{1}{2}m\xi^2\right)d\xi\int_{-\infty}^{\infty}\exp\left(-\beta\frac{1}{2}m\eta^2\right)d\eta\int_{-\infty}^{\infty}\exp\left(-\beta\frac{1}{2}m\sigma^2\right)d\sigma\right]$$

여기서,

$$\int_{-\infty}^{\infty} \xi^2 \exp\left(-\lambda \xi^2\right) d\xi = \frac{\sqrt{\pi}}{2\lambda^{\frac{3}{2}}} \quad \text{(부록 8 참조)}$$

를 사용하면

$$= \widetilde{A}\frac{3}{2}m\left\{\frac{\sqrt{\pi}}{2\left(\frac{\beta m}{2}\right)^{\frac{3}{2}}}\right\}\left(\frac{2\pi}{\beta m}\right) = \widetilde{A}\frac{3}{2}m\left(\frac{1}{\beta m}\cdot\sqrt{\frac{2\pi}{\beta m}}\right)\left(\frac{2\pi}{\beta m}\right)$$

$$= \left(\frac{\beta m}{2\pi}\right)^{\frac{3}{2}}\frac{3}{2\beta}\left(\frac{2\pi}{\beta m}\right)^{\frac{3}{2}} \qquad\qquad \therefore \frac{E}{N} = \frac{3}{2\beta}$$

$\frac{E}{N}$ 는 1분자의 평균 운동 에너지(이것을 $\overline{E}$라고 한다)이므로, 그것은 이미 구해져 있는 $\overline{E} = \frac{3}{2}k_B T$이다. 따라서 $\beta = \frac{1}{k_B T}$ 이 된다.

따라서, 맥스웰–볼츠만의 속도분포 법칙은

---

**맥스웰–볼츠만 속도분포 법칙**

$$f(\boldsymbol{v}) = \left(\frac{m}{2\pi k_B T}\right)^{\frac{3}{2}}\exp\left(-\frac{m\boldsymbol{v}^2}{2k_B T}\right) \qquad \boldsymbol{v} = (v_x, v_y, v_z) \text{ 라고 한다.}$$

---

이 된다.

# 부록

## 부록 **1** 에어호키 문제(22페이지)의 해답

뉴턴의 운동방정식은 속도를 $v$, 힘을 $F$, 질량을 $m$이라고 하고, 우선 $x$방향의 운동만을 생각하면,

$$F = m\frac{dv}{dt}$$

였다. 여기서, 질량 $m$이 시간에 의존하지 않는다면[주], 이 식을 바꿔 써서

$$F = \frac{d}{dt}(mv)$$

라고 할 수 있으며, $p = mv$로 하여 이것을 **운동량**(momentum)이라고 한다. 다시 말해, 힘은 운동량의 순간의 시간적 변화를 의미하고 있다.

따라서, 시각 $t_1$부터 $t_2$까지 운동했을 때, 지금의 식을 시간으로 적분하면,

$$\int_{t_1}^{t_2} F dt = \int_{t_1}^{t_2} \frac{d}{dt}(mv) dt = \int_{t_1}^{t_2} \frac{dp}{dt} dt = \int_{t_1}^{t_2} dp = p(t_2) - p(t_1)$$

이라고 할 수 있을 것이다.

주) 광속도 가까이가 아니라면, 질량은 변화하지 않는다고 생각해도 좋겠지요. 단, 로케트 같이 연료를 소비하면서 하는 운동은 상대성 이론의 영역이 아니라도 물론 질량은 변화합니다.

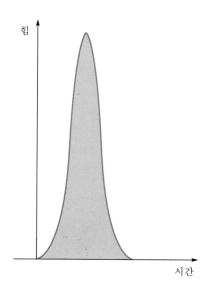

힘

시간

여기에서, 이 힘의 시간 적분을 **충격량**(impulse)이라고 한다. 예를 들면, 힘이 야구공을 배트로 치듯이 순간적으로 작용하는 경우, 이것을 특히 **충격력**(impulsive force)이라고 부른다. 충격력은 필시 복잡한 힘이 되겠지만, 일반적으로는 힘이 어떤 함수형을 가지고 있는가보다는 운동이 어떻게 변화했는가이기 때문에 충격력이 작용한 전후에 어떻게 운동량이 변화했는지, 더 나아가서는 속도가 어떻게 변화했는지를 알면 된다.

따라서 설문과 같은 문제 설정에는 불비한 점이 있다. 「10N의 힘으로 퍽을 쳤다」는 것만으로는 문제를 풀 수 없다. 틀린 사람은 유감이다. 조금 속은 듯하겠지만, 문제가 반드시 풀린다고는 할 수 없다. 그런 이유로, 문제로 할 때는 「초속 ○○ m/sec로 발사되었을 때」와 같이 하는 것이다.

「이 문제만으로는 풀 수 없다」가 바로 정답인 것이다.

구하는 행렬식을 $\begin{vmatrix} a & b & c \\ d & e & f \\ g & h & i \end{vmatrix}$ 라고 하자. 이 계산은 몇 가지가 있는데 기본적으로는 동일하기 때문에, 행 $a\ b\ c$에 주목하여 풀어 보자.

$$\begin{vmatrix} a & b & c \\ d & e & f \\ g & h & i \end{vmatrix} \quad \leftarrow \text{이 행에 주목한다.}$$

우선 $a$를 빼내고 여기에 이 $a$의 행과 열 이외의 행과 열을 새로운 행렬식으로서 여기에 곱한다. 글로 쓰면 까다로워 보이지만, 그림을 보면 이해가 될 것이다.

$$\begin{vmatrix} a & b & c \\ d & e & f \\ g & h & i \end{vmatrix}$$

이 음영으로 표시한 부분 이외의 행렬을 새로운 행렬식으로 한다는 것이다.(이것을 **여인수행렬식**이라고 한다) 다시 말해, $a$에 곱하는 것은 $\begin{vmatrix} e & f \\ h & i \end{vmatrix}$ 이다. 따라서 $\begin{vmatrix} e & f \\ h & i \end{vmatrix} a$ 가 된다. 다음으로 $b$를 떼어내서 마찬가지로 $b$의 행과 열을 포함하지 않는 행과 열을, 새로운 행렬식으로 이것에 곱한 뒤 $-$ (마이너스)를 곱한다.

$$\begin{vmatrix} a & b & c \\ d & e & f \\ g & h & i \end{vmatrix}$$

따라서, $\begin{vmatrix} d & f \\ g & i \end{vmatrix}$ 가 되기 때문에, 결국 $-\begin{vmatrix} d & f \\ g & i \end{vmatrix} b$ 가 된다.

마지막으로, $c$를 빼내어 동일하게 하면 $\begin{vmatrix} d & e \\ g & h \end{vmatrix} c$ 가 된다.

$$\begin{vmatrix} a & b & c \\ d & e & f \\ g & h & i \end{vmatrix}$$

이상에서 완성된 행렬식을 모두 더하면, 이것이 최초의 전개식이 된다. 다시 말해,

$$\begin{vmatrix} a & b & c \\ d & e & f \\ g & h & i \end{vmatrix} = \begin{vmatrix} e & f \\ h & i \end{vmatrix} a - \begin{vmatrix} d & f \\ g & i \end{vmatrix} b + \begin{vmatrix} d & e \\ g & h \end{vmatrix} c$$

가 된다. 2행 2열인 행렬식은 행과 열을 엇갈리게 교차시켜 계산하면 되기 때문에

$$= \begin{vmatrix} e & f \\ h & i \end{vmatrix} a - \begin{vmatrix} d & f \\ g & i \end{vmatrix} b + \begin{vmatrix} d & e \\ g & h \end{vmatrix} c$$

$$= (ei - fh)a - (di - fg)b + (dh - eg)c$$

$$= aei + fgb + dhc - fha - dib - egc \quad \cdots\cdots ①$$

> 행렬식의 계산은
> $$\begin{vmatrix} a & b \\ c & d \end{vmatrix} = ad - bc$$
> 였다.

가 됨을 알 수 있다.

이상의 계산은 행렬식의 어떤 행이나 열에서 수행되어도 된다. 또한 부호를 붙이는

방법은 $\begin{vmatrix} + & - & + \\ - & + & - \\ + & - & + \end{vmatrix}$ (이것은 체크 무늬로 기억하면 된다) 이다.

그러면 이번에는 2번째 열인 $\begin{pmatrix} b \\ e \\ h \end{pmatrix}$ 로 전개해 보자.

$$\begin{vmatrix} a & b & c \\ d & e & f \\ g & h & i \end{vmatrix} = -\begin{vmatrix} d & f \\ g & i \end{vmatrix}b + \begin{vmatrix} a & c \\ g & i \end{vmatrix}e - \begin{vmatrix} a & c \\ d & f \end{vmatrix}h$$

$$= -(di - fg)b + (ai - cg)e - (af - cd)h$$

$$= fgb + aie + cdh - dib - cge - afh \quad \cdots\cdots ②$$

이 ②는 ①과 다른 것처럼 보이지만, ②의 순서를 바꿔 넣어 보면,

$$= aei + fgb + dhc - fha - dib - egc$$

가 되기 때문에, 결국 먼저 구한 ①과 동일하게 됨을 알 수 있을 것이다.

이 어떤 행과 열에서 전개해도 좋다는 말은 예를 들어 $\begin{vmatrix} a & b & 0 \\ d & e & f \\ g & h & 0 \end{vmatrix}$ 이라는 행렬식을 전

개 하기 위해서는 3번째 열인 $\begin{pmatrix} 0 \\ f \\ 0 \end{pmatrix}$ 에서 전개하는 것이 계산상 쉽다. 즉, 이 경우는

$$\begin{vmatrix} a & b & 0 \\ d & e & f \\ g & h & 0 \end{vmatrix} = -\begin{vmatrix} a & b \\ g & h \end{vmatrix}f = -(ah - bg)f = bgf - ahf$$

로 간단히 되기 때문이다. 단, 부호 (먼저 예로 들었던 「체크 무늬」)에는 주의를 해야

한다. 행렬식의 전개의 정의에서 다음의 내용을 말할 수 있다. 그것은

$\begin{vmatrix} a & b & c \\ d & e & f \\ g & h & i \end{vmatrix}$ 의 행과 열을 바꾼 $\begin{vmatrix} a & d & g \\ b & e & h \\ c & f & i \end{vmatrix}$ 는 완전히 동일하다는 것이다. 다시 말해

$A = \begin{pmatrix} a & b & c \\ d & e & f \\ g & h & i \end{pmatrix}$ 라는 행렬의 **전치행렬**(행과 열을 바꿔 넣은 행렬) $^tA = \begin{pmatrix} a & d & g \\ b & e & h \\ c & f & i \end{pmatrix}$ 를 가정

하고, 그 행렬을 만들면 그것들은 같아진다는 말이다. 즉,

$$|A| = |^tA|$$

이다. 이상의 순서는 3행 3열인 행렬식만이 아닌 $n$행 $n$열인 행렬식에도 적용할 수 있음을 기억해 두자.

## 부록 ❸ 평행육면체의 부피를 구하는 법

3차원 공간 내에 3개의 독립된 벡터 $\mathbf{A}=(x_A, y_A, z_A)$, $\mathbf{B}=(x_B, y_B, z_B)$, $\mathbf{C}=(x_C, y_C, z_C)$가 있다고 하자. 그러면 벡터 $\mathbf{A}$와 $\mathbf{B}$의 외적은

3개의 벡터 A,B,C에 의한 입체의 부피

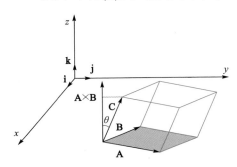

$$\mathbf{A}\times\mathbf{B} = \begin{vmatrix} \mathbf{i} & \mathbf{j} & \mathbf{k} \\ x_A & y_A & z_A \\ x_B & y_B & z_B \end{vmatrix}$$

$$= \begin{vmatrix} y_A & z_A \\ y_B & z_B \end{vmatrix}\mathbf{i} - \begin{vmatrix} x_A & z_A \\ x_B & z_B \end{vmatrix}\mathbf{j} + \begin{vmatrix} x_A & y_A \\ x_B & y_B \end{vmatrix}\mathbf{k}$$

(이 이상은 계산하지 말고 그대로 두는 편이 좋다!)

$\mathbf{A}\times\mathbf{B}$의 크기는 그림의 음영 부분의 넓이이므로, $\mathbf{C}$와 내적을 취한다는

것은 $\mathbf{A}\times\mathbf{B}$와 $\mathbf{C}$가 이루는 각을 $\theta$라고 하면, $|\mathbf{A}\times\mathbf{B}|\cdot|\mathbf{C}|\cos\theta$이므로, 「밑면의 넓이 $|\mathbf{A}\times\mathbf{B}|$」×「높이 $(|\mathbf{C}|\cos\theta)$」가 되고, $(\mathbf{A}\times\mathbf{B})\cdot\mathbf{C}$는 벡터 $\mathbf{A}$, $\mathbf{B}$, $\mathbf{C}$가 만드는 평행육면체의 부피를 나타냄을 알 수 있다. 따라서,

$$(\mathbf{A}\times\mathbf{B})\cdot\mathbf{C} = \begin{vmatrix} \mathbf{i} & \mathbf{j} & \mathbf{k} \\ x_A & y_A & z_A \\ x_B & y_B & z_B \end{vmatrix}\cdot\mathbf{C} = \left(\begin{vmatrix} y_A & z_A \\ y_B & z_B \end{vmatrix}\mathbf{i} - \begin{vmatrix} x_A & z_A \\ x_B & z_B \end{vmatrix}\mathbf{j} + \begin{vmatrix} x_A & y_A \\ x_B & y_B \end{vmatrix}\mathbf{k}\right)\cdot(x_C\mathbf{i} + y_C\mathbf{j} + z_C\mathbf{k})$$

$$= \begin{vmatrix} y_A & z_A \\ y_B & z_B \end{vmatrix}x_C - \begin{vmatrix} x_A & z_A \\ x_B & z_B \end{vmatrix}y_C + \begin{vmatrix} x_A & y_A \\ x_B & y_B \end{vmatrix}z_C$$

가 되지만, 이 식의 첫 행과 두 번째 행을 곰곰이 살펴보면

$$\begin{vmatrix} x_C & y_C & z_C \\ x_A & y_A & z_A \\ x_B & y_B & z_B \end{vmatrix}$$

가 된다는 것이 명확할 것이다(형식면에서 보면 $\mathbf{i}$가 $x_c$, $\mathbf{j}$가 $y_c$, $\mathbf{k}$가 $z_c$로 치환한 것뿐이다). 물론 이대로 좋겠지만, 공식으로 기억하기 위해서는 행렬식인 「행(열)을 교환하면, 원래의 행렬식의 부호가 바뀐다」는 성질을 이용하여, 아래와 같이 하는 편이 좋을 것이다.

↓제1행째와 제3행째를 바꿔 넣었다.

$$(\mathbf{A}\times\mathbf{B})\cdot\mathbf{C} = \begin{vmatrix} x_C & y_C & z_C \\ x_A & y_A & z_A \\ x_B & y_B & z_B \end{vmatrix} = -\begin{vmatrix} x_B & y_B & z_B \\ x_A & y_A & z_A \\ x_C & y_C & z_C \end{vmatrix} = \begin{vmatrix} x_A & y_A & z_A \\ x_B & y_B & z_B \\ x_C & y_C & z_C \end{vmatrix}$$

↑제1행째와 제2행째를 바꿔 넣었다.

| 공식 | | |
|---|---|---|
| $(\mathbf{A}\times\mathbf{B})\cdot\mathbf{C} = \begin{vmatrix} x_A & y_A & z_A \\ x_B & y_B & z_B \\ x_C & y_C & z_C \end{vmatrix}$ | | 평행육면체 부피의 공식 |

## 부록 ④ 삼각함수의 공식

여기서 삼각함수의 공식을 정리해 보자.

오일러의 공식에 의해 $e^{i\theta} = \cos\theta + i\sin\theta$ 이므로, 여기에서 sin, cos의 덧셈정리가 간단히 나온다.

$$e^{i(\alpha+\beta)} = \cos(\alpha+\beta) + i\sin(\alpha+\beta)$$

여기서, 좌변은

$$e^{i(\alpha+\beta)} = e^{i\alpha}e^{i\beta} = (\cos\alpha + i\sin\alpha)(\cos\beta + i\sin\beta)$$
$$= \cos\alpha\cos\beta - \sin\alpha\sin\beta + i(\cos\alpha\sin\beta + \sin\alpha\cos\beta)$$

이므로, 따라서 실수부와 허수부는 각각 동일하기 때문에

$$\cos(\alpha+\beta) = \cos\alpha\cos\beta - \sin\alpha\sin\beta$$
$$\sin(\alpha+\beta) = \cos\alpha\sin\beta + \sin\alpha\cos\beta$$

삼각함수의 덧셈정리

여기서 $\alpha = \beta$ 라고 하면,

$$\cos 2\alpha = \cos\alpha\cos\alpha - \sin\alpha\sin\alpha = \cos^2\alpha - \sin^2\alpha$$
$$\sin 2\alpha = \cos\alpha\sin\alpha + \sin\alpha\cos\alpha = 2\cos\alpha\sin\alpha$$

따라서,

$$\cos 2\alpha = \cos^2\alpha - \sin^2\alpha$$
$$\sin 2\alpha = 2\cos\alpha\sin\alpha$$

2배각의 공식

또한,

$$\cos 2\alpha = \cos^2\alpha - \sin^2\alpha = (1-\sin^2\alpha) - \sin^2\alpha = 1 - 2\sin^2\alpha$$
$$\therefore \sin^2\alpha = \frac{1}{2}(1 - \cos 2\alpha)$$
$$\cos 2\alpha = \cos^2\alpha - \sin^2\alpha = \cos^2\alpha - (1-\cos^2\alpha) = 2\cos^2\alpha - 1$$
$$\therefore \cos^2\alpha = \frac{1}{2}(1 + \cos 2\alpha)$$

따라서,

$$\sin^2\alpha = \frac{1}{2}(1 - \cos 2\alpha)$$
$$\cos^2\alpha = \frac{1}{2}(1 + \cos 2\alpha)$$

반각의 공식

이것은 제곱 ↔ 곱하기의 변환에 자주 사용한다.

두 개의 좌표계에서의 변환

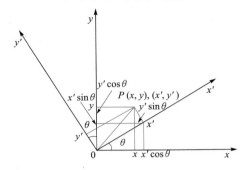

좌표계 $(x, y)$와 $(x', y')$이 원점을 공유하고, 각도 $\theta$에서 그림과 같이 되어 있다고 하자. 이 그림에서 명확한 것처럼

$$\begin{cases} x = x'\cos\theta - y'\sin\theta \\ y = x'\sin\theta + y'\cos\theta \end{cases}$$

인 것을 금세 알 수 있다.

다음으로 이것을 $(x', y')$에 대해 풀어 보자. 이것을 풀기 위해서는 원래의 식을

$$\begin{pmatrix} x \\ y \end{pmatrix} = \begin{pmatrix} \cos\theta & -\sin\theta \\ \sin\theta & \cos\theta \end{pmatrix} \begin{pmatrix} x' \\ y' \end{pmatrix} \qquad \cdots\cdots\text{①}$$

라는 행렬의 형태로 해 두는 것이 좋다. 그러면 양변에서 왼쪽부터 $\begin{pmatrix} \cos\theta & -\sin\theta \\ \sin\theta & \cos\theta \end{pmatrix}$의 역행렬을 곱하면 되기 때문에, 이것을 계산해야만 하는데 기억나는지 모르겠지만 일반적으로

$$A = \begin{pmatrix} a & b \\ c & d \end{pmatrix} \quad A^{-1} = \frac{1}{\begin{vmatrix} a & b \\ c & d \end{vmatrix}} \begin{pmatrix} d & -b \\ -c & a \end{pmatrix} = \frac{1}{ad - bc} \begin{pmatrix} d & -b \\ -c & a \end{pmatrix} \qquad (\text{물론 } ad - bc \neq 0)$$

이라는 것은 고등학교 때 배웠다. 그래서 이것을 이용하면

$$\begin{pmatrix} \cos\theta & -\sin\theta \\ \sin\theta & \cos\theta \end{pmatrix}^{-1} = \begin{pmatrix} \cos\theta & \sin\theta \\ -\sin\theta & \cos\theta \end{pmatrix}$$

이므로, ①의 양변 왼쪽에 $\begin{pmatrix} \cos\theta & \sin\theta \\ -\sin\theta & \cos\theta \end{pmatrix}$를 곱하면

$$\begin{pmatrix} \cos\theta & \sin\theta \\ -\sin\theta & \cos\theta \end{pmatrix} \begin{pmatrix} x \\ y \end{pmatrix} = \begin{pmatrix} 1 & 0 \\ 0 & 1 \end{pmatrix} \begin{pmatrix} x' \\ y' \end{pmatrix}$$

$$\therefore \begin{pmatrix} x' \\ y' \end{pmatrix} = \begin{pmatrix} \cos\theta & \sin\theta \\ -\sin\theta & \cos\theta \end{pmatrix} \begin{pmatrix} x \\ y \end{pmatrix}$$

가 되는 것을 알 수 있다. 이것으로 원점을 공유하여 회전하고 있는 직교좌표계의 관계식이 구해지는 것이다.

## 부록 **6** 2차 곡선

데카르트 좌표상에서 점 $F_-(-a,0)$과 $F_+(-a,0)$을 취하여, $F_+$를 지나는 $y$축에 평행인 직선 $L$을 긋는다. 여기서 좌표상에 점 $P(x, y)$를 잡아, $\overline{PF_-}=r$, $PF_-$와 $x$축이 이루는 각을 $\theta$라고 한다. $P$에서 $L$에 수선을 긋고, 그것을 $H$라고 한다.

**점 $P$의 궤적에서 2차 곡선의 방정식(극좌표 표시)을 생각한다.**

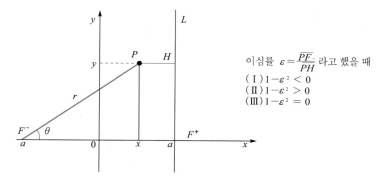

이심률 $\varepsilon=\dfrac{\overline{PF}}{\overline{PH}}$ 라고 했을 때
(Ⅰ) $1-\varepsilon^2 < 0$
(Ⅱ) $1-\varepsilon^2 > 0$
(Ⅲ) $1-\varepsilon^2 = 0$

위 그림처럼 설정하고, $\dfrac{\overline{PF_-}}{\overline{PH}}=\varepsilon$ 이라는 관계식을 고려했을 때, 점 $P$의 궤적을 생각해 보자. $\varepsilon$은 **이심률**이라고 불리는 것이다.

자, 
$$\frac{\overline{PF_-}}{\overline{PH}}=\frac{r}{|x-a|}=\varepsilon \qquad \cdots\cdots ①$$

이라고 한다, 여기서 $\overline{PH}=|x-a|$ 라고 나타낼 수 있다는 점에 주의하자. 절대값이 붙는 것은 $P$가 $L$의 우측에 있거나 좌측에 있는 두 가지 경우가 있기 때문이다. 또한 $\varepsilon=1$인 경우는 나중에 생각하기로 하고, $\varepsilon\neq1$라고 해 둔다.

① 의 식에서 $r$은
$$r=\sqrt{(x+a)^2+y^2}$$

이라고 표현되므로, 이것을 ①에 대입하고, 양변을 제곱하면,

$$\frac{(x+a)^2+y^2}{(x-a)^2}=\varepsilon^2$$

$$(x+a)^2+y^2=\varepsilon^2(x-a)^2$$

$$x^2+2ax+a^2+y^2=\varepsilon^2x^2-2a\varepsilon^2x+a^2\varepsilon^2$$

$$(1-\varepsilon^2)x^2+2a(1+\varepsilon^2)x+y^2=-(1-\varepsilon^2)a^2 \qquad \cdots\cdots②$$

$\varepsilon\neq1$ 이므로 양변을 $1-\varepsilon^2$으로 나누고,

$$x^2+2a\frac{1+\varepsilon^2}{1-\varepsilon^2}x+\frac{y^2}{1-\varepsilon^2}=-a^2$$

$x^2$과 $x$ 항에서 제곱을 만들면,

$$\left(x + a\frac{1+\varepsilon^2}{1-\varepsilon^2}\right)^2 - a^2\left(\frac{1+\varepsilon^2}{1-\varepsilon^2}\right)^2 + \frac{y^2}{1-\varepsilon^2} = -a^2$$

$$\left(x + a\frac{1+\varepsilon^2}{1-\varepsilon^2}\right)^2 + \frac{y^2}{1-\varepsilon^2} = a^2\left(\frac{1+\varepsilon^2}{1-\varepsilon^2}\right)^2 - a^2$$

$$\left(x + a\frac{1+\varepsilon^2}{1-\varepsilon^2}\right)^2 + \frac{y^2}{1-\varepsilon^2} = a^2\frac{\left(1+\varepsilon^2\right)^2 - \left(1-\varepsilon^2\right)^2}{\left(1-\varepsilon^2\right)^2}$$

$$= \frac{4\varepsilon^2 a^2}{\left(1-\varepsilon^2\right)^2}$$

이 되기 때문에, 결국

$$\frac{\left(x + a\dfrac{1+\varepsilon^2}{1-\varepsilon^2}\right)^2}{\dfrac{4\varepsilon^2 a^2}{\left(1-\varepsilon^2\right)^2}} + \frac{y^2}{\dfrac{4\varepsilon^2 a^2}{1-\varepsilon^2}} = 1 \qquad \cdots\cdots ③$$

을 얻는다. 여기서 $\varepsilon$에 의해 경우를 구분 할 수 있다. 이심률이 여기서 생겨나는 것이다.

( I ) $1-\varepsilon^2 < 0$, 즉 $\varepsilon > 1 (\because \varepsilon > 0)$일 때,

$$\frac{\left(x - a\dfrac{\varepsilon^2+1}{\varepsilon^2-1}\right)^2}{\dfrac{4\varepsilon^2 a^2}{\left(\varepsilon^2-1\right)^2}} - \frac{y^2}{\dfrac{4\varepsilon^2 a^2}{\varepsilon^2-1}} = 1$$

따라서,

$$\frac{\left(x - a\dfrac{\varepsilon^2+1}{\varepsilon^2-1}\right)^2}{\left(\dfrac{2\varepsilon a}{\varepsilon^2-1}\right)^2} - \frac{y^2}{\left(\dfrac{2\varepsilon a}{\sqrt{\varepsilon^2-1}}\right)^2} = 1$$

이라고 할 수 있으므로, 이것을 쌍곡선의 방정식, $\dfrac{x^2}{A^2} - \dfrac{y^2}{B^2} = 1$ ($A > 0$, $B > 0$)에 있어서 $A = \dfrac{2\varepsilon a}{\varepsilon^2-1}$, $B = \dfrac{2\varepsilon a}{\sqrt{\varepsilon^2-1}}$ 라고 한 쌍곡선을 $x$방향으로 $a\dfrac{\varepsilon^2+1}{\varepsilon^2-1}$ 만큼 이동한 것임을 알 수 있다.

그런데 $\varepsilon > 1$이면, 반드시 $x-a > 0$ 이므로 ①은

$$\frac{\overline{PF}}{\overline{PH}} = \frac{r}{x-a} = \frac{r}{r\cos\theta - 2a} = \varepsilon \qquad (x = r\cos\theta - a \text{를 사용했다})$$

이 됨을 알 수 있다.

따라서 이것을 계산하면

$$r = \varepsilon(r\cos\theta - 2a)$$
$$= r\varepsilon\cos\theta - 2a\varepsilon$$

$$\therefore r = \frac{2a\varepsilon}{-1 + \varepsilon\cos\theta} \qquad \text{쌍곡선의 방정식 (극좌표에 의한다)}$$

가 되고, 이것이 극좌표로 나타낸 쌍곡선의 방정식이 된다.

점 $P$의 궤적에서 「쌍곡선」의 방정식(극좌표 표시)을 생각한다.

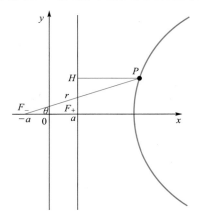

(II) $1-\varepsilon^2 > 0$, 즉 $0 < \varepsilon < 1 (\because \varepsilon > 0)$ 일 때
③에서

$$\frac{\left(x + a\dfrac{1+\varepsilon^2}{1-\varepsilon^2}\right)^2}{\dfrac{4\varepsilon^2 a^2}{\left(1-\varepsilon^2\right)^2}} + \frac{y^2}{\dfrac{4\varepsilon^2 a^2}{1-\varepsilon^2}} = 1$$

$$\therefore \frac{\left(x + a\dfrac{1+\varepsilon^2}{1-\varepsilon^2}\right)^2}{\left(\dfrac{2\varepsilon a}{1-\varepsilon^2}\right)^2} + \frac{y^2}{\left(\dfrac{2\varepsilon a}{\sqrt{1-\varepsilon^2}}\right)^2} = 1$$

이 되므로, 이것은 타원의 방정식 $\dfrac{x^2}{A^2} + \dfrac{y^2}{B^2} = 1 \;\; (A > 0, \;\; B > 0)$에 있어서

$A = \dfrac{2\varepsilon a}{1-\varepsilon^2}$, $B = \dfrac{2\varepsilon a}{\sqrt{1-\varepsilon^2}}$인 타원을 $-x$방향으로 $a\dfrac{1+\varepsilon^2}{1-\varepsilon^2}$만큼 이동한 것임을 알 수 있다.

그리고 $0 < \varepsilon < 1$ 이면, 반드시 $x - a < 0$ 이므로 ①은

$$\frac{\overline{PF_-}}{\overline{PH}} = \frac{r}{|x-a|} = \frac{r}{a-x} = \frac{r}{2a - r\cos\theta} = \varepsilon \qquad (x = r\cos\theta - a \text{ 를 사용했다})$$

이 됨을 알 수 있다.

따라서, 이것을 계산하면,

$$r = \varepsilon(2a - r\cos\theta)$$
$$= 2a\varepsilon - r\varepsilon\cos\theta$$

$$\therefore r = \frac{2a\varepsilon}{1 + \varepsilon\cos\theta} \qquad\qquad \text{타원의 방정식 (극좌표에 의한다)}$$

가 되고, 이것이 극좌표로 나타낸 타원의 방정식이 된다.

**점 $P$의 좌표에서 「타원」의 방정식(극좌표 표시)을 생각한다.**

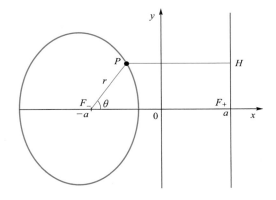

(Ⅲ) $1-\varepsilon^2 = 0$, 즉 $\varepsilon = 1$일 때

그러면 마지막으로 남아있 는 $\varepsilon = 1$의 경우에 대해서 생각해 보자. 이미 눈치챘으리라 생각한다. 이것은 포물선이 된다.

②는

$$(1-\varepsilon^2)x^2 + 2a(1+\varepsilon^2)x + y^2 = -(1-\varepsilon^2)a^2$$

이였으므로, $\varepsilon = 1$이면

$$4ax + y^2 = 0$$

이 되고,

$$x = -\frac{1}{4a}y^2$$

점 $P$의 궤적에서 「포물선」의 방정식(극좌표 표시)을 생각한다.

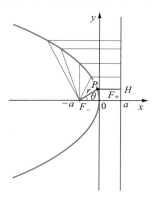

이라는 것을 알 수 있으므로, 이것은 틀림없이 포물선의 방정식이다.

포물선도 극좌표로 나타내 보자. $\varepsilon=1$의 경우도 반드시 $x-a \leq 0$이기 때문에, ①은

$$\frac{\overline{PF}}{\overline{PH}} = \frac{r}{|x-a|} = \frac{r}{a-x} = \frac{r}{2a-r\cos\theta} = \varepsilon = 1 \qquad (x=r\cos\theta-a \text{를 사용했다})$$

이 된다.

따라서, 이것을 계산하면

$$r = 2a - r\cos\theta$$

$$\therefore r = \frac{2a}{1+\cos\theta} \qquad\qquad 포물선의 방정식(극좌표에 의한다)$$

가 되고, 이것이 좌표계로 표시한 포물선의 방정식이 된다.

이것은 여담이지만, 앞 페이지의 그림에서 알 수 있다고 생각하는데, 포물선의 커다란 특징은 무엇보다도 평행인 빛(전자파)이 들어오면, 한 점으로 그것을 모으는 성질이 있다는 것이다. 그렇기 때문에, 이 포물선을 회전시켜 만든 포물면이 위성 안테나에 이용되는 것이다.

하지만, 자주 텔레비전에서 보는데, 동남 아시아의 어떤 나라에서는 놀랍게도 중국 냄비를 사용해서 위성 안테나를 자작한다고 하던데, 중국 냄비가 포물선(면)으로 되어 있는지는 몰랐지만 – 아, 그럴 리는 없을까?

우선,

$$I = \int_{-\infty}^{\infty} \exp(-\lambda x^2)\, dx$$

라고 한다. 그러면,

$$I^2 = \int_{-\infty}^{\infty} \exp(-\lambda x^2)\, dx \int_{-\infty}^{\infty} \exp(-\lambda y^2)\, dy$$

$$= \int_{-\infty}^{\infty} \int_{-\infty}^{\infty} \exp\{-\lambda(x^2 + y^2)\}\, dxdy$$

가 된다. 여기서 $\begin{cases} x = r\cos\theta \\ y = r\sin\theta \end{cases}$ 라고 변수변환을 하면,

$$dxdy = \left|\frac{\partial(x,y)}{\partial(r,\theta)}\right| drd\theta$$

$$\frac{\partial(x,y)}{\partial(r,\theta)} = \begin{vmatrix} \dfrac{\partial x}{\partial r} & \dfrac{\partial x}{\partial \theta} \\ \dfrac{\partial y}{\partial r} & \dfrac{\partial y}{\partial \theta} \end{vmatrix} = \begin{vmatrix} \cos\theta & -r\sin\theta \\ \sin\theta & r\cos\theta \end{vmatrix} = r\cos^2\theta + r\sin^2\theta = r$$

이므로, $dxdy = rdrd\theta$ 가 된다.

$$I^2 = \int_0^{2\pi} \int_0^{\infty} \exp\{-\lambda(r^2\cos\theta + r^2\sin\theta)\}\, rd\theta dr$$

$$= \int_0^{2\pi} d\theta \int_0^{\infty} r\exp(-\lambda r^2)\, dr$$

$$= 2\pi \int_0^{\infty} r\exp(-\lambda r^2)\, dr$$

$$= 2\pi \left[-\frac{1}{2\lambda}\exp(-\lambda r^2)\right]_0^{\infty}$$

$$= 2\pi \cdot \frac{1}{2\lambda}$$

$$= \frac{\pi}{\lambda}$$

$$\therefore I = \sqrt{\frac{\pi}{\lambda}}$$

를 얻을 수 있다.

$\int_{-\infty}^{\infty} \exp(-\lambda x^2)dx = \sqrt{\dfrac{\pi}{\lambda}}$ 의 양변을 $\lambda$로 미분하면,

$$\int_{-\infty}^{\infty} -x^2\exp(-\lambda x^2)\, dx = -\frac{\sqrt{\pi}}{2\lambda^{\frac{3}{2}}}$$

$$\therefore \int_{-\infty}^{\infty} x^2\exp(-\lambda x^2)\, dx = \frac{\sqrt{\pi}}{2\lambda^{\frac{3}{2}}}$$

를 얻는다.

# 찾아보기

# 찾아보기

# 만화로 쉽게 배우는 학습 만화 시리즈

## 만화로 쉽게 배우는 전 지

천지의 세계를 유람하며 그림으로 재미있게 풀어낸 해설서

공저 Fujitaki Kazuhiro(藤瀧 和弘)
Sato Yuichi(佐藤 祐一)
그림 Manishi Mari(眞西 まり)
감역 김광호
역자 김필호
제작 TREND-PRO

후지타키 카즈히로, 사토 유이치 저 | 김필호 역
200쪽 | 16,000원

### 미분방정식
사토 미노루 저 | 박현미 역
235쪽 | 16,000원

### 푸리에 해석
시부야 미치오 저 | 홍희정 역
256쪽 | 17,000원

### 미분적분
코지마 히로유키 저 | 윤성철 역
240쪽 | 17,000원

### 통계학
다카하시 신 저 | 김선민 역
224쪽 | 17,000원

### 암 호
미타니 마사아키 외저 | 박인용 외역
240쪽 | 17,000원

### 데이터베이스
다카하시 마나 저 | 홍희정 역
240쪽 | 16,000원

### 인자분석
다카하시 신 저 | 남경현 역
248쪽 | 16,000원

### 허수·복소수
오치 마사시 저 | 강창수 역
234쪽 | 16,000원

### 회귀분석
다카하시 신 저 | 윤성철 역
224쪽 | 16,000원

### 선형대수
다카하시 신 저 | 김성훈 역
296쪽 | 16,000원

### 분자생물학
다케무라 마사하루 저 | 박인용 역
244쪽 | 17,000원

### 상대성 이론
야마모토 마사후미 저 | 이도희 역
188쪽 | 17,000원

### 양자역학
이사카와 켄지 저 | 이희천 역
256쪽 | 17,000원

### 유체역학
다케이 마사히로 저 | 김영탁 역
200쪽 | 17,000원

### 재료역학
스에마스 히로시 외저 | 김소라 역
240쪽 | 16,000원

### 열역학
하라다 토모히로 저 | 이도희 역
208쪽 | 16,000원

※정가는 변동될 수 있습니다.

BM 성안당 10881 경기도 파주시 문발로 112 www.cyber.co.kr TEL_도서:031.950.6300 동영상:031.950.6332

# 만화로 쉽게 배우는 학습 만화 시리즈

다나카 켄이치 저 | 김소라 역
268쪽 | 17,000원

물리[역학]
닛타 히데오 저 | 이창미 역
232쪽 | 17,000원

생화학
다케무라 마사하루 저 | 김성훈 역
272쪽 | 17,000원

기초생리학
다나카 에츠로 저 | 김소라 역
232쪽 | 17,000원

우주
이시카와 켄지 저 | 양나경 역
248쪽 | 16,000원

시퀀스 제어
후지타키 카즈히로 저 | 이도희 역
212쪽 | 17,000원

프로젝트 매니지먼트
히로카네 오사무 저 | 김소라 역
208쪽 | 17,000원

전자회로
다나카 켄이치 저 | 이도희 역
184쪽 | 17,000원

반도체
시부야 미치오 저 | 강창수 역
196쪽 | 17,000원

전자기학
엔도 마사모리 저 | 김소라 역
264쪽 | 17,000원

전기
후지타키 카즈히로 저 | 홍희정 역
224쪽 | 16,000원

전기회로
이이다 요시카즈 저 | 양나경 역
240쪽 | 17,000원

측량학
쿠리하라 노리히코 외저 | 양나경역
188쪽 | 16,000원

보건통계학
다큐 히로시 외 저 | 홍희정 역
272쪽 | 16,000원

콘크리트
이시다테츠야 저 | 김소라 역
190쪽 | 16,000원

베이즈 통계학
다카하시 신 저 | 이영란 역
232쪽 | 17,000원

머신러닝
아라키 마사히로 저 | 김정아 역
216쪽 | 15,000원

※정가는 변동될 수 있습니다.

BM 성안당 10881 경기도 파주시 문발로 112 www.cyber.co.kr TEL_도서:031.950.6300 동영상:031.950.6332

# 아하! 물리수학

2004. 6. 22. 초 판 1쇄 발행
**2019. 11. 28. 장정개정 1판 1쇄 발행**

지은이 | Ken Kazuishi
옮긴이 | 김제완
펴낸이 | 이종춘
펴낸곳 | BM (주)도서출판 **성안당**
주소 | 04032 서울시 마포구 양화로 127 첨단빌딩 3층(출판기획 R&D 센터)
　　　 10881 경기도 파주시 문발로 112 출판문화정보산업단지(제작 및 물류)
전화 | 02) 3142-0036
　　　 031) 950-6300
팩스 | 031) 955-0510
등록 | 1973. 2. 1. 제406-2005-000046호
출판사 홈페이지 | **www.cyber.co.kr**
ISBN | 978-89-315-8862-0 (13410)
정가 | **18,000원**

**이 책을 만든 사람들**
진행 | 최옥현
교정 · 교열 | 이태원
본문 디자인 | 김인환
표지 디자인 | 박원석
홍보 | 김계향
국제부 | 이선민, 조혜란, 김혜숙
마케팅 | 구본철, 차정욱, 나진호, 이동후, 강호묵
제작 | 김유석

■ **도서 A/S 안내**

성안당에서 발행하는 모든 도서는 저자와 출판사, 그리고 독자가 함께 만들어 나갑니다.
좋은 책을 펴내기 위해 많은 노력을 기울이고 있습니다. 혹시라도 내용상의 오류나 오탈자 등이
발견되면 "좋은 책은 나라의 보배"로서 우리 모두가 함께 만들어 간다는 마음으로 연락주시기
바랍니다. 수정 보완하여 더 나은 책이 되도록 최선을 다하겠습니다.
성안당은 늘 독자 여러분들의 소중한 의견을 기다리고 있습니다. 좋은 의견을 보내주시는 분께는
성안당 쇼핑몰의 포인트(3,000포인트)를 적립해 드립니다.

잘못 만들어진 책이나 부록 등이 파손된 경우에는 교환해 드립니다.